Metatemas 70

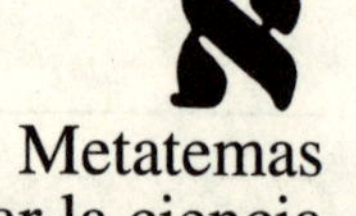

Metatemas
Libros para pensar la ciencia
Colección dirigida por Jorge Wagensberg

Al cuidado del equipo científico del Museu de la Ciència
de la Fundació "la Caixa"

* Alef, símbolo de los números transfinitos de Cantor

Jean-Marc Lévy-Leblond

CONCEPTOS CONTRARIOS
o el oficio de científico

Ilustraciones de Laurent Carnoy

Traducción de José Chabás

Tusquets Editores

Título original: *Aux contraires. Le exercice de la pensée et la pratique de la science*

1.ª edición: enero 2002

© Éditions Gallimard, 1996

© de la traducción: José Chabás, 2002
Diseño de la cubierta: BM
Reservados todos los derechos de esta edición para
Tusquets Editores, S.A. - Cesare Cantù, 8 - 08023 Barcelona
www.tusquets-editores.es
ISBN: 84-8310-785-6
Depósito legal: B. 114 - 2002
Fotocomposición: David Pablo
Impreso sobre papel Offset-F Crudo de Papelera del Leizarán, S.A. - Guipúzcoa
Liberdúplex, S.L. - Constitución, 19 - 08014 Barcelona
Impreso en España

Índice

AGRADECIMIENTOS

El origen de este libro se encuentra en una serie de cursos a los que fui invitado a impartir en 1987-1988 en el Collège International de Philosophie. El Centre de Recherches en Histoire des Idées (CRHI) de la Universidad de Niza (Departamento de Filosofía) me ofreció la posibilidad, a través de la enseñanza de un DEA de filosofía, de contrastar algunas de las ideas expuestas aquí. El Centre National de la Recherche Scientifique, al aceptarme en calidad de director de investigación en comisión de servicios en el CRHI durante los años 1994-1996, ha hecho posible la realización de este trabajo de investigación y redacción.

Laurent Carnoy, con la ayuda de Alice Lévy-Leblond, ha realizado las ilustraciones y los esquemas en un estilo menos árido de lo que es habitual en otras obras científicas. Simon Marmorat la llevado a cabo los experimentos descritos en las figuras II.7 y II.8.

El conjunto del texto se ha beneficiado de los comentarios y sugerencias de Charles Alunni, Françoise Balibar, Stella Baruk, Daniel Boutet, Gilles Châtelet, Ivar Ekeland, Jean-Luc Giribone, Dominique Janicaud, Juliette Leblond, Marianne Lévy-Leblond, Jacques Mandelbrojt, Thierry Marchaisse, Éric Vigne y Nicolas Witkowski.

Barbara Cassin y Catherine Chevalley me han proporcionado unas valiosas indicaciones sobre algunas cuestiones lingüísticas. Por último, debo las referencias [Dr] a Étienne Balibar, [Ra] a Paul Braffort, [Gn] a Jean Eisenstaedt, [Le] a Giorgio Israel, [Ca] a Baudouin Jurdant, [Re] a Jacques Mandelbrojt, [MP] a Thierry Marchaisse, [Cy] a Jean-Paul Marmorat, [Vi] a Bernard Pivot y [Ho] a Jean-Louis Schlegel.

A todos, gracias.

Saorge, enero de 1995

Si lo desea, el lector podrá prescindir de los párrafos de mayor dificultad (del nivel correspondiente a un primer ciclo de carreras científicas) sin perder lo esencial del discurso. En el texto aparecen entre flechas; la flecha ascendente indica el comienzo y la flecha descendente el final: ↑...↓.

Las referencias bibliográficas se agrupan al final del volumen y se indican mediante una abreviatura del nombre del autor entre corchetes: [...].

Los diálogos de finalidad mayéutica que aparecen a lo largo de esta obra se indican mediante los símbolos #...#.

Algunos términos o expresiones corrientes que se ponen en entredicho en el texto aparecen entre «comillas críticas»: ¿...?.

La concentración en un campo de observación limitado y preciso, el esfuerzo por definir con precisión la complejidad de cualquier detalle que se nos presente, ¿podrían tal vez constituir un ejercicio aconsejable para poner a prueba nuestras capacidades de centrar la atención sobre algo y de analizar cuidadosamente las cosas, capacidades tan necesarias en tantos ámbitos y, en particular, en la actividad política y social? La exigencia de un estilo mental de ese tipo, incluso en operaciones que nos parecen de menor importancia, ¿no sería un primer paso indispensable en la lucha contra la generalidad de la reflexión, de la percepción y de la expresión, que son unos vicios tan extendidos como socialmente perniciosos?

Italo Calvino [Co]

En el reciente final del siglo xx perdura el anterior, y su cientificismo se resiste a desaparecer: la ciencia sigue siendo el ideal del conocimiento. Todos los métodos, las investigaciones y las teorías sin excepción aspiran a añadir a su nombre el calificativo de «científico», a modo de marchamo de calidad. Como criterio de prestigio para los productores y de garantía de seriedad para los consumidores, el cientificismo sigue siendo uno de los mejores argumentos publicitarios en el mercado de los bienes materiales y a veces, como no podía ser menos, en el de los productos intelectuales. También es cierto que, después de un siglo, los eslóganes son algo más sutiles. Los éxitos de la ciencia clásica quedan ya bastante lejos; nos hemos olvidado de la máquina de vapor, la electrónica es moneda corriente y la energía nuclear no goza de buena prensa. En cambio, la biología ha venido a tomar el relevo de la física, y nos proporciona imágenes de progreso social y de técnica todopoderosa, así como metáforas y paradigmas filosóficos e incluso inspiraciones estéticas. Las ciencias humanas están deseosas de coger a su vez el relevo. Por su parte, los escasos discursos que rechazan esta referencia a la tecnociencia pretenden en vano ignorarla, cuando no prescindir de ella.

Más vale utilizar la nueva posibilidad de mantener cierta distancia respecto al imperialismo intelectual de la ciencia, no tanto para negar su importancia o su interés e intentar la imposible tarea de ocultarla, sino todo lo contrario, para intentar verla con cierta perspectiva y asignarle un lugar propio en el paisaje cultural. Sería irrisorio negar la eficacia y el alcance del saber científico, sería absurdo rechazar la utilización de sus instrumentos de pensamiento; sin embargo, hay que decidir qué hacer con ellos.

Hoy, la cuestión central radica en saber qué aporta la ciencia al pensamiento *como tal*. A veces algunos conceptos, modelos o teorías elaborados en tal o cual disciplina se toman prestados de un campo de reflexión y se transfieren a otro distinto. Esta utilización metafórica puede resultar fecunda y no hay nada que objetar («todo vale», Feyerabend *dixit* [Fr1]), siempre y cuando se reconozca como tal. Sin embargo, en ese proceso se pierde una de las características del trabajo científico: el control de sus instrumentos de pensamiento, el dominio de sus condiciones de validez. En las ciencias físicas, estas limitaciones se manifiestan de forma especialmente clara, y son en gran parte impuestas por la formalización matemática. Aun cuando la explotación de los conceptos de la física sin las debidas garantías es totalmente lícita, como ya se ha dicho, puede dar lugar de hecho a muchos resultados absurdos o, lo que es tal vez peor, a lamentables afirmaciones triviales. En su tiempo, la termodinámica, luego la relatividad y la física cuántica y, más recientemente, la pretendida «teoría del caos»[1] han pagado un amplio tributo a dicha explotación. Tal vez convendría encender un contrafuego. Ha llegado el momento de proceder a una reflexión seria sobre las relaciones existentes entre las teorías científicas y el pensamiento común, de analizar y criticar la transferencia desconsiderada de conceptos (o simplemente de fórmulas, en la mayoría de los casos) de unas al otro y de proponer un nuevo tipo de relación.

La precisión, la penetración, la agudeza de los métodos científicos tienen la ineluctable contrapartida de la estrecha limitación de su alcance. Las ciencias analizan lo real mediante disecciones, destilaciones, filtrados, cada vez más elaborados. Ante la complejidad del mundo, la estrategia de las ciencias consiste en aislar progresivamente ciertos sectores, circunscribir fenómenos concretos y especificarlos con una precisión cada vez mayor, con la pretensión utópica de dominar todas las condiciones. Esta minuciosa selección a partir del desorden natural acaba proporcionando las ansiadas piedras preciosas, científicas o incluso filosofales. Pero, por unos pocos quilates obtenidos, ¡cuántas toneladas de residuos descartados por ser demasiado bastos, confusos, sin interés... o considerados como tales! Los cedazos que en última instancia permiten retener el saber propiamente científico resultan tan finos y, por tanto, tan frágiles

1. Está claro que si se conociese por la denominación técnica de «dinámica no lineal», esta teoría tendría mucho menos éxito.

que es imposible utilizarlos: las piedras, los equivalentes de la experiencia cotidiana, los destrozarían de entrada. O bien, para cambiar de metáfora, el afilado escalpelo de la ciencia, capaz de la disección más minuciosa, no sirve para quien debe talar un árbol o cortar el cuero: su delicada hoja se rompería enseguida. Por consiguiente, a nadie se le ocurre utilizar un escalpelo en lugar de una hacha o una cuchilla. No es menos aberrante pretender establecer un método de pensamiento global o basar una filosofía general en los resultados, por muy espectaculares que puedan parecer, de una u otra disciplina científica —y aún más en una imposible síntesis pluridisciplinar—, que pretender construir una caja de herramientas universales entre las que estarían las propias de joyeros y bordadoras junto a las utilizadas por carniceros y zapateros. La concepción y el perfeccionamiento de instrumentos científicos cada vez más diversificados son una muestra del progreso científico. ¿Cabe pensar acaso que el progreso intelectual sigue el camino inverso? En la actualidad existen decenas de tipos de destornilladores, sierras y garlopas; ¿es posible imaginar, en cambio, que el pensamiento se limite a la reducida gama de instrumentos que suministran las llamadas ciencias exactas?

Sin embargo, no hay por qué rendirse ante el carácter irremediablemente técnico de los saberes científicos especializados. Aun cuando la producción de conocimientos quede reservada a los expertos, el acceso o, por lo menos, la aproximación a dichos conocimientos no puede ser un coto cerrado. Por los senderos que abren en la selva los exploradores circulan, por regla general, primero los mercaderes y luego los paseantes, cuando el camino se ha ensanchado suficientemente. Las primeras ascensiones al Mont Blanc las llevó a cabo el físico De Saussure, pero hoy en día ya no es necesario llevar barómetros y termómetros para alcanzar la cima con éxito o justificar una excursión por la montaña. En ciencia hay que reivindicar el estatuto de *aficionado*. Sobre éste recae la responsabilidad de llegar a ser un *conocedor* y no dejarse impresionar por los fuegos artificiales de aquellos expertos tan especializados que se atribuyen a sí mismos una competencia universal. Ante la presión de los charlatanes intelectuales y la enorme abundancia de sistemas de pensamiento único, se impone hoy la mayor desconfianza, la prudencia más extrema. Tal vez mañana sea posible de nuevo dar rienda suelta desde el primer momento a la sensibilidad de cada cual y reaccionar ante la novedad científica con un movimiento mental espontáneo y confiado.[2] De momento, hay que mantener una actitud crítica, lo cual permite aprovechar los propios lími-

2. ¿Cómo no desear que la ciencia, que empezó con una teoría de la gravedad, se oriente hacia una práctica de la levedad?

tes del saber científico. Los conocimientos que proporcionan las ciencias son demasiado especializados y concretos para poder servir como ejemplos o modelos para el pensamiento en general, pero son lo bastante precisos y articulados como para aportarle contraejemplos y antimodelos. No es sólo un simple arsenal de instrumentos intelectuales sino un banco de pruebas para su validez. Entonces se comprueba que son muy pocos los instrumentos del pensamiento general, mediante los que intentamos explicar el mundo con poco esfuerzo, capaces de superar con éxito la prueba cuando, al mismo tiempo, se exige rigor y fecundidad.

En el proceso intelectual de abordar la ciencia, se trata de actuar no tanto como un experto dispuesto a proporcionar argumentos de autoridad confortables sino como un contraexperto capaz de poner de manifiesto la fragilidad de las conclusiones, por muy razonables que parezcan. Conviene escuchar más a menudo a ese perspicaz demonio interior que en todo momento intenta rechazar nuestro propio pensamiento por encontrarlo erróneo o trivial, especialmente en esta época de inflación intelectual. La ciencia puede convertirse en el abogado de ese diablo, en aquello que tanto necesitamos para impedirnos darle más y más vueltas al mismo tema. Sin embargo, si le prestásemos más atención, le concederíamos el beneficio de la duda. Más que proporcionar ideas acabadas, a la ciencia hay que pedirle que muestre la dificultad esencial del pensamiento consistente. En esa perspectiva, la física tiene una responsabilidad muy concreta. Cabe esperar que su relativa mayoría de edad entre las ciencias de la naturaleza le facilite el acceso a cierta sabiduría crítica, y recíprocamente, un pasado de abusos y equivocaciones más largo le exige realizar un profundo examen de conciencia —esa conciencia sin la que la ciencia puede hacer tantos estragos, y no sólo en el alma—. En este arraigo específico, modesto aunque resuelto, en una disciplina exigente reside la esperanza de una reflexión pertinente que no se diluya en la trivialidad. El paso por una teoría formalizada, que imponga al pensamiento un distanciamiento brutal, le permite entonces recuperar su punto de partida, aunque sea dando un rodeo, y percibir de forma distinta sus ya conocidos horizontes. Maurice Merleau-Ponty explicitó ese papel de la física:

«(…) el sentido de la física consiste en inducir «descubrimientos filosóficos negativos»[3] y mostrar que «ciertas afirmaciones que pretenden ser filosóficamente válidas no lo son en realidad. (…) Sin ser una filosofía, la física destruye ciertos prejuicios tanto del pensamiento

3. Merleau-Ponty utiliza una expresión acuñada por los físicos London y Bauer [Ln&B], de quienes toma también la cita a continuación.

filosófico como del pensamiento no filosófico. Se limita a inventar cauces para paliar la carencia de los conceptos tradicionales, pero no se plantea conceptos de derecho. Provoca a la filosofía y la obliga a reflexionar sobre conceptos válidos en la situación que le es propia» [MP].

Seguramente hay que añadir que estos «descubrimientos filosóficos negativos» son en gran parte experimentales y que, en la mayoría de los casos, confirman las críticas planteadas desde hace tiempo a los diversos modos de conceptualización propuestos por los análisis teóricos clásicos. No es ocioso, sin embargo, mostrar la pertinencia de estas críticas en el ejercicio de un pensamiento que pretende abarcar el mundo tal como es. En realidad, el objetivo de este libro es la aplicación de un programa de ese tipo.

A lo largo de esta obra intentaremos explicitar ese pensamiento en forma de un discurso laico, totalmente ajeno a las fórmulas esotéricas que confieren a esta ciencia un funcionamiento intelectual propiamente mecánico. En cierto sentido, es verdad que «la ciencia no piensa»; posiblemente sea ése el secreto de su eficacia. La ciencia realiza un esfuerzo considerable *para no pensar*, utilizando para ello unas excelentes máquinas simbólicas y formales que se ocupan de las dificultades del pensamiento, al igual que las máquinas domésticas e industriales toman el relevo y prolongan nuestra limitada capacidad física. De hecho, sólo es posible comprender la existencia de los ordenadores, esas máquinas calculadoras y procesadoras de la información, si se tienen en cuenta esas otras máquinas abstractas que son los formalismos matemáticos y lógicos: sólo porque hemos sido capaces de aprender a efectuar de forma mecánica algunas operaciones intelectuales muy sofisticadas, ha sido posible transferir su ejecución a otros mecanismos exteriores. De hecho, la consideración de los avances realizados por los grandes creadores de la ciencia nos deja a veces estupefactos ante la extrema dificultad intelectual de sus formulaciones originales; en la actualidad nuestras humildes mentes sólo consiguen comprender esas formulaciones gracias a la aplicación de técnicas eficaces que cierran el paso a los obstáculos epistemológicos fundamentales. Para convencerse, basta comparar la obra de Newton con los procedimientos (ahora) elementales del cálculo integral,[4] o la reflexión de Maxwell con los métodos matemáticos de la teoría de

---

4. Resulta admirable que la ciencia vuelva a interesarse por sus clásicos, que todos creían relegados a los archivos de la historia, y que intente dar de ellos versiones nuevamente legibles, construyendo a tal fin lo que en los ámbitos de la música o del teatro se denomina «el repertorio» y cuyas obras, por esencia, son *interpretadas* una y otra vez. Los *Principia* de Newton, por ejemplo, acaban de ser objeto de nuevas (re)presentaciones [Cr], [Bl1], [G&G].

campos, o incluso los estudios de Einstein con el análisis tensorial. La ciencia es difícil, se suele pensar, y tanto más cuanto más formalizada está. En realidad, sucede lo contrario: es más fácil cuanto más formalizada está, ya que el efecto, e incluso la función, de la formalización consiste en transformar dificultades conceptuales irreductibles en dificultades técnicas pasajeras que un aprendizaje consecuente permite superar, incluso y sobre todo, cuando siguen planteados los problemas de fondo. La fortaleza y la debilidad de las ciencias llamadas exactas radica precisamente en que nos evitan tener que pensar continuamente. Su gran avance en el ámbito de lo real se debe a esa mecanización.

De hecho, la matematización de la física le confiere una eficacia notable, análoga para el pensamiento a la que los medios de transporte modernos suponen para el cuerpo. Vamos rápido y lejos o, mejor, no vamos sino que nos llevan. Durante el tiempo que dura el desplazamiento delegamos cualquier responsabilidad y nos ponemos en manos de la maquinaria material o conceptual: avión o ecuación, ordenador en cualquier caso. Al inicio de *La lentitud*, Milan Kundera nos dice:

«La velocidad es la forma de éxtasis que la revolución técnica ha brindado al hombre. Contrariamente al que va en moto, el que corre a pie está siempre presente en su cuerpo, permanentemente obligado a pensar en sus ampollas, en su jadeo; cuando corre siente su peso, su edad, consciente más que nunca de sí mismo y del tiempo de su vida. Todo cambia cuando el hombre delega la facultad de ser veloz a una máquina; a partir de entonces, su propio cuerpo queda fuera de juego y se entrega a una velocidad que es incorporal, inmaterial, pura velocidad, velocidad en sí misma, velocidad éxtasis» [Ku].

Se podría repetir la frase sustituyendo corredor por investigador y motor por ordenador. La rapidez de los cálculos electrónicos produce el mismo vértigo que los desfiles de vehículos mecánicos. Delegar la velocidad en la máquina tiene un precio: el desplazamiento deja de ser un viaje y pierde su dimensión de aventura y exploración. No puede subestimarse, ni despreciarse, la ganancia de tiempo y energía, pero hay que saber encontrar la aventura más allá de la rutina, tanto para guardar un sentido del movimiento como para afrontar los inevitables incidentes que se produzcan y, en todo caso, para empezar y finalizar el viaje. Sea cual sea el trayecto, usted sale a pie de su casa y llega a pie a su destino. Un encuentro con otra persona obliga a disminuir la velocidad y salir de la máquina: el conductor de automóvil se sitúa (provisionalmente, en el mejor de los casos) fuera de la comunidad humana.

De igual manera, las imágenes, las palabras y las ideas, y no los números, los símbolos y las fórmulas, son los elementos con los que se inicia y se acaba (o así debería ser) cualquier actividad científica, incluso en una disciplina tan formalizada como la física teórica. Conviene añadir que el paso a la lengua común no constituye un mal menor, una concesión a un deseo de «comunicación» ampliada. El gran libro de la naturaleza, según Galileo, está escrito en lenguaje matemático; se trata, en efecto, de un programa radical y fecundo *en* la práctica científica. Sin embargo, este enunciado no nos ha de hacer perder de vista la realidad; como mucho, en este caso se trata del libro de cuentas de la naturaleza, y no de su libro de cuentos. La narración, tan necesaria para la comprensión, no podría asimilarse a una traducción, una traición consentida de una pretendida verdad matemática del mundo en una vulgata vernácula exotérica. Es imposible atravesar a nado el Atlántico, pero no por ello hemos de quedarnos encerrados en el avión. En la ciencia física actual resulta inconcebible prescindir de una formalización matemática, realmente constitutiva de nuestra visión de la realidad, pero la obligación de plasmarla mediante el lenguaje todavía es más apremiante. En efecto, se requieren muchas palabras allí donde basta con una ecuación, y la frase nunca tendrá ni la unicidad ni la eficacia de la fórmula. Esta lentitud y esta ambigüedad son precisamente los elementos que más se echan a faltar hoy, especialmente en el caso de los científicos.

Este libro no es un mero ejercicio de divulgación ni un simple reparto de conocimientos. También pretende ser un intento de dominar mejor esos conocimientos. Aunque según Marguerite Duras, cuyo personaje Ernesto, un platónico espontáneo, se pregunta con razón cómo podría aprender lo que no sabe [Du], siempre se puede afirmar que es imposible comprender lo que no se dice. Decir, escribir y, en última instancia, interpretar la ciencia. Aquí hay que ser intérprete en la doble acepción de la palabra: traductor de una obra en lengua extranjera y ejecutor de una obra de arte. Como siempre ha ocurrido en los ámbitos del teatro y de la música, toda interpretación es una (re)creación, buena o mala. Lo mismo sucede aquí. La presentación pública de la ciencia no es una simple repetición, sino necesariamente una invención. Incluso la ciencia más dura, la física teórica, sigue siendo lo bastante blanda, lo bastante plástica como para que podamos retocar y modificar sus conceptos en función de nuestra (in)comprensión. Pero, como en toda interpretación, ésta será normalmente muy personal y, por tanto, arriesgada. Se comprenderá fácilmente que un físico teórico como el autor disfrute haciendo experimentos epistemológicos.

Dedicaremos nuestra interpretación, o nuestra experimentación, a las variaciones de algunos grandes temas de la física moderna, como el electromagnetismo, la física cuántica y la relatividad, pero sin descartar alguna incursión en episodios más antiguos y otros más recientes de la historia de la física, o el recurso a algunas ideas matemáticas sencillas. La selección de los ejemplos viene dada por su importancia, pero también por las competencias y los gustos personales del autor. Existe, sin embargo, una razón más profunda para engarzar nuestra reflexión en lo que se ha llamado física moderna, para distinguirla, por analogía con la división en periodos en historia del arte, de la física contemporánea. En este libro haremos muy pocas referencias al caos determinista, a la inflación cósmica, a los campos gauge, a las supercuerdas, etc.[5] Lo que ocurre es que todavía no sabemos pensar la física actual, la que se hace en directo y pasa directamente, todavía caliente, de los laboratorios a la prensa. Para construirla utilizamos los materiales de que disponemos y para levantar los nuevos edificios fabricamos los inevitables andamios con aquellos objetos que encontramos en la obra, que a veces no son sino restos de edificios más antiguos destruidos para dejar paso a otros más modernos. Así pues, al calor del trabajo, no siempre somos capaces de distinguir las estructuras actuales de las antiguas, los andamios del edificio final y los elementos reutilizados de sus funciones inéditas. Aprender a describir lo real no basta para comprenderlo. Después de un periodo de creación en el que la novedad teórica aparece rodeada de la confusión que caracteriza todo nacimiento, tiene que producirse un periodo de consolidación. A pesar de lo que afirme la vulgata kuhniana, la historia de las ciencias no puede reducirse a una mera sucesión de revoluciones, separadas entre sí por periodos normales de «calma». El desarrollo científico se inscribe en ese doble movimiento constante de rupturas y refundiciones epistemológicas. Sin embargo, en la actualidad, la reorganización del saber va considerablemente por detrás de su producción. Nuestro siglo ha asistido a un número impresionante de mutaciones científicas, pero ha demostrado tener una capacidad reducida de asimilarlas. Para debilitar considerablemente la integración de la ciencia en la cultura común, se conjugan la especialización de las disciplinas, la separación de las actividades (investigación/enseñanza/difusión) y la jerarquización de las funciones. La mayoría de los esfuerzos que se realizan actualmente para compartir los saberes emergentes son muy poco eficaces, precisamente porque sus fundamentos no están bien asentados. ¿Cómo explicar la naturaleza de los quarks, cuando sigue siendo un misterio la orga-

5. Tampoco hablaremos de supersimetrías ni de superteorías; es ésta una buena ocasión para constatar la notable inflación, del todo real, del uso de ese prefijo en la ciencia contemporánea. En la entrada «super-» de cualquier diccionario científico de la física moderna se encontrarán, además del término supercuerda ya citado, los de supersimetría, supermultiplete, superselección, superfluidez, supercolisionador, etc. ¿Será una nueva forma de superstición?

nización del núcleo atómico, o la de los cuásares, cuando se sabe tan poco acerca de la constitución de las galaxias? Además de la necesidad pedagógica de insertar los conocimientos modernos en su perspectiva histórica, la reconsideración de la ciencia clásica desempeña aquí un papel crítico esencial. En lugar de la táctica de la divulgación al uso, consistente en suavizar las dificultades conceptuales de los modernos avances, preferimos una retórica mucho más provocadora, que ponga deliberadamente de manifiesto los problemas que ya se planteó la física clásica y que, a veces, la costumbre nos induce a creer que ya están resueltos. En lugar de intentar convencer al profano de que la relatividad o la teoría cuántica no son en definitiva tan temibles, ¿no sería preferible mostrar que la mecánica o el electromagnetismo tradicionales siguen planteando unos desafíos intelectuales serios y atrayentes? Dicho de otro modo, tal vez la mejor postura intelectual ante la ciencia contemporánea consista en adoptar una actitud crítica para con la ciencia del pasado (o que se supone del pasado). Este enfoque, por lo demás, es exactamente el habitual en los ámbitos ya citados de la cultura literaria o artística. Contribuir a esa «culturización» de la ciencia es otro de los objetivos de este libro.

Desarrollaremos este alegato en favor del pensamiento *en* la ciencia a partir de un principio de organización sencillo. Tomaremos pares de conceptos antinómicos que, *nolens, volens*, estructuran casi cualquier reflexión y demostraremos, a partir de ejemplos procedentes de la física, que la formalización de sus conceptos altera esas oposiciones y desplaza sus polos, siempre que a continuación se produzca una reflexión del pensamiento. Abordaremos las grandes dicotomías: verdadero / falso, recto / curvo, continuo / discontinuo, absoluto / relativo, constante / variable, cierto / incierto, finito / infinito, global / local, elemental / compuesto, determinado / aleatorio, formal / intuitivo, real / ficticio. Evidentemente esta lista no tiene ningún afán exhaustivo. De hecho, más que pares bien determinados, se tratará a veces de constelaciones de oposiciones alrededor de uno de ellos. De forma más o menos explícita según el caso, encontraremos:

con recto / curvo: ilimitado / limitado, cerrado / abierto;
con continuo / discontinuo: contiguo / discreto, lleno / vacío;
con absoluto / relativo: móvil / inmóvil, objetivo / subjetivo;
con cierto / incierto: preciso / impreciso, exacto / aproximado;
con elemental / compuesto: todo / parte;
con determinado / aleatorio: necesario / ocasional;
con formal / intuitivo: riguroso / heurístico, abstracto / concreto, cuantitativo / cualitativo;
etc.

A nuestro entender estas viejas oposiciones, precisamente porque son tan viejas como el pensamiento mismo y pueden parecer un tanto agotadas, no pueden sino beneficiarse de una confrontación con las inquietudes más recientes, tal vez ingenuas y a veces brutales, de la ciencia. Cabe recordar que la física entró en la modernidad cuando se pusieron en entredicho antiguas dualidades: después de Copérnico y Galileo, la oposición entre lo alto y lo bajo se ha visto obligada a ser más flexible. Además del interés que pueda tener en sí misma, la estrategia adoptada presenta, por lo menos así lo deseamos, una serie de virtudes pedagógicas en el sentido de que permite recorrer algunas de las avenidas (y de los callejones sin salida) de la física moderna a un ritmo y en un orden distintos a los que imponen las visitas educativas en grupo. Con este libro pretendemos fomentar el paseo intelectual.[6]

El paisaje filosófico de nuestra exploración es harto conocido, y somos conscientes de entrada de la irreductibilidad de los pares de contrarios que, desde los filósofos presocráticos, alimentan el pensamiento occidental [Ra]: se atribuye a Pitágoras una tabla de diez pares antinómicos, entre los cuales se cuentan limitado / ilimitado, recto / curvo, reposo / movimiento que siguen conservando su frescura, dos milenios y medio después. Sin embargo, habrá que demostrar sobre el terreno los límites de su pertinencia: más que las «antinomias de la razón pura» [Ka], lo que nos interesa aquí son las de la *razón impura* en su praxis.

6. Por ejemplo, se podrá perfectamente empezar el libro por el último capítulo, ya que de forma natural también ponemos en entredicho antinomias tan establecidas como el par antes / después.

I
Verdadero / falso

De ser así, la salvaguardia de lo verdadero se encuentra no tanto en su afirmación como en la consideración del carácter limitado de todo aquello que se presenta como verdadero.

Max Horkheimer [Ho]

«El Sol gira alrededor de la Tierra, ¿verdadero o falso?» «El hombre y la vaca tienen antepasados comunes, ¿verdadero o falso?» «La luz es una partícula y una onda al mismo tiempo, ¿verdadero o falso?» Éstas son algunas preguntas a las que periódicamente ha de responder una muestra representativa de nuestros conciudadanos. Son preguntas de una serie de encuestas que pretenden establecer el nivel medio de conocimientos científicos de los franceses. A pesar de que es difícil poner en duda la nada sorprendente conclusión general de todas estas encuestas: nuestra cultura científica colectiva deja mucho que desear, la base que sustenta estos análisis resulta más endeble de lo que parece y su significado, más incierto. Un 25% de las personas encuestadas considera verdadero que el Sol gira alrededor de la Tierra, un 50% cree que es falsa la afirmación de que el hombre y la vaca tienen antepasados comunes y un 35% rechaza que la luz sea corpuscular y ondulatoria al mismo tiempo. Sin embargo, ¿puede deducirse de ello que uno de cada cuatro[1] franceses sigue siendo precopernicano, uno de cada dos predarwiniano y uno de cada tres prebohriano? Además, primero habría que ponerse de acuerdo sobre las respuestas correctas a estas preguntas. Parece oportuno examinar con más atención todas estas preguntas.

Autoencuesta

«¿Gira el Sol alrededor de la Tierra?» Pues claro que *sí*, sin duda alguna. Eso es lo que *vemos* día a día: un movimiento de este a oeste. Mis ojos no se equivocan. Además, ese movimiento es regular, predecible, y mi conocimiento es de lo más científico… No es ninguna paradoja, aun-

---

1. Dado que el 25% es la media entre un 20% de hombres y un 30% de mujeres, esta proporción equivale más concretamente a un francés de cada cinco y a casi una francesa de cada tres.

que sí hay ahí una mínima provocación. Lo que ocurre es que el gran debate sobre los «sistemas del mundo», la confrontación entre geocentrismo y heliocentrismo, no tiene gran cosa que ver con el movimiento relativo de la Tierra con respecto al Sol, y mucho en cambio con el de los *demás* planetas. Los movimientos erráticos de Mercurio, Venus, Marte, Júpiter y Saturno sobre la esfera celeste introdujeron cada vez más complicaciones en el sistema geocéntrico ptolemaico (ecuantes, deferentes y epiciclos concebidos para hacer coincidir, a la fuerza, las órbitas teóricas con las posiciones observadas), hasta que la revolución copernicana hizo saltar por los aires ese edificio. Tanto es así que «los dos sistemas máximos», a decir de Galileo [Ga2], ni siquiera constituyen los únicos términos de una alternativa [He]. Es perfectamente posible combinar los principios teológico-ideológicos del geocentrismo con la eficacia teórica del heliocentrismo, como propuso Tycho Brahe gracias a un compromiso tan astuto como irrefutable: basta con suponer que la Tierra es fija y que el Sol se desplaza a su alrededor, mientras que los planetas giran alrededor de un Sol móvil y no de una Tierra fija (figura I.1). Ninguna observación permite distinguir este sistema del sistema estrictamente heliocéntrico de Copérnico. En efecto, el sistema de Tycho Brahe no es sino la forma que adopta el sistema de Copérnico para un observador situado sobre la Tierra, el único punto de vista, por lo demás, con el que hemos contado durante mucho tiempo. Así pues, Tycho Brahe anunciaba una concepción moderna, ni geocéntrica ni heliocéntrica, sino acéntrica.

Con otras palabras, para el físico moderno, todos los puntos de vista son equivalentes *a priori* y la descripción de cualquier movimiento puede hacerse de forma coherente a partir de un lugar de observación cualquiera (lo que los físicos llaman «sistema de referencia»). Está claro que esta descripción es *relativa* al punto de vista adoptado, y que todo consistirá en cómo puede pasarse de uno a otro: ése es precisamente el objeto de cualquier teoría de la relatividad, ya sea galileana o einsteiniana. Pero, en definitiva, el punto de vista terrestre es el nuestro; goza de plena legitimidad y de una eficacia incontestable: las trayectorias de los cohetes espaciales se calculan en el marco de un esquema similar al de Tycho Brahe, aunque algo más moderno y sofisticado, ya que los cohetes despegan de la Tierra, *nuestro* punto fijo. Por tanto, desde un estricto punto de vista científico, no es del todo falso afirmar que el Sol gira alrededor de la Tierra. Incluso desde el punto de vista, filosóficamente ingenuo, de la física podemos coincidir con Husserl en que, en cierto sentido, la Tierra no se mueve [Hu]. Para no dejar cabos sueltos y poder hacer frente a ciertas objeciones, conviene añadir que cabe distinguir entre la descripción de los movimientos (cinemática) que acabamos

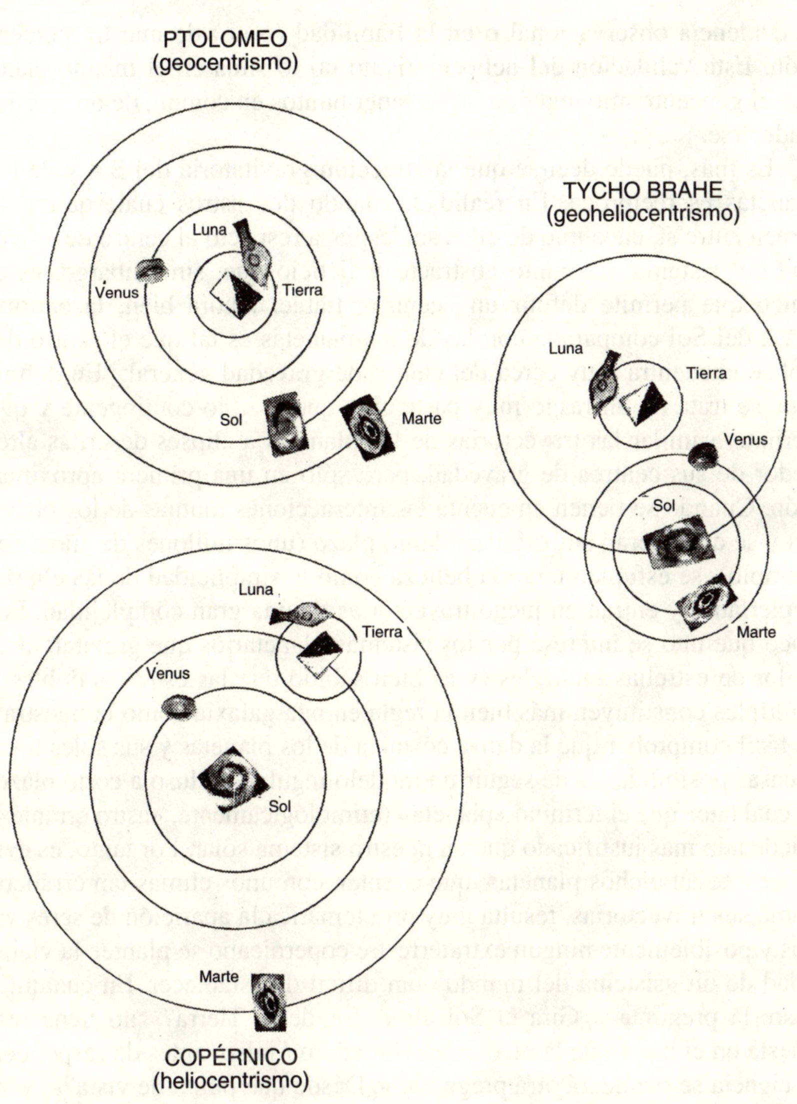

Figura I.1 Los tres grandes sistemas del mundo

de discutir y su explicación (dinámica) mediante las fuerzas que los determinan. Podría decirse que fue Newton, y no Copérnico, quien aportó una fundamentación absoluta al heliocentrismo al deducir las trayectorias de los planetas (las elipses de Kepler) a partir de la atracción gravitatoria que sobre ellos ejerce el Sol. Sin embargo, la cuestión no reside en la evidencia observacional o en la fiabilidad (o no) de nuestra percepción. Esta validación del heliocentrismo no lo sitúa en el mismo plano que el geocentrismo ingenuo; al no tener puntos en común, dejan de contradecirse.

Es más, puede decirse que la atracción gravitatoria del Sol y de los planetas es recíproca. En realidad, cuando dos astros cualesquiera se atraen entre sí, cada uno de ellos se desplaza respecto al centro de gravedad del sistema, un punto abstracto y ficticio que, sin embargo, es el único que permite definir un «centro» fiable. Ahora bien, la enorme masa del Sol comparada con las de los planetas es tal que el centro del Sol se encuentra muy cerca del centro de gravedad general.[2] En definitiva, se trata de un rasgo muy particular, que roza lo contingente y que permite asimilar las trayectorias de los planetas a elipses descritas alrededor de sus centros de gravedad, pero sólo en una primera aproximación. Cuando se tienen en cuenta las interacciones mutuas de los planetas y se consideran sus órbitas a largo plazo (unos millones de años, por ejemplo), se esfuman tanto la belleza como la simplicidad de las elipses keplerianas y entran en juego trayectorias de una gran complejidad. Por poco que uno se interese por los sistemas planetarios que gravitan alrededor de estrellas múltiples (y es bien sabido que las estrellas dobles y múltiples constituyen más bien la regla en una galaxia como la nuestra), es fácil comprobar que la danza cósmica de los planetas y sus soles tiene escasas posibilidades de seguir un modelo regular, incluso a corto plazo, lo cual hace que el término «planeta» (etimológicamente, «astro errante») quede aún más justificado que en nuestro sistema solar. Por tanto, es evidente que en dichos planetas, que cuentan con unos climas tan erráticos como sus trayectorias, resulta muy problemática la aparición de seres vivos y posiblemente ningún extraterrestre copernicano se plantee la viabilidad de un «sistema del mundo» tan difícil de establecer. En cualquier caso, la pregunta «¿Gira el Sol alrededor de la Tierra?» no tiene respuesta en el marco de la dicotomía verdadero / falso; antes de responder, la ciencia se planteará otra pregunta: «¿Desde qué punto de vista?», y su prudente respuesta dependerá de una serie de condiciones anexas que garanticen su pertinencia.

«La luz del Sol está formada por a) partículas minúsculas, b) una onda, c) las dos cosas a la vez, d) no lo sé.» Es una formulación exacta

---

2. De hecho, el centro de gravedad del sistema solar (en cierto sentido, su «verdadero» centro), al que contribuye casi exclusivamente el Sol y Júpiter (dado que dicho planeta es mucho más masivo que los demás), se encuentra casi fuera del interior del Sol y se sitúa muy próximo a su superficie.

(no me atrevo a decir «precisa») de una de las preguntas planteadas en la encuesta. ¡Ya, ya me imagino lo que se espera de mí! Se supone que soy consciente de que la concepción corpuscular antigua y la teoría ondulatoria que la sustituyó en el siglo XIX dejaron de ser válidas con la aparición de las ideas cuánticas y que Bohr no dio la razón ni a Newton ni a Fresnel. ¿Acaso no se ha impuesto la idea de la ¿dualidad corpúsculo-onda? desde hace más de medio siglo? La luz sería, por tanto, «al mismo tiempo» onda y partícula, pero ¿cómo puede aceptarse esa mezcla entre una carpa (más bien un pato, como puede verse más adelante) y un conejo? ¿Cómo es posible que un objeto físico tenga al mismo tiempo dos naturalezas heterogéneas? Estamos ante un caso de laxismo terminológico y epistemológico que se prolonga desde hace demasiado tiempo. Ante esta situación, el físico no se siente incómodo, pues maneja a diario aparatos y ecuaciones, siempre más fiables que las palabras, pero los efectos de esta confusión son nocivos para la enseñanza, la divulgación y el conocimiento de la física moderna. ¿Cómo podemos sorprendernos de que un 70 por ciento de los encuestados evite la respuesta c) que, pese a ser la esperada por los encuestadores, no deja de ser pura y simplemente absurda?

Este caso guarda relación con la situación bien conocida de aquellos exploradores de tierras muy lejanas que descubrían una fauna que les era ajena. ¿Cómo describir un animal desconocido si no es mediante características de animales ya conocidos? Una cabeza de camello, un cuerpo de cabra; así es la llama. En los ríos en los que buscaban oro, los primeros aventureros y presidiarios que colonizaron Australia encontraron unos animales extraños, con pelo y pico, que llamaron *duckmole* (pato-topo), para los que los aborígenes tenían un nombre específico, *mallin-gong* (o *boondaburra)*. Desgraciadamente, ese nombre ha sido sustituido por el de *ornitorrinco* (o *platypus* para los anglosajones), mucho más pesado y serio. No se trataba de animales híbridos, patos y topos al mismo tiempo, sino de unos seres nuevos y desconocidos hasta entonces. En cualquier caso, el físico es consciente de que, tanto en los aparatos como en las ecuaciones en las que interviene, la luz no es *ni* onda *ni* partícula, pero tampoco ambas cosas al mismo tiempo, y menos aún una u otra según convenga, como se ha repetido a menudo. Sus elementos constitutivos elementales, los fotones, son unas entidades de nuevo tipo, características del universo cuántico, que se designan con el neologismo genérico de «cuantones». Aun cuando en circunstancias muy concretas un cuantón se parece a una onda y en otras, excluyentes con las anteriores, se parece a una partícula (como aquel ornitorrinco del que si sólo se viera el pico parecería un pato y del que si se viera la parte trasera se confundiría con un conejo; véase la figura I.2), todo su interés reside

Figura I.2 El ornitorrinco (y el cuantón)

en su originalidad y su diferencia respecto a esos objetos clásicos. Por consiguiente, la respuesta c) que puede esperarse de los encuestados no es más correcta que las respuestas a) o b), y tal vez menos que la respuesta dilatoria d). En este caso, la «verdad» del conocimiento científico se escapa y no se deja atrapar en las redes formadas por palabras demasiado comunes.

«¿Tienen antepasados comunes el hombre y la vaca?» A pesar de que en este caso no se requieren sutiles conocimientos propios de un campo tan esotérico y formalizado como la teoría cuántica, sino simplemente nociones elementales sobre la teoría de la evolución, la pregunta no deja de ser ambigua. Fuera del contexto científico, claramente definido y delimitado, las palabras «hombre», «vaca» y sobre todo «antepasados» sugieren unas asociaciones y referencias tan fuertes que se salen fácilmente del marco conceptual en el que se pretendía situarlos en la pregunta.[3] ¿Cómo evitar que para una fracción significativa de una «muestra representativa» de la población la palabra «antepasados» sólo tenga su sentido más humano y familiar? En la acepción corriente, los antepasados son aquellas personas de las que (re)conocemos una ascendencia directa, cuya herencia asumimos, nuestros predecesores. En el reino animal, en cambio, no se utiliza esa palabra para designar a los familiares. ¿Acaso alguien se refiere a los abuelos de su vaca o al tío de su gato? Por tanto, parece legítima una respuesta negativa, en la que se diga, con acierto, que los hombres y las vacas no tienen una historia familiar común (con algunas excepciones, como las de Minos, Sarpedón, Radamanto y Épafo). La voluntad de «simplificar las cosas», de plantear una pregunta deliberadamente formulada en el lenguaje común no facilita la recuperación de un supuesto conocimiento científico sino que confunde tanto a la memoria como al saber. Resultaría muy interesante repetir la encuesta utilizando un vocabulario más próximo al contenido conceptual que se pretende, por ejemplo: «¿Tienen los humanos y los bovinos una ascendencia común?».

Es inútil multiplicar los ejemplos que demuestran que las encuestas de opinión sobre el nivel de conocimientos científicos por parte de los profanos son, cuando menos, tautológicas. Lo que indican es que el lenguaje común y la cultura general no favorecen el enunciado o el reconocimiento de afirmaciones científicas válidas. Ante preguntas cuya formulación se sitúa fuera del discurso científico, no hay que sorprenderse de que las respuestas confirmen la divergencia existente entre ciencia y sentido común. El saber que genera la investigación científica no puede presentarse mediante afirmaciones aisladas: un enunciado, por muy elemental y compacto que sea, sólo adquiere sentido en su marco conceptual global. No es «verdadero» (o «falso») en sí mismo.

Verdadero si…, *falso* pero…

Al contrario de lo que podría pensarse, la finalidad de la ciencia no consiste tanto en producir verdades absolutas y universales o en reconocer errores redhibitorios, sino en delimitar las condiciones de validez de aquellos enunciados que el científico duda en calificar de «verdaderos» o

3. Conviene precisar además que, en la tipografía utilizada para la encuesta, las palabras «hombre» y «vaca» carecían de la mayúscula inicial que indica que se trata de nombres genéricos de especies. El error tipográfico no hace sino incrementar la ambigüedad conceptual.

«falsos» sin más. Para que pueda tomarse en consideración un resultado experimental o una ley teórica, para que puedan llegar a considerarse científicos y discutirse como tales, deben presentarse en la forma «verdadero, *si…*» o «falso, *pero…*». Las verdades de la ciencia nunca se presentan desnudas. El enunciado, siempre reductor, de las condiciones, circunstancias e hipótesis de una afirmación, es lo único que puede darle sentido y permite aceptarla o rechazarla. Así, es «verdad» que el Sol gira alrededor de la Tierra, *si* se describe el movimiento en el sistema referencial terrestre o, recíprocamente, es «falso» que el Sol gire alrededor de la Tierra, *pero* esa descripción es correcta desde un punto de vista concreto.

Una de las características que distingue la ciencia de otros modos de conocimiento humanos es que, contrariamente a lo que sucede con las ideas heredadas, ésta renuncia a alcanzar la verdad o, más exactamente, pretende convertir la verdad en una noción puramente relativa, continuamente subordinada a la de validez. No hay ningún enunciado «verdadero», por sencillo, directo, evidente y antiguo que sea, que no se pueda poner en entredicho y desestabilizarse algún día. Tarde o temprano, quedará superado el marco que garantizaba su validez, hasta entonces implícita, y se insertará en otro marco más amplio en el que la verdad del enunciado inicial entrará en contradicción cuando esté más allá de las fronteras invisibles del ámbito inicial.

Pitágoras y la esfera

#Veamos el caso del teorema atribuido a Pitágoras: «En un triángulo rectángulo, el cuadrado de la hipotenusa es igual a la suma de los cuadrados de los catetos». Estaremos de acuerdo en que es un enunciado verdadero, absolutamente verdadero.

—En realidad, todo depende de lo que consideremos un triángulo rectángulo.

—Pues ¡un triángulo que tiene un ángulo recto!

—Y ¿qué es un triángulo?

—¿Me toma el pelo o qué?… Evidentemente, es la figura formada por tres puntos unidos dos a dos.

—¿Cómo se unen entre sí?

—¡Es la última pregunta de este tipo que le acepto! «Por el camino más corto» entre los dos puntos, como es bien sabido desde Euclides.

—No se enfade. Estoy de acuerdo con sus definiciones, pero éstas no implican que el teorema de Pitágoras sea verdadero.

—¿Cómo?

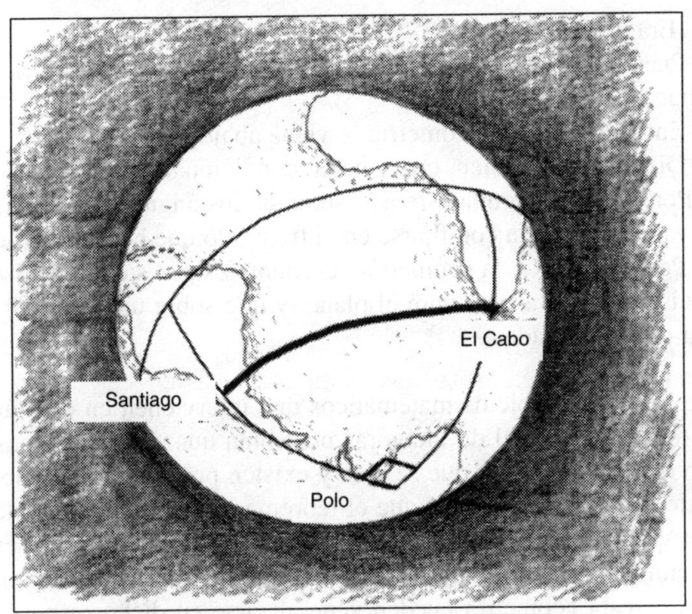

Figura I.3 La derrota de Pitágoras

—Pensemos en los tres puntos siguientes: el Polo Sur y las ciudades de Santiago y El Cabo (figura I.3). Las dos ciudades tienen prácticamente la misma latitud, entre 33° S y 34° S, y unas longitudes de 71° W y 19° E, respectivamente. Estos tres puntos definen un triángulo cuyos lados, «los caminos más cortos», son segmentos de los meridianos respectivos que pasan por Santiago y El Cabo y el segmento de paralelo común sobre el que se encuentran ambas ciudades. Como las longitudes de las dos ciudades difieren 90° entre sí, el ángulo cuyo vértice está en el Polo es un ángulo recto. Los lados de este triángulo rectángulo prácticamente isósceles miden 6.290 km y 6.230 km, y su hipotenusa 7.940 km Compruebe, $(6.290)^2 + (6.230)^2 = 78.377.000$ *no* es igual, ni mucho menos, a $(7.940)^2 = 63.043.600$, lo cual indica que el teorema de Pitágoras es falso. Además, es doblemente falso, pues existe otro triángulo rectángulo que une las dos ciudades y el Polo Norte. Puede hacer el cálculo usted mismo y verá que la situación todavía se le complica más a Pitágoras.

—Usted hace trampa, porque ha dibujado el triángulo sobre una esfera y no sobre un plano.

—¿Cuándo me ha dicho que tenía que definir el triángulo sobre un plano?

33

—¡Era obvio!

—Pues no señor. Como puede ver, para que el teorema sea verdadero, hace falta precisarlo.

—Entonces, toda la geometría se viene abajo.

—Digamos más bien que queda condicionada, relativizada. ¡Sí, toda! Por ejemplo, en una esfera la suma de los ángulos de un triángulo ya no vale 180°; basta con fijarse en el triángulo que hemos considerado antes. Pero, tranquilo, la geometría «corriente» sigue siendo verdadera *si* se precisa que se trabaja sobre el plano, y que sobre una esfera hay que utilizar otros resultados.#

De hecho, los objetos matemáticos que intervienen en el enunciado de un teorema como el de Pitágoras presentan una extensión ontológica mucho más amplia de lo que se cree y existen por derecho propio en un contexto mucho más general que el teorema inicial. Este contexto es el de los espacios «curvos», también llamados no euclídeos porque en ellos no se cumplen los axiomas de la geometría euclídea. Sin embargo, los objetos de esta geometría pueden generalizarse en dichos espacios; así, el teorema de Pitágoras no resulta válido en las geometrías posteuclídeas y no es sino un caso particular, válido en los espacios de curvatura nula. Por tanto, no se puede enunciar ese teorema sin indicar o, por lo menos, dejar entender, según el contexto, que «para un triángulo rectángulo *definido en un espacio euclídeo*, el cuadrado de la hipotenusa, etc.». El teorema es verdadero *si* el espacio es plano. Pero ¿qué es un espacio plano y cómo puede distinguirse de un espacio curvo? Precisamente, lo más sencillo es definir un espacio plano… ¡utilizando para ello la validez del teorema de Pitágoras! Esta inversión del orden de los enunciados, que transforma un teorema (demostrado dentro de un marco implícito) en un axioma (planteado como especificación explícita de ese marco), es un mecanismo muy frecuente en matemáticas. El cambio de situación que esta inversión impone a una verdad, establecida en el primer caso y supuesta en el segundo, ilustra bastante bien el carácter relativo de la propia noción de verdad. Está claro que en un contexto más amplio los resultados primitivos no desaparecen, por lo general, sin dejar algún rastro. Son sustituidos por otros enunciados de los que constituyen expresiones simplificadas y aproximadas cuando la situación se parece al marco inicial, con lo cual los antiguos enunciados pueden considerarse como «falsos, *pero…*».

↑Llegados a este punto, no podemos evitar la tentación de dar la expresión exacta de uno de los nuevos teoremas de la geometría esférica,

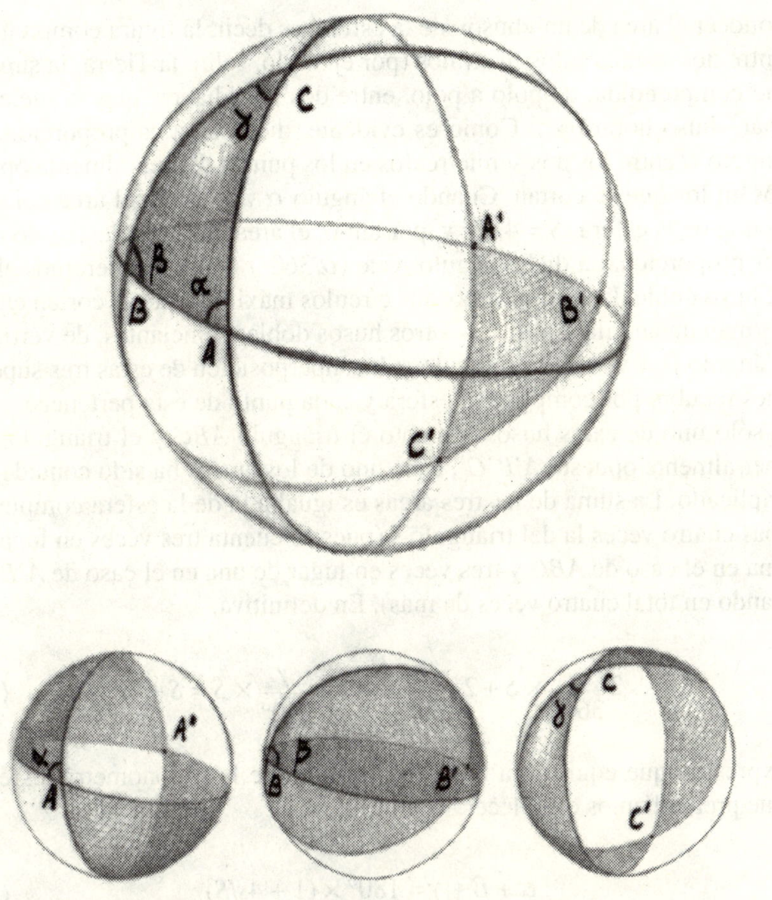

Figura I.4 El área de un triángulo esférico

tanto por su calidad estética como por la elegancia y simplicidad de su demostración, pero también para demostrar explícitamente cómo actúa el control de la validez de las expresiones aproximadas. Sea, por tanto, un triángulo esférico cualquiera formado por tres «arcos de círculos máximos», es decir, arcos esféricos que resultan de la intersección de tres planos que pasan respectivamente por dos vértices y el centro de la esfera (figura I.4).

El teorema euclídeo según el cual la suma de los ángulos de un triángulo es de 180° es falso en geometría esférica; para comprobarlo basta considerar el triángulo que posee tres ángulos de 90° definido por un octante de la esfera. A continuación estableceremos una relación entre la suma de los ángulos de un triángulo esférico y su área. Para ello hay que conocer el área de un «huso» de la esfera, es decir, la figura comprendida entre dos semicírculos máximos (por ejemplo, sobre la Tierra, la superficie comprendida, de polo a polo, entre dos meridianos, que se suele llamar «huso horario»). Como es evidente, dicha área es proporcional al ángulo α entre los dos semicírculos en los puntos diametralmente opuestos en los que se cortan. Cuando el ángulo α vale 360°, el área coincide con la de la esfera: $S = 4\pi R^2$ y, por tanto, el área del huso de ángulo α, al ser proporcional a dicho ángulo, vale $(\alpha/360°) \times S$. Consideremos ahora el huso doble determinado por los círculos máximos que se cortan en A y forman un ángulo α y, luego, otros husos dobles semejantes, de vértice B y ángulo β, y vértice C y ángulo γ. La superposición de estas tres superficies recubre por completo la esfera y cada punto de ésta pertenece a uno y sólo uno de estos husos, excepto el triángulo ABC y el triángulo diametralmente opuesto $A'B'C'$, cada uno de los cuales ha sido contado por triplicado. La suma de las tres áreas es igual a la de la esfera completa S más cuatro veces la del triángulo s (pues se cuenta tres veces en lugar de una en el caso de ABC y tres veces en lugar de una en el caso de $A'B'C'$, dando en total cuatro veces de más). En definitiva:

$$2\frac{\alpha}{360°} \times S + 2\frac{\beta}{360°} \times S + 2\frac{\gamma}{360°} \times S = S + 4s \qquad (1.1)$$

expresión que equivale a la bonita fórmula de la trigonometría esférica que pretendíamos establecer:

$$\alpha + \beta + \gamma = 180° \times (1 + 4s/S) \qquad (1.2)$$

Esta fórmula muestra con claridad que para un triángulo esférico «pequeño», es decir, para un triángulo cuya área sea mucho menor que la de la esfera sobre la que está definido, puede considerarse que se cumplen aproximadamente las fórmulas de la geometría plana euclídea, o sea, si $s \ll S$, entonces $\alpha + \beta + \gamma \approx 180°$, con un error que se podría también calcular con precisión. En función de la precisión deseada, en cada situación se decidirá si se tiene o no en cuenta la corrección de esfericidad (el término $4s/S$). Sobre la esfera el teorema euclídeo es falso, *pero* puede utilizarse siempre y cuando el triángulo sea lo suficientemente pequeño.[4]↓

4. ↑Por un procedimiento análogo, el teorema de Pitágoras admite tiena generalización, poco conocida. Sobre una esfera de radio R, los lados a, b y c de un triángulo rectángulo (c es la hipotenusa) cumplen la relación cos $(c/R) =$ cos (a/R) cos (b/R). Dejamos al lector la demos-

Podrían multiplicarse los ejemplos en otros campos de las matemáticas, incluso en los más elementales, pero con sólo uno más bastará. Consideremos la afirmación según la cual todo número siempre es menor que su doble (ya que se cumple que $1 < 2$). Esta «verdad» deja de cumplirse para conjuntos de números algo más elaborados que los naturales (enteros positivos), por ejemplo, cuando se trabaja en «aritmética modular» y se definen los números a partir de los enteros, *módulo* un número de referencia N. Se considera que dos números son equivalentes cuando su diferencia es un múltiplo del número N, y se escribe $3 \equiv 8$ (mod. 5), ya que $8 - 3 = 5$ es un múltiplo de 5. Hay un número finito, precisamente N, de clases de equivalencia *módulo* N, ya que en la sucesión de enteros positivos, sólo los N primeros $(0, 1, 2\ldots, N\text{-}1)$ definen clases distintas. Se suele escoger estos números para que representen las N clases; en efecto, $N \equiv 0$ (mod. N), $N + 1 \equiv 1$ (mod. N), etc. Estos números, entre sí, se pueden sumar y restar, multiplicar y dividir; las propiedades de estas operaciones coinciden con las efectuadas con los números naturales. Los enteros módulo N forman por tanto «modelos reducidos», finitos, del conjunto de los números enteros. Se llama «cuerpo de Galois», F_N, al conjunto de estos «nuevos números». Las siguientes tablas de sumar y multiplicar módulo 5 muestran un ejemplo concreto.

Estos nuevos números gozan de casi todas las propiedades de los números enteros que estamos acostumbrados a utilizar. Decimos *casi* porque no están «bien ordenados», es decir, no es posible situarlos según un orden natural que sea coherente con la aritmética modular. Los números de un cuerpo de Galois guardan con el conjunto de los números enteros una relación parecida a la que hay entre un círculo y una recta: puede considerarse que el círculo es un segmento de recta cerrado sobre sí mismo, de tal forma que coincidan sus extremos. Es evidente que, al hacer que el final del segmento se confunda con su inicio, desaparece el ordenamiento de los puntos del segmento. Por consiguiente, en un cuerpo de Galois no puede considerarse que el doble de un número sea mayor que éste. De hecho, por ejemplo, $2 \times 4 = 8 \equiv 3$ (mod. 5). Así pues, es verdad que un número es menor que su doble *si*, conviene precisarlo, se trata de números naturales.

Sin embargo, tal vez las matemáticas no sean el terreno más idóneo para nuestra discusión. Desde principios del siglo XX, quienes practican

______

tración de esta relación, así como la demostración de que, si los lados son pequeños comparados con el radio, se obtiene el teorema de Pitágoras clásico.↓

+	0	1	2	3	4
0	0	1	2	3	4
1	1	2	3	4	0
2	2	3	4	0	1
3	3	4	0	1	2
4	4	0	1	2	3

Adición mod. 5

×	0	1	2	3	4
0	0	0	0	0	0
1	0	1	2	3	4
2	0	2	4	1	3
3	0	3	1	4	2
4	0	4	3	2	1

Multiplicación mod. 5

las matemáticas entienden bien el carácter provisional de «verdad», precisamente a partir de la experiencia de las geometrías no euclídeas y de las generalizaciones de la noción de número, y han aprendido a formular con precisión, al iniciar cualquier análisis, las hipótesis en que se basan, los axiomas de la teoría estudiada. Esta formalización matemática, ya ineludible, les proporciona una arquitectura conceptual racionalizada que permite, como hemos visto, invertir teoremas y definiciones en función de las generalizaciones buscadas. Dado el carácter plenamente intelectual de las matemáticas, incluso esa posibilidad podría hacer pensar que el acondicionamiento necesario de la verdad de los enunciados científicos es un asunto de pura lógica y sólo tiene razón de ser por la exigencia de coherencia del discurso. En cambio, la física, una ciencia que ha de hacer frente a un sentido de lo real mucho más resistente, demuestra que la naturaleza esencialmente hipotética de los enunciados científicos está en relación con una característica más profunda de la noción general de «verdad» científica.

Ámbitos de validez

La primera teoría física verdadera, en el sentido moderno del término, ha sido sin duda la mecánica newtoniana. En efecto, por primera vez se logró trascender y sintetizar un amplio conjunto de hechos observables y derivados de la experiencia en un formalismo coherente, explicativo y predictivo. Los éxitos de la teoría, especialmente en el ámbito de la astronomía, llevaron a los físicos de la primera mitad del siglo XIX a otorgarle plena confianza, incluso en los nuevos ámbitos en los que se desarrollaban sus investigaciones, como el electromagnetismo. Habrá que esperar hasta comienzos del siglo xx para que las dificultades crecientes que había encontrado el paradigma newtoniano lleven a aceptar su superación por una nueva concepción basada en la noción de campo y en la relatividad einsteiniana. Esa superación no es exactamente una sustitución, y la relación entre Einstein y Newton no es en modo alguno la que existe entre verdad y error. Por un lado, para considerar «verdadero», sin más, el punto de vista einsteiniano, habría que prescindir de las condiciones de su aparición, como teoría contrapuesta a la newtoniana. La más elemental prudencia nos invita a adoptar por tanto un punto de vista menos dogmático y a considerar válida la teoría einsteiniana, por lo menos *provisionalmente*. Es más, los límites de los conceptos newtonianos quedaron puestos de manifiesto justamente en unas condiciones muy precisas: básicamente cuando se tuvieron en cuenta fenómenos en los que intervenían velocidades iguales o comparables a las de la luz (y, en primera instancia, los propios fenómenos luminosos). Por el contrario, sabemos que cuando no se cumplen esas condiciones, es decir, para velocidades mucho menores que la de la luz, la teoría newtoniana sigue siendo válida y, por tanto, al explicitar sus limitaciones, no la estamos debilitando sino que la reafirmamos, por lo menos en el interior de un ámbito de validez que podemos identificar. Se trata de un aspecto crucial. A pesar de los fantasmas renovados (y ciertamente fecundos para algunos) de una «teoría última» con la que podría describirse por completo la totalidad de lo real, el consenso implícito y práctico de los físicos hace de toda teoría física un instrumento adecuado para describir y comprender una parte de la realidad. Sólo cuando se conocen sus límites se puede asimilar y manejar completamente una teoría. No es una situación muy original por lo demás. La vida cotidiana nos proporciona múltiples ejemplos: es preferible que el ciudadano respetuoso de las leyes de su país conozca las fronteras de éste si no quiere correr el riesgo de traspasarlas sin querer, con la posibilidad de infringir unas leyes extranjeras desconocidas; el manejo de maquinaria compleja exige a los usuarios conocer los límites de sus capacidades. La única particularidad de la ciencia en este caso es haber hecho creer a los profanos, pero sobre todo a los científicos, que podía prescindir de esas limitaciones.

Cualquier teoría que haya sido corroborada en todas y cada una de las ocasiones está sujeta a que se produzca un hecho experimental imprevisible que marque nuevos límites a su ámbito de validez. Por el contrario, una teoría con unas fronteras previamente identificadas queda más garantizada en su ámbito, e incluso puede estimarse con precisión hasta qué punto se ajusta a la realidad. Hasta el momento, la relatividad einsteiniana no ha dejado entrever ningún fallo y estamos diariamente a merced de los errores que podamos cometer al aplicarla a fenómenos que, sin saberlo de antemano, pueden quedar fuera de su jurisdicción. Por el contrario, la relatividad galileana, de la que sabemos que es válida, pero sólo aproximadamente, para velocidades muy inferiores a la de la luz, aumenta su credibilidad en la medida en que podemos evaluar y controlar el grado relativo de su adecuación. Precisamente uno de los privilegios de la física, al ser una ciencia matematizada, consiste en que puede evaluar cuantitativamente la fiabilidad de sus teorías, una vez ha identificado sus límites y los ha superado gracias a otra teoría más potente. El paso de la concepción galileana del espacio / tiempo a la concepción einsteiniana modifica las ecuaciones fundamentales e introduce términos del tipo v^2/c^2, siendo v la velocidad característica del fenómeno considerado y c la velocidad límite (300.000 km/s). Si consideramos el transporte aéreo, las velocidades apenas superan los 0,3 km/s (unos 1.000 km/h). El cociente v^2/c^2 es, por tanto, del orden de 10^{-12}. La precisión de la física newtoniana queda pues garantizada hasta la millonésima de la millonésima. Por consiguiente, el análisis de la aviación supersónica y los cohetes espaciales no llega a poner realmente en entredicho la fiabilidad de la mecánica clásica. La geometría, en el sentido de «medida de la Tierra», proporciona un ejemplo más elemental. La esfericidad de nuestro planeta invalida, por lo menos en teoría, la descripción de su superficie mediante la geometría plana, pero la consolida desde un punto de vista práctico: la geometría esférica modificará las expresiones más frecuentes (por ejemplo, el teorema de Pitágoras) incorporando términos del tipo d^2/R^2, donde d es del orden de magnitud de las distancias consideradas y R es el radio terrestre (6.400 km). La topografía sobre el terreno, ciencia en la que las medidas son del orden del kilómetro, podrá seguir utilizando tranquilamente la geometría plana, sin cometer por ello errores superiores a la cien millonésima, muy inferiores a la tolerancia de los instrumentos.

Sin embargo, no por ello hay que pensar que los enunciados científicos no se ajustan a cláusulas numéricas. Es evidente que la delimitación cuantitativa del ámbito de validez de cualquier afirmación presupone que las nociones consideradas sean lo suficientemente precisas como para que la afirmación sea pertinente. Muchas veces, la propia noción crucial requiere una determinación, o incluso una redefinición conceptual, más precisa.

Tomemos el ejemplo de uno de los enunciados más conocidos de la física moderna, uno de los considerados como principios, a pesar de su carácter paradójico frente a lo que se entiende por «sentido común»: ¿no se puede superar la velocidad de la luz?. Este enunciado, como todos los de la física, es verdadero, *si…* Entre sus condiciones, existe una tan conocida que casi nunca se menciona: este límite sólo se cumple en el vacío. En un medio natural, como el aire o el agua, la velocidad de la luz, debido a las interacciones entre las partículas cargadas (electrones) de los átomos del medio, es inferior a la velocidad en el vacío, y puede ser sobrepasada por agentes físicos menos interactivos. Sin alejarnos del ámbito de las ondas electromagnéticas, los rayos X, por ejemplo, se propagan en la materia a una velocidad muy superior a la de la luz visible y próxima a la velocidad en el vacío, que es la famosa velocidad límite. Sin embargo, también cabe tener en cuenta una condición de validez, más profunda y pocas veces explicitada, que caracterizaremos utilizando un poco de mayéutica.

¿Más deprisa que la luz?

#Imaginemos un faro giratorio, del modelo más corriente, que colocaremos en el vacío interestelar, como si fuera una lámpara cósmica. Supongamos que el haz de luz que proyecta gira a razón de una vuelta por segundo.

—De momento, no veo nada especial.

—Consideremos también la mancha luminosa que proyecta ese haz sobre un objeto alejado, situado a una distancia D del faro. ¿Podría determinarse fácilmente, sin cálculos demasiado elaborados, la velocidad a la que se desplaza esa mancha?

—No es muy difícil. Todo consiste, por ejemplo, en imaginar una pared circular centrada sobre el faro y de radio D (Figura I.5). La longitud de la circunferencia sería $L = 2\pi D$ y la mancha la recorrería en exactamente un segundo. Su velocidad sobre esa pared, independientemente de que la recorra por completo o no, y suponiendo que D se exprese en kilómetros, sería de L kilómetros por segundo.

—Totalmente de acuerdo. Tomemos ahora, por ejemplo, una distancia de 1.000 km.

—En ese caso la velocidad de la mancha luminosa sería de unos 6.000 km por segundo.

—¿Y si D fuera de 100.000 km?

—Entonces la velocidad sería de unos 600.000 km por segundo.

—¿Está seguro?

—Es decir… hay un problema… ¡Es el doble de la velocidad de la luz!

—¿Le molesta?

Figura I.5 El faro cósmico

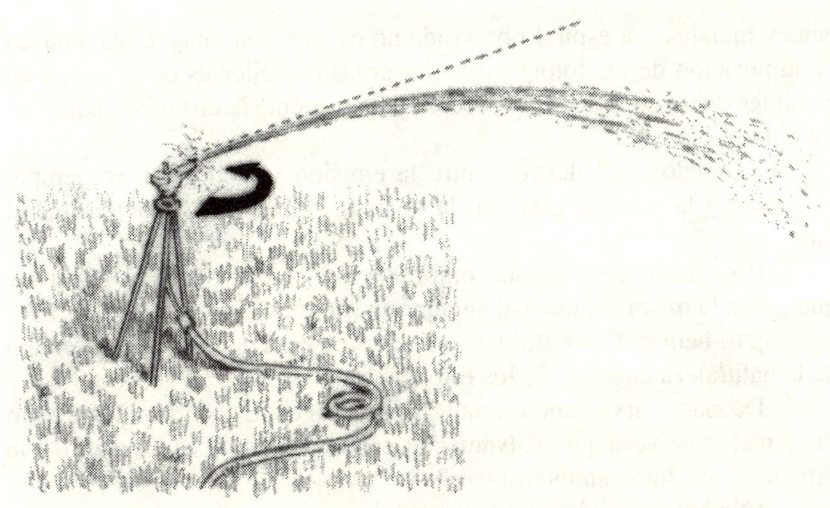

Figura I.6 El chorro de agua espiral

—Un poco. Se dice que no se puede sobrepasar la velocidad de la luz.

—Entonces, ¿dónde nos equivocamos?

—…

—No se precipite, la solución de esta paradoja no es evidente.

—Ya veo. No hemos tenido en cuenta la velocidad de propagación finita del haz de luz.

—Es verdad, pero ¿en qué se nota que sea finita?

—Pues bien, entre el instante en que los fotones que componen el haz salen del faro que los emite y el instante en que inciden sobre el objeto formando la mancha lumínica, el faro ha girado un cierto ángulo. La mancha ha dejado de estar en la prolongación del haz emitido.

—¿Quiere decir en concreto que el haz no se puede considerar rectilíneo?

—Exactamente. De hecho, su trayectoria es una espiral, arquimediana, si no me equivoco.

—Está en lo cierto y ese fenómeno no es nada raro. Es el mismo que se produce al regar el jardín con un aparato de riego automático: el chorro de agua describe una espiral de ese tipo (figura I.6). Pero ¿qué tiene esto que ver con nuestra paradoja?

—Bueno, ese desfase debe frenar el movimiento de la mancha.

—¡En absoluto! Fijémonos bien. La curva espiral que describe el haz no tiene nada que ver con la trayectoria de los fotones en el caso del faro, ni con la de las gotas en el caso del chorro. Estas trayectorias son rectilíneas y radiales. La espiral observada no es sino una imagen instantánea de la posición de los fotones o de las gotas procedentes de la fuente en instantes distintos. Cada fotón recorre exactamente la distancia radial entre el faro y la pared.

—Entiendo… El desfase entre la emisión y la llegada es siempre constante y la mancha gira con la misma velocidad de rotación que el faro.

—Para convencerse, basta comprobar que la forma del haz no varía y que gira a la misma velocidad angular que su fuente.

—¡No hemos avanzado gran cosa! ¿Acaso se debe a un sutil efecto de la naturaleza cuántica de los fotones?

—De nada sirve rendirse ante Schrödinger. La teoría cuántica no tiene nada que ver aquí. Volvamos al comienzo: ¿cuál es en realidad la dificultad que intentamos resolver?

—¿No habíamos dicho que la mancha podía desplazarse a una velocidad superior a la de la luz?

—Eso es, pero ¿por qué le molesta esta idea?

—Ya sé que le encantan las paradojas, pero ¡todo tiene un límite! Todo el mundo sabe que es imposible acelerar un cuerpo por encima de la velocidad límite, dado que su inercia crece indefinidamente cuando su velocidad se aproxima a ese límite.

—Cierto, pero ¿cuál es la inercia de esa mancha?, ¿qué masa posee? ¿Se trata de un cuerpo material en movimiento?

—No, es verdad. Los objetos en movimiento son fotones y, como ya ha dicho antes, éstos se propagan en línea recta y a una velocidad propia, la de la luz, independientemente de la velocidad de giro del faro.

—Entonces, ¿por qué no podemos asignarle una velocidad superior a la de la luz?

—Aunque no se trate de un objeto material, esa mancha puede ser portadora de información. ¿No es eso? Entonces, podría pensarse en un sistema de comunicación más rápido que la velocidad límite, lo cual queda prohibido por la relatividad de Einstein.

—¿Podría poner un ejemplo concreto de ese dispositivo?

—Podría ser el siguiente: consideremos dos personas, Andrés y Baltasar, situados sobre la pared circular de 100.000 km de radio y separados, por ejemplo, 60° entre sí, es decir, la sexta parte de una vuelta. Estas dos personas forman un triángulo equilátero con el faro y, por tanto, distan entre sí 100.000 km. Andrés se dispone a lanzar una baliza de señalización y Baltasar hará lo propio cuando sepa que Andrés ha lanzado la suya. En un sistema clásico, Baltasar observa a Andrés y lanza su baliza en cuanto ve el resplandor del primer disparo. El retraso será exactamente el debido a la propagación de la luz, alrededor de un tercio de segundo. Admitamos, sin embargo, que Andrés y Baltasar se ponen de acuerdo en disparar cuando el haz del faro incida sobre cada uno de ellos. Cuando Baltasar ve pasar la mancha, sabe que Andrés la ha visto pasar un sexto de segundo antes y que éste ha disparado en ese instante. Baltasar dispara a su vez. Un observador exterior vería que esas dos acciones distantes entre sí 100.000 km se producen en un intervalo de un sexto de segundo y deduciría que la información se ha propagado de A a B a una velocidad que es casi el doble de la de la luz.

—Y sería una conclusión sin ninguna base.

—¿Cómo?

—En efecto. Supongamos que en el último instante Andrés decide no disparar. Baltasar no lo sabrá, pero aún así disparará.

—Pero Andrés podría avisar a Baltasar.

—Justamente no puede hacerlo a una velocidad superior a la de la luz. Dicho de otra manera, para que haya una verdadera transmisión de información, tiene que haber una modulación de la señal, es decir, es necesario que Andrés pueda actuar sobre la fuente de la señal, o sea, el faro. Volvemos a encontrarnos ante un problema clásico, en el que el desplazamiento de la mancha a velocidad superior a la de la luz no hace variar nada.

—¡Vaya! ¿Esta velocidad superior a la de la luz no introduce ninguna contradicción?

—¡Sólo en la cabeza de los que creen que ¿no puede superarse la velocidad de la luz?! Sin embargo, respecto al enunciado correcto «ningún objeto material, ninguna información puede superar la velocidad de la luz», no...#

Sería un error creer que esta discusión no es más que un experimento mental y que no guarda relación con la realidad concreta. En nuestra época, en el campo de la telemetría de precisión, es bastante frecuente enviar una señal láser a la Luna y captar la señal reflejada. Como la Luna se encuentra a una distancia de unos 400.000 km, basta con hacer girar el láser a una velocidad de unas dos vueltas por segundo para conseguir que la mancha luminosa sobre la Luna se desplace más deprisa que la luz. Del mismo modo, ningún principio fundamental limita la velocidad de los puntos luminosos de las pantallas de los osciladores catódicos. Existe incluso un fabricante de aparatos electrónicos que utiliza el siguiente eslogan publicitario (un tanto optimista, todo hay que decirlo): «X-tronic, ¡el tubo que escribe más deprisa que la luz!». Se podría mencionar otro fenómeno corriente basado en el mismo análisis. Algunos anuncios luminosos publicitarios están constituidos por una serie de bombillas igualmente espaciadas y dispuestas en forma de una banda, que se encienden una tras otra a intervalos previamente fijados. Se tiene entonces la impresión de que la luz se propaga a lo largo del anuncio a una velocidad que depende del cociente entre la distancia entre dos bombillas sucesivas y del tiempo entre sus respectivos encendidos. En principio, se puede ajustar el dispositivo de forma que dé la impresión de que la propagación es tan rápida como se quiera. Más aún, al pasar delante de una farola, la sombra que se proyecta sobre la pared se desplaza a una velocidad que es el producto de la velocidad de la persona que camina por el cociente de las distancias entre, por un lado, la farola y la pared y, por otro, la farola y el trayecto recorrido (figura I.7). No se puede imponer un límite a esa velocidad. De ahí una adivinanza, que en su versión de kôan zen constituye en realidad un enunciado físico totalmente riguroso: «¿Qué puede avanzar más deprisa que la luz? —La sombra».

Con unos cuantos síes se lograría, como dice la canción, meter París en una botella, pero sin ellos, nada impide ir más deprisa que la luz. Es más, el número de condiciones y restricciones que otorgan validez a un enunciado científico no tiene límite. Incluso se puede asegurar que cualquier mejora en la comprensión de este enunciado consiste en añadirle un nuevo *si*. Prosigamos en la pretensión en nuestro análisis de que la velocidad de la luz pueda constituir algún tipo de límite (en las condiciones mencionadas anteriormente). ¿Por qué precisamente la luz?, podríamos preguntar. Por qué extraño privilegio, o mito, este agente físico concreto regiría la estructura del espacio / tiempo, pues precisamente de eso se trata en la relatividad de Einstein. Es un tanto paradójico establecer, como lo hizo Einstein en 1905, las fórmulas básicas de la relatividad a partir de la hipótesis de que no se puede superar la velocidad de la luz y, al mismo tiempo, aplicar esas fórmulas a fenómenos en los que la luz y, más en general, las ondas electromagnéticas no intervienen en absoluto. Sin embargo, así ocurre en la física teórica contemporánea, para la que las interacciones nucleares y las interacciones entre quarks están sujetas a las limitaciones que impone la relatividad einsteiniana.

De hecho, la cronogeometría einsteiniana tiene un alcance mucho más general que una de las hipótesis iniciales en que se sustenta: el postulado de la invariancia de la velocidad de la luz. Es más, su propio desarrollo aumenta la fragilidad de dicha hipótesis. En efecto, el análisis einsteiniano de la dinámica de los objetos materiales permite clasificarlos en dos categorías.

1) Objetos masivos que pueden experimentar una aceleración a partir del reposo sin alcanzar jamás, ni *a fortiori* superar, la velocidad de la luz,

Figura I.7 La velocidad de la sombra

ya que su inercia aumenta indefinidamente cuando su velocidad se acerca a dicho límite. A velocidades reducidas, dichos objetos se comportan como los objetos corrientes del espacio / tiempo clásico (galileano-newtoniano), cuyo concepto generalizan de forma bastante natural.

2) Objetos de masa nula, sin equivalente ni límite clásico. Dichos objetos carecen de toda inercia, no pueden experimentar aceleraciones o deceleraciones y siempre se desplazan a la misma velocidad, exactamente la de la luz… ¡si los fotones pertenecen a esta categoría!

Sin embargo, la nulidad de la masa de los fotones no es una garantía *a priori*; es una cuestión empírica que debe abordarse mediante la experimentación. Aun cuando el límite superior actual de la masa de los fotones es muy pequeño, nada autoriza a considerar, tanto en el presente como en el futuro, que su masa sea absolutamente nula. La hipótesis básica de Einstein es, por tanto, bastante frágil y está continuamente a merced de que aparezca un nuevo resultado experimental que asigne al fotón una masa no nula y, por consiguiente, una velocidad variable. En ese caso, ¡la luz no iría a la velocidad de la luz! Cabe pues añadir un nuevo *si* a la afirmación de que no puede superarse la velocidad de la luz: *si* la masa del fotón es nula.

También puede utilizarse aquí otra estrategia más interesante. Consiste en tener en cuenta esa limitación y modificar en consecuencia la formulación, liberándola de la contingencia de tal o cual propiedad de un objeto físico concreto (la nulidad de la masa del fotón en este caso) [LL4], [LL5]. Así aparece una noción más general, la de la velocidad límite, una constante estructural del espacio / tiempo e independiente de la naturaleza concreta de los fenómenos que se producen en él. Esta velocidad puede ser, o no, la de ciertos agentes físicos según tengan, o no, masa nula. Este ejemplo permite comprender que al profundizar repetidamente en una noción se genera un movimiento continuo de modificación de las fórmulas en las que aparece y reaparece una relación dialéctica en aquello que se presentaba como una dicotomía excesivamente sencilla entre lo verdadero y lo falso.

*

Como es evidente, estos continuos remiendos de los textos científicos, cuya etimología nos sugiere entenderlos como zurcidos de un tejido, pocas veces afectan a las teorías clásicas. Ya sea por razones de comprensión conceptual o de control numérico, es necesario reconocer que las teorías científicas que pueden considerarse superadas quedan al mismo tiempo reafirmadas en su ámbito de validez y se ven envueltas y protegidas por los inciertos avances de las teorías en desarrollo, en las que se produce la elaboración de las nuevas verdades. Así pues, el científico nunca llega a alcanzar algo seguro y cuando cree disponer de la verdad, ésta se le puede escapar. La noción de «ámbito de validez» resulta una metáfora espacialmente aceptable sólo cuando estamos dispuestos a reconocer nuestra ignorancia *a priori* sobre la dimensionalidad del espacio teórico. Esto significa que pueden existir varias direcciones independientes en las que se encuentren límites a la validez de una teoría. Así, Einstein fue el primero en poner a Newton en su sitio, pero poco después fue Bohr, si bien en otra dirección: la mecánica cuántica impuso nuevas fronteras a la mecánica clásica, pero en una dimensión nueva. Al criterio de validez impuesto por la relatividad de Einstein (velocidades mucho menores que la velocidad límite c) vino a añadirse otro, aportado por la teoría cuántica («acciones» mucho mayores que la constante de Planck h). Podría añadirse también una limitación cosmológica, que reduce las ambiciones de la física newtoniana a entornos pequeños comparados con el radio de curvatura del universo. La seguridad nunca es definitiva.

Una teoría «falsa» (superada), y caracterizada como tal, goza de una validez controlada y protegida por la teoría «verdadera» que la mejora y asume a su vez el riesgo permanente de error. Al limitar el alcance de sus enunciados, al adecuarlos a condiciones restrictivas de validez, la «verdad» de la ciencia no queda debilitada, antes al contrario. Precisamente ese carácter limitado, condicional y relativo de sus verdades es lo que permite a la ciencia ofrecer un espacio de seguridad intelectual en el que reina el reconfortante sentimiento de la certeza; pero hay que desearlo y estar dispuesto a asumir las contrapartidas. Resulta ciertamente admirable que el pensamiento humano pueda imponerse ese deliberado cerco en el campo de sus interrogaciones, ese esfuerzo consentido para validar las respuestas que, en el campo de la ciencia, garantizan el juego de lo verdadero y lo falso. Sería ilusorio imaginar que esta meticulosa disciplina pudiera extenderse hasta el punto de dar respuesta a las grandes preguntas éticas, políticas o estéticas que se plantea la humanidad. La afirmación de lo verdadero y lo falso, conceptos dinámicos y en ocasiones intercambiables, siempre resulta *arriesgada*.

II
Recto / curvo

Fileas Fogg, sin saberlo, había ganado un día con respecto a sus previsiones, sólo por el hecho de haber dado la vuelta al mundo yendo hacia el *este*, y, por el contrario, hubiera perdido un día yendo en sentido opuesto, hacia el *oeste*. (…) Por ese motivo, ese mismo día, que era sábado y no domingo, como creía el señor Fogg, [sus colaboradores en Londres] le estaban esperando en el salón del Club Reform.

Julio Verne [Ve]

Julieta nació a principios de noviembre y Mariana a principios de octubre, dos años más tarde. Cuando Julieta cumplió cinco años tuvo una extraña crisis de desesperación intelectual: no conseguía comprender por qué su hermana había nacido dos años después, pero un mes antes. Siendo Mariana la segunda, ¿era justo que siempre celebrase su cumpleaños antes que ella? Muchos de los que sonríen ante esa ingenuidad infantil tal vez se sientan algo más incómodos a la hora de explicar el argumento clave de La vuelta al mundo en 80 días. *Como recordaremos, a su regreso a Londres, Fileas Fogg cree haber perdido la apuesta, antes de darse cuenta de que había olvidado tener en cuenta que había atravesado la línea del cambio de fecha. Invitamos aquí al lector a reconstruir ese argumento y a explicar a una niña de cinco años por qué, al atravesar una línea ficticia que cruza el océano Pacífico de norte a sur, los viajeros cambian de día del mes y, sin necesidad de modificar la hora, han de poner al día el calendario. Y sin embargo, en el barco o a bordo de un avión, el tiempo sigue discurriendo al mismo ritmo ineluctable.*

La recta y el círculo. De las figuras a los números

Olvidemos de momento el tiempo y centrémonos en el sistema de referencia espacial sobre la superficie terrestre. ¿Cómo puede describirse la progresión de nuestro viajero en su vuelta al mundo? Muy fácil; mediremos su longitud mediante el ángulo que forma el plano meridiano local con un plano de referencia, el del meridiano de Greenwich. Seguiremos el desplazamiento de nuestro viajero gracias a los grados de longi-

53

tud sucesivos que atraviesa: 1°, 5°, 90°, etc. Conviene precisar también en qué sentido se desplaza alrededor del mundo, si hacia el este o hacia el oeste. Por convención diremos que el sentido positivo es de este a oeste. En tal caso, cuando empiece a cruzar el Atlántico contaremos positivamente su progresión, +1°, +5°, +90°, etc., pero si se lanza hacia las estepas de Asia Central, la contaremos negativamente, -1°, -5°, -90°, etc. Cuando alcance la longitud de nuestros antípodas, se encontrará a +180° en el primer caso, pero a -180° en el segundo. Dos números para un mismo lugar y, encima, uno positivo y otro negativo…

Como es evidente, la situación es mucho más general. Al llegar a Norteamérica por el oeste, el viajero se encontrará con que San Francisco se halla a -239°, pero si llega por el este, esa ciudad estará a +121°. También puede dar varias vueltas al globo terrestre y seguir contando la longitud en grados; verá que San Francisco se encuentra sucesivamente a +121°, +481°, +841°, etc., o bien a -239°, -599°, etc., al añadir o restar 360° por cada vuelta. En efecto, no es nada sorprendente, ya que, siendo la Tierra redonda, se vuelve a estar en el mismo lugar cuando se avanza recto, o mejor dicho, cuando se avanza «curvo». Para determinar un lugar, no es necesario tener en cuenta las vueltas completas, es decir, se puede prescindir de los múltiplos de 360°. Una longitud sólo puede definirse sin ambigüedad mediante un número de hasta 360° (o de cualquiera de sus múltiplos, positivos y negativos: ±720°, ±1080°, etc.). Se puede representar gráficamente la situación mediante un carrete de hilo cuyo contorno se ha dividido en grados de longitud; de momento, no tendremos en cuenta los aspectos cuantitativos. Marquemos sólo uno de los «meridianos» del carrete, de tal forma que el hilo tenga un punto coloreado cada vez que atraviese dicho meridiano (figura II.1). Al desenrollar el hilo se verán puntos coloreados equidistantes, separados por la misma distancia sobre la circunferencia. Todas esas marcas, cuyas posiciones sobre el hilo vienen dadas por números distintos, corresponden al mismo punto del carrete.

Abstrayéndonos más, podría decirse que esta multiplicidad ambigua tiene su origen en el hecho de que pretendemos determinar los puntos de un círculo mediante números pensados para determinar los puntos de una recta. Los números que utilizamos en nuestras mediciones[1] se construyen a partir de nuestra práctica más elemental de los números, la de los números enteros, como es evidente. Al igual que los números ente-

---

1. Tiene poca importancia que se trate de números racionales, considerados conmensurables, o números decimales si se prefiere un punto de vista más operativo, o, por el contrario, números reales si se opta por un enfoque más idealizado.

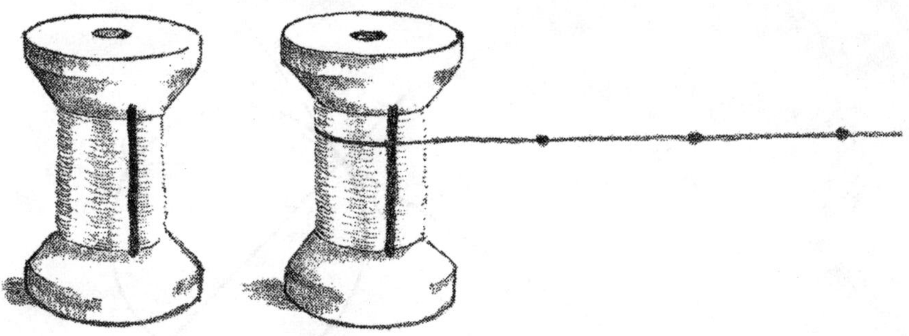

Figura II.1 El carrete de hilo

ros, los números racionales constituyen un conjunto «bien ordenado» y (doblemente) infinito. Todo conjunto de números racionales puede ordenarse de manera única por orden creciente o decreciente, es decir, posee un orden natural, como ocurre con todo conjunto de puntos sobre una recta o sobre una curva continua no cerrada. Una vez escogidos (por convención) un punto de referencia que sirva de origen (a partir del cual se midan las distancias), un sentido y una unidad de medida, cualquier punto de la recta puede expresarse mediante un número único, y queda establecida así una distinción absoluta entre las abscisas positivas («a la derecha» del origen) y negativas («a la izquierda»). Sin embargo, la propia naturaleza del círculo, como la de cualquier curva continua cerrada, imposibilita un ordenamiento de ese tipo.

Estamos tan acostumbrados a los números que utilizamos diariamente que fácilmente perdemos de vista su capacidad, *a priori* limitada, de ajustarse a tal o cual situación concreta. La aritmética corriente se adapta bien a la geometría de la recta —por su propia construcción, podría decirse—, pero no así a la del círculo. Nuestra descripción elemental también puede expresarse mediante una formulación matemática coherente y rigurosa: se define un conjunto de números que correspondan de forma única a los puntos de un círculo mediante «las clases de equivalencia de los números reales que difieran entre sí un múltiplo entero de la longitud de la circunferencia» y se dota a ese conjunto de todas las operaciones necesarias para que sus elementos se comporten realmente como números. En cualquier caso, este conjunto parece proceder del conjunto de los números «corrientes» y, por tanto, es mucho menos intuitivo (y más aún por el hecho de que en él no se puede definir un orden natural). Hay una extraña diferencia entre las dos situaciones geométricas que se desea numerar: la recta y el círculo, en tanto que figuras, nos resultan igualmente familiares y nuestra intuición no parece establecer una disimetría radical entre ambas.

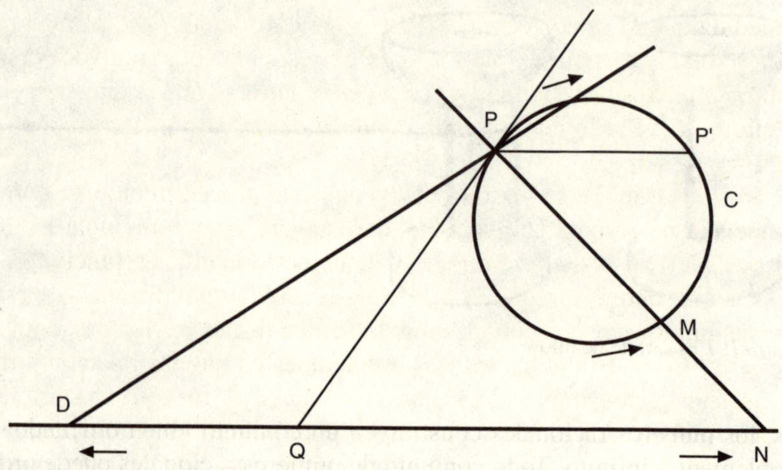

Figura II.2 Del círculo a la recta

Se podría buscar otra forma de «enderezar» el círculo y asignarle los números corrientes que permiten definir las medidas lineales, evitando así las complicaciones que introduce la periodicidad, y por tanto la repetitividad y la falta de univocidad que conlleva. Para ello basta con establecer una correspondencia entre los puntos del círculo y los de toda la recta —y no sólo un segmento de recta (que luego hay que repetir indefinidamente para poder recubrir toda la recta)—. Existen muchas posibles correspondencias; de hecho, existe un número infinito de ellas, pero nos limitaremos a una de las más sencillas y utilizadas. Dados un círculo C y una recta D (figura II.2), tomemos un punto de referencia P sobre el círculo.

A todo punto M del círculo C se le asocia un punto N de la recta, que se define como la intersección de D con la recta PM. Esta construcción elemental es reversible, en el sentido de que podemos empezar en el punto N de la recta para luego remontar hasta el punto M del círculo. Se establece, por tanto, una correspondencia punto a punto entre el círculo y la recta. ¿Punto a punto? No exactamente. En efecto, sigamos el desplazamiento del punto N sobre la recta cuando el punto M describe el círculo. Sea P' el punto del círculo C situado sobre la cuerda paralela a D que pasa por P; este punto desempeñará un papel singular. Como puede verse, a medida que M se acerca a P', por ejemplo por debajo (como en el caso de la figura), N se aleja y se sitúa en el infinito cuando M se sitúa en P', el infinito de la recta. Si, en cambio, M se acerca a P' por encima, N se desplaza hacia el otro lado, acercándose al infinito por la izquierda a medida que M se acerca a P'. (Por su parte, el punto P no plantea ningún problema específico, pues está en correspondencia biunívoca con el punto Q que resulta de la intersección entre la recta D y la tangente en P al círculo C.) Por lo tanto, a todo punto M del círculo le corresponde un punto N de la recta... o casi.

Por descontado, se podría objetar que este procedimiento de correspondencia no respeta las medidas de distancia y no contempla las respectivas uniformidades del círculo y de la recta, ya que, en función de su colocación sobre el círculo, dos puntos situados a igual distancia de P serán sustituidos por dos puntos sobre la recta a distancias muy distintas, y recíprocamente. Sin embargo, hay situaciones en que las relaciones métricas son menos importantes que las relaciones topológicas. El problema fundamental es otro: a un punto M del círculo le corresponde un punto N de la recta y viceversa, *excepto* en el caso de P', al que corresponden *dos* «puntos en el infinito» sobre la recta. Es imposible hacer trampas: el círculo, al ser cerrado, no puede representarse fielmente mediante una recta, que es abierta. También podría decretarse que se define un nuevo objeto geométrico ideal, haciendo que coincidan los dos puntos en el infinito sobre la recta, pero con eso sólo obtendríamos un sucedáneo de círculo, y no una recta. Por un procedimiento análogo, a todo punto de una esfera se le puede hacer corresponder un punto de un plano. Esta proyección, llamada estereográfica, tiene, en el caso de los espacios bidimensionales, como los de la superficie de la esfera y el plano, una propiedad adicional que no se manifestaba en el caso del círculo y la recta: la proyección conserva los ángulos, lo cual es muy útil para la cartografía, aun cuando distorsiona considerablemente las distancias. De hecho, en la proyección estereográfica se agrava la patología del punto singular, pues corresponde al mismo tiempo a todos los puntos en el infinito situados sobre el plano (en la práctica cartográfica corriente, el punto de proyección considerado es uno de los polos y la proyección se realiza sobre un plano paralelo al ecuador, de modo que P y P' se confunden con ese polo).

Una doble dualidad

En el fondo, la dificultad estriba en que la dualidad del círculo y la recta presenta dos aspectos muy distintos entre sí y que conviene diferenciar cuidadosamente en situaciones más generales. La primera distinción, también la más sencilla, es de orden local. Se trata de saber si en un punto dado el espacio considerado (línea, superficie o variedad de dimensión *N)* es recto o curvo. Evidentemente, para poder establecer esa diferencia en un lugar dado, sin visualizar el espacio exterior, se requiere cierta sutileza. Es bien sabido que, en el entorno de cualquier punto se puede asimilar una pequeña porción de una curva (que dependerá de la aproximación deseada) a un segmento de recta, siempre que la curva sea lo suficientemente regular («diferenciable»). Dicho de otra manera, se puede confundir la curva con su tangente. Esta aproximación también es válida para entidades geométricas de varias dimensiones: una buena representación local de la superficie de una esfera (o de cualquier objeto curvo más complicado, pero lo suficientemente regular) es su plano tangente, y el procedimiento matemático se puede generalizar a un número cualquiera de dimensiones. No se trata sólo de una técnica matemática sofisticada; en realidad, es una vieja experiencia que permite despreciar, a pequeña escala, la curvatura de la Tierra y, por tanto, practicar la topografía según las reglas de la geometría plana.

Otra experiencia, no menos antigua, nos ha convencido de que la Tierra era redonda mucho antes de poder dar la vuelta al mundo y mucho más todavía de poderla fotografiar desde el espacio. La desaparición de las velas de los barcos por debajo del horizonte fue descrita hace muchos siglos, al igual que el contorno circular de la sombra de la Tierra sobre la Luna durante los eclipses.[2] Se puede demostrar matemáticamente que el estudio del entorno de un punto de una superficie permite detectar la curvatura de la superficie en dicho punto. Para ello bastará, por ejemplo, con medir con toda la precisión necesaria la circunferencia de un círculo centrado en ese punto y relacionarla con su radio. La diferencia entre el valor obtenido y el famoso número *pi* dependerá directamente de la curvatura local. El punto crucial de este análisis, realizado básicamente por Gauss, es que no es necesario salirse de la superficie para percibir su curvatura. A la inversa, se puede definir intrínsecamente una superficie curva sin necesidad de considerarla dentro de un espacio tridimensional. En general, se puede distinguir «desde el interior» el carácter curvo o «plano» de una variedad de *N* dimensiones, siempre que *N* sea mayor que uno; curiosamente, no es posible establecer esa distinción local entre recto y curvo para el círculo y la recta, pero sí lo es en el caso de la esfera y el plano. El carácter intrínseco de la curvatura es una noción poco intuitiva (entre otras razones porque justamente no es válida

<hr>

2. Curiosamente, la antigüedad de este conocimiento casi no ha sido reconocida, ya que según la creencia más generalizada se atribuye a Galileo el descubrimiento de que la Tierra es redonda. ¿Se trata de una indicación de que la redondez de la Tierra no ha sido plenamente asumida aún por la cultura?

para el caso elemental $N = 1$). En la actualidad, sigue siendo difícil concebir y representar (sin tener que recurrir al formalismo matemático) espacios curvos sin considerarlos dentro de un espacio plano de dimensión inmediatamente superior; se trata, por ejemplo, de pensar en una esfera (en el sentido corriente del término, una superficie de dos dimensiones) sin representársela en un espacio de tres dimensiones. Estos espacios curvos definidos en sí mismos son moneda corriente en la cosmología moderna.

La segunda generalización de la dicotomía círculo / recta tiene que ver con el carácter cerrado (sobre sí mismo) del primero y abierto de la segunda. Mientras la dicotomía anterior era esencialmente local, ésta es básicamente global. Durante su viaje, Fileas Fogg no necesita pensar en la redondez de la Tierra en ningún momento, excepto a la llegada, cuando más le cuesta tenerla en cuenta. En los distintos tramos de su viaje, nada le indica que la Tierra es redonda, precisamente porque su trayecto es una línea unidimensional cuya curvatura no puede apreciarse localmente. Tan sólo una difícil visión de conjunto permite distinguir entre el carácter cerrado y el carácter acotado de un espacio. Lo que complica este planteamiento y pone en entredicho la distinción demasiado simplista entre círculo y recta es la relación, un tanto sutil, entre las dos generalizaciones que hemos presentado: la dicotomía curvo / recto (o plano) y la dicotomía cerrado / abierto no son ni idénticas ni independientes. Más concretamente, las relaciones entre la métrica (que define localmente el carácter curvo de un espacio) y la topología (que precisa globalmente su carácter cerrado o abierto) son bastante delicadas. La primera restringe, pero no determina la segunda. Fijémonos en un ejemplo sencillo, pero harto elocuente desde el punto de vista de la dualidad entre lo curvo y lo plano. Consideremos un plano, el arquetipo de espacio abierto, y definamos en él un cuadrado $ABCD$ (figura II.3). Definamos también un nuevo espacio *decidiendo* que los lados AB y DC, por una parte, y AD y BC, por otra, son idénticos. Dicho de otro modo, una hormiga que se desplace sobre ese espacio y que llegue al punto M de AB, se encontraría *ipso facto* en M de DC y proseguirá su andadura sin haber cruzado ninguna «frontera». Del mismo modo, luego llegará a N de BC y de AD. Ese nuevo espacio es cerrado, ¡y plano! Desde un punto de vista topológico, se trata de un toro, como puede visualizarse pegando AB sobre DC y AC sobre BD. Sin embargo, *no* dibujaremos la figura correspondiente, pues resultaría engañosa: una vez representado en nuestro espacio ordinario, el toro que hemos definido ya no muestra su carácter plano intrínseco, por lo menos si seguimos midiendo las distancias según la forma habitual de medir. Es preferible conservar la imagen del «cuadrado de lados opuestos idénticos» (o mejor,

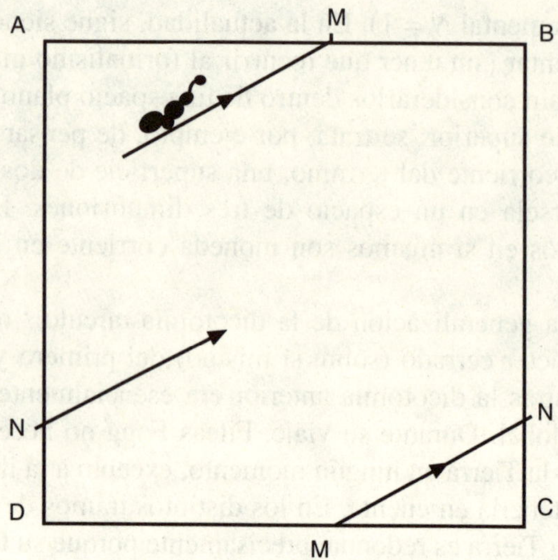

Figura II.3 El mapa del toro

«identificados»). Se puede así definir un espacio plano (localmente), pero (globalmente) cerrado sobre sí mismo. Por el contrario, a un espacio sobre el que se ha definido una métrica idéntica (localmente) a la de la superficie esférica habitual resulta imposible asignarle una topología que lo convierta en un espacio abierto (globalmente).

Ahora bien, detrás de la distinción entre el carácter abierto o cerrado del espacio físico subyacen muchos de los grandes interrogantes sobre la naturaleza de nuestro universo. Es cierto que el conocimiento de la curvatura en cualquier punto de una superficie no permite saber si es cerrada o no (como hemos visto, existen distintas posibilidades según sea el caso), pero sí reducir la gama de posibilidades. Este conocimiento es local en *cada* punto, pero es global cuando se dispone de él para *todos* los puntos: ninguna observación local permite saber si la superficie terrestre se extiende hasta el infinito o si se cierra sobre sí misma. Por tanto, el paso, operado hace ya un tiempo, de un mundo plano a una Tierra redonda es un arquetipo de cambios intelectuales recientes o futuros. Preguntarse si el universo es abierto o cerrado equivale a preguntarse sobre el carácter respectivamente circular o lineal de las tres dimensiones del espacio.[3] Sostener, como se hace en algunos modelos de

3. Existen incluso modelos cosmológicos, el primero de los cuales se debe a Gödel, en los que el tiempo adquiere carácter circular. Es la versión científica del eterno retorno, que sigue dejando perplejos a los propios especialistas.

unificación de las interacciones fundamentales, que el espacio posee diez dimensiones (por ejemplo) consiste en afirmar que, además de las tres dimensiones normales, posee otras siete dimensiones circulares con una curvatura tal que, al «cerrarse» sobre sí mismas a muy pequeña escala, no podemos percibirlas, como si se tratase de un alambre muy fino cuya dimensión circular (su contorno) puede despreciarse en una primera aproximación, lo cual permite considerarlo como una simple recta de una dimensión. En el extremo opuesto de la escala espacial, cuando las distancias son muy grandes, los modelos cosmológicos actuales proporcionan una descripción bastante restrictiva de las propiedades métricas locales del espacio / tiempo y son compatibles con una diversidad de topologías globales mucho mayor de lo que la *doxa* (opinión) está dispuesta a admitir [Lac&L].

#¿No es un poco artificial esa dualidad del círculo y la recta sobre la que insiste tanto? En mi opinión, la recta sigue siendo la más sencilla de todas las líneas y, además, posee un privilegio único. Insisto en que, de momento, me sitúo en el espacio que nos es habitual, en el que es válida la geometría euclídea.

—¿En qué sentido «más sencilla»?

—Pues sencillamente porque la distancia más corta entre dos puntos es la longitud del segmento de recta que les une, lo cual no ocurre en ninguna otra curva, ni siquiera con un arco de círculo.

—Tiene toda la razón sobre este punto, pero usted utiliza la noción de distancia, un concepto muy elaborado. ¿No cree que la «simplicidad» de la recta se debe a otra de sus propiedades, bastante más intuitiva?

—Sin duda. Podría decirse que una recta siempre se parece a sí misma, que es uniforme, que todos sus puntos son equivalentes.

—Eso mismo pensaba yo. Es «invariante por una traslación», por utilizar la terminología adecuada; es decir, la recta no varía cuando se desliza sobre sí misma, pero ¿es la única línea del plano que tiene esa uniformidad?

—No, es verdad, también el círculo presenta esa particularidad y no varía cuando se desliza sobre sí mismo.

—Es precisamente esta invariancia, en este caso por rotación, la que le hace singular y le confiere la «perfección» que le atribuían los antiguos. Como puede verse, desde ese punto de vista, el círculo y la recta son homólogos y, de hecho, son las únicas figuras que cuentan con esa característica.

—Pero la recta sigue siendo la única que posee la propiedad de definir recorridos de longitud mínima.

—Eso es verdad en el plano.

—En los espacios «curvos», como usted los llama, ya no hay rectas.

—Eso depende de cómo se entienda. Si le parece, centrémonos ahora en esa propiedad de distancia mínima, o mejor dicho, extrema.

—¿Quiere decir que esa idea se mantiene en un espacio curvo?

—¡En efecto! Lo único que hay que hacer es definir adecuadamente una distancia en ese espacio, lo cual puede hacerse, por ejemplo, para toda superficie curva lo bastante regular dentro de nuestro espacio euclídeo o, en general, para una gran clase de espacios definidos intrínsecamente por esa noción de distancia, espacios que se llaman métricos.

—En ese caso, ¿qué serán los recorridos mínimos?

—Justamente aquellos que nos proporcionen la generalización deseada. Así, se llaman «geodésicas» las curvas que unen dos puntos por el camino más corto. ¿Podría darme algún ejemplo?

—Podemos probar sobre la esfera.

—Sí, es el caso más sencillo.

—El camino más corto entre dos puntos viene dado por el arco de círculo máximo entre ellos.

—¿El?

—De acuerdo. El círculo máximo que pasa por dos puntos determina dos arcos; uno es el más corto y el otro, el más largo.

—Todo esto demuestra que sobre la esfera, los círculos máximos comparten algunas propiedades de las rectas del plano, pero no todas. A eso se debe que la geometría esférica no sea euclídea.

—Sí, he oído decir que en esta geometría esférica dejaba de cumplirse el axioma euclídeo de las paralelas. Sin embargo, sobre la superficie terrestre pueden dibujarse «paralelos».

—Es un término engañoso, pues esas líneas no son geodésicas. Ése es el problema fundamental de la navegación, ya que, para minimizar sus trayectos, los barcos y los aviones han de seguir círculos máximos, que no coinciden con los paralelos, incluso cuando los puntos de llegada y de salida tienen la misma latitud.

—En el fondo, esta dualidad entre el círculo y la recta es muy clara en el espacio euclídeo, pero pierde sentido en situaciones más generales.#

El día perdido de Fileas Fogg

Cuando sólo se trata de geometría circular y de su traducción numérica, la gimnasia intelectual necesaria no es de un nivel muy alto. Se requiere más sutileza cuando hay que afrontar las angustias de Fileas Fogg o la «cronogeometría» de nuestro planeta. Todo resultaría más fácil si la Tierra fuese el único planeta del espacio, sin que el movimiento aparente de ningún otro astro le impusiera, o permitiera, ningún tipo de referencia temporal. Suponiendo que hubiese alguien que tenga la necesidad de experimentarlo, la medida del tiempo no podría hacerse entonces por medios astronómicos y se necesitarían instrumentos, basados en fenómenos físicos terrestres: reloj de arena, péndulo o reloj de cuarzo, por ejemplo. Todos los lugares del planeta serían equivalentes y lo más natural sería sincronizar la definición del tiempo en todo el globo: cualquier punto de éste tendría la misma fecha y la misma hora. También se *puede* adoptar una definición de ese estilo para la Tierra, tal como la conocemos. Sin embargo, el Tiempo Universal (T.U.) así definido es demasiado abstracto para que vivamos siguiendo el ritmo nictemeral de la periodicidad que la rotación de la Tierra sobre sí misma impone a la luz solar. Lo que se desea es que el tiempo legal no difiera *demasiado* del tiempo solar, lo cual conlleva una definición del tiempo ligada a la longitud, de forma que sea más o menos mediodía allí donde el Sol se encuentre en el cenit. De ahí la idea de unos «husos horarios» que dividen aproximadamente la superficie del globo en veinticuatro zonas, cada una de las cuales corresponde a una hora dada (no entremos de momento en las complicaciones derivadas de los convenios de armonización nacionales e internacionales, fronteras, «horas de verano», etc.). Si nos encontramos en el huso horario situado «exactamente bajo el Sol», a mediodía serán las 11 horas en el huso adyacente hacia el oeste y las 13 horas en el del este. Por tanto, se puede utilizar la hora como una medida de la longitud.

La Tierra es redonda, pero el tiempo es rectilíneo. Esa linealidad terminará por entrar en conflicto con la circularidad del globo. De hecho, pensemos por un momento que damos media vuelta a la Tierra a partir del meridiano de referencia hacia el oeste; las agujas del reloj retrocederán y, en los antípodas, marcarán 12 horas menos. Si vamos hacia el este, las agujas avanzarán y, nuevamente en los antípodas, marcarán 12 horas más. Si, por ejemplo, eran las 18 h de un lunes en el meridiano inicial, serán las 6 h de la mañana del mismo lunes en los antípodas cuando se llega por el este, pero las 6 h de la mañana del martes si se llega por el oeste. La posición de las agujas es la misma, ¡pero no la fecha! Nos encontramos precisamente sobre esa famosa línea del cambio de fecha, en la que, al cruzarla, la hora varía de forma regular, sin discontinuidad, pero la fecha incrementa o disminuye un día en función del sentido en que se cruce.[4]

4. Esta línea del cambio de fecha, el meridiano de longitud 180° (E u O) con respecto al de Greenwich, tiene la ventaja de caer en medio del Pacífico. Es fácil imaginar las complica-

Resolvamos de una vez el misterio del día perdido por Fileas Fogg durante su viaje. Para ello, y simplificando la situación, pensemos que un viajero da una vuelta a la Tierra en cuatro días. Inicia el viaje, por ejemplo, a mediodía hacia el este y, veinticuatro horas más tarde habrá dado un cuarto de vuelta; su reloj le indicará que es mediodía, pero los relojes locales marcarán las 18 h, pues ha atravesado seis husos horarios. Otro cuarto de vuelta más tarde, el reloj seguirá indicando que es mediodía, pero el reloj del aeropuerto indicará que es medianoche. Más tarde, de nuevo será mediodía en su reloj y las 6 h en el reloj de la estación. Cuando regrese finalmente a su casa, será mediodía en su reloj de muñeca (más exactamente, en el reloj del bolsillo de su chaleco), al igual que en el reloj de péndulo del salón. Las agujas de su reloj habrán realizado cuatro vueltas completas, mientras que las de los sucesivos relojes que habrá ido viendo a lo largo de su viaje habrán dado cinco vueltas. Nuestro viajero habrá visto ponerse el Sol cinco veces durante el viaje, y habrá viajado durante cinco «días», si se entiende por día la duración de un ciclo solar completo. Evidentemente, al haberse desplazado buscando el Sol, sus «días» habrán sido (un 20%) más cortos que los de todas aquellas personas que no se han movido. Sin embargo, en un viaje que dure bastante más, como el de Fileas Fogg por ejemplo, la diferencia será tan poco apreciable que el viajero, al contar los días, pero sin prestar demasiada atención, fácilmente cometerá un error de un día. Se hubiera podido dar cuenta del error hacia la mitad del recorrido, si hubiera leído los periódicos locales y comprobado que, de repente, la fecha disminuía en una unidad. Se podrían dar muchos ejemplos actuales de situaciones de ese tipo que el transporte supersónico modifica drásticamente, como en el caso del Concorde: su hora de llegada a Nueva York es anterior a la de su salida de París; o el caso de los satélites habitados cuyos habitantes, como el Principito que desplaza su trono sobre su planeta, verían decenas de puestas de Sol en veinticuatro horas. Sin embargo, el carácter excesivo de esas circunstancias contrarresta de alguna manera su carga paradójica.

---

ciones que se producirían en el calendario si ese meridiano atravesase China, por ejemplo. Hay que señalar también que, para evitar partir en dos algunos archipiélagos, la línea legal del cambio de fecha, como ocurre también con la mayoría de los husos horarios, no coincide plenamente con el meridiano, gracias a lo cual se evitan muchas molestias a todos aquellos viajeros que la cruzan sin reflexionar demasiado, o a aquellos que tienen la desgracia de naufragar cerca de la «isla del día de antes» [Ec].

En realidad, la dialéctica entre circularidad y linealidad del tiempo es irreducible. En efecto, si *deseamos* medir el paso del tiempo es porque pasa y fluye (linealidad), pero si *podemos* medirlo es precisamente porque existen fenómenos periódicos que permiten definir unidades de tiempo idénticas (circularidad). La medida del cambio exige una referencia permanente y, por el contrario, esa permanencia sólo puede comprobarse mediante una referencia al cambio. No tenemos ninguna garantía previa de que los ritmos escogidos para pautar el paso del tiempo sean suficientemente regulares para garantizar la regularidad deseada. De hecho, la historia de la medida del tiempo es la de la mejora progresiva de las unidades de base escogidas. Es evidente que sólo comparándolos se logra saber si un fenómeno periódico es menos regular que otro. Así, el perfeccionamiento progresivo de los cronómetros y, en particular, la aparición de los relojes de cuarzo han permitido comprobar, en la primera mitad del siglo xx, que la periodicidad de la rotación terrestre es estable con una precisión que a lo sumo es de 10^{-8}, que equivale a una incertidumbre del orden de un milisegundo por día. Cuando se trata de grados de precisión tan elevados, cabe recordar que la duración de la rotación de la Tierra sobre sí misma se ve afectada por fenómenos geológicos (terremotos),[5] hidrológicos (mareas) e incluso atmosféricos. Por tanto, no se puede definir el patrón de tiempo a partir de la rotación diurna de la Tierra, cuando se desea, y actualmente se puede conseguir, medir el tiempo con una precisión inferior a 10^{-8}. Los relojes atómicos, cuyo ritmo viene dado por la frecuencia de una radiación electromagnética, han arrinconado los relojes de cuarzo, y ha sido necesario ajustar la definición del tiempo a estos nuevos cronómetros.

Cuando sólo se trata de fluctuaciones erráticas, de falta de precisión de uno de los ritmos de referencia con respecto al otro, la sustitución se produce sin más y sin ambigüedades. Así, la definición del segundo ha pasado de «la fracción 1/86.400 del día sidéreo medio» (adviértase la acumulación de adjetivos, lo cual denota el largo trabajo de la metrología) a «la duración de 9.192.631.770 periodos de radiación correspondientes a la transición entre los dos niveles hiperfinos del estado fundamental del átomo de cesio 133». Pero la situación se complica considerablemente si uno de los ritmos presenta una deriva sistemática respecto al otro. Así, tenemos razones para pensar que el año hace algunos centenares de millo-

---

5. El terremoto del 23 de mayo de 1989 en las Islas Macquarie, por ejemplo, hizo disminuir la duración de ese día en seis centésimas de millonésima de segundo.

nes de años tenía más de cuatrocientos días, es decir, la Tierra giraba cuatrocientas veces sobre sí misma mientras efectuaba una revolución alrededor del Sol. ¿El año era más largo que en la actualidad, o el día más corto, o uno y otro eran muy distintos de lo que son en la actualidad? De hecho, la rotación de la Tierra es más irregular que su revolución alrededor del Sol; el día era más corto.

Hay algo más grave todavía. Es corriente hablar de fenómenos cósmicos ocurridos hace diez mil millones de años, es decir, hace diez mil millones de revoluciones terrestres, si queremos hablar con propiedad. Sin embargo, a la Tierra se le atribuye una edad de unos cuatro mil millones de años, y el Sol es sólo algo más viejo. ¿Cómo puede entonces medirse el tiempo con un instrumento que no existía en la época considerada? Es evidente que la respuesta hay que buscarla en la puesta a punto de escalas sucesivas, contrastadas con una misma unidad (convencional) allí donde se solapan. El hecho de que estas escalas sólo coexistan en unos tramos limitados nos obliga a tener presente que, al extrapolarlas a periodos muy alejados de nuestra intuición corriente, las unidades de tiempo a las que estamos acostumbrados (por ejemplo, el año) pierden gran parte del significado que solemos conferirles implícitamente. Así ocurre con la identidad de dos unidades ya mencionadas: nada nos garantiza que la duración del año 1995 sea la misma que la del año -10.000.000. En realidad, de lo que se trata es de reconsiderar las nociones de duración y de homogeneidad del tiempo.

#¿Es realmente necesario recurrir a fenómenos cíclicos para medir y definir el paso del tiempo? ¿No existen otros «relojes» basados en principios que no sean la periodicidad de un movimiento?

—Tal vez está pensando en las clepsidras, que permitían evaluar el tiempo por la observación de la altura del agua en un recipiente que se vacía, o en las velas graduadas, en las que la longitud del trozo consumido proporcionaba una estimación del tiempo transcurrido.

—Sí, pero seguramente existen equivalentes modernos de dichos «relojes», en los que sea posible sustituir la medida del tiempo por la de una distancia, cuya uniformidad es más fácil de garantizar.

—Es cierto que existe una diferencia sustancial entre el tiempo y el espacio en cuanto a su medida; nadie puede comparar directamente dos unidades de tiempo y comprobar directamente que el minuto que acaba de transcurrir es idéntico al que va a producirse.

—Lo que ocurre es el que tiempo se consume y sus unidades desaparecen sin que puedan utilizarse como patrones de medida. Por el contrario, medir una distancia no plantea ese tipo de problemas y puede utilizarse un patrón único, idéntico a sí mismo, que puede desplazarse a lo largo de la longitud que se desea medir, contando el número de desplazamientos. Ése es el principio de la topografía, en la que se tiene la certeza de que, por construcción, el primer metro es igual a los demás. También se puede, por ejemplo, comprobar mediante una cinta métrica flexible que todos los centímetros son iguales entre sí, por comparación directa.

—Sustituir una medida del tiempo por una medida de la longitud no arregla gran cosa. Es verdad que los centímetros de las distintas alturas del recipiente de la clepsidra o del cuerpo de una vela son todos iguales, pero para deducir que también lo son los tiempos transcurridos, cuando disminuye el nivel del agua o se quema una misma cantidad de cera, hay que estar seguros de que se mantienen constantes las velocidades de desagüe del recipiente y de combustión de la vela.

—¿Por qué no tendrían que serlo?

—Por mil razones. En una vela va cambiando la temperatura, su forma cilíndrica se hace irregular debido a las columnas de cera, etc. Son algunos de los elementos que modifican la velocidad de la combustión. En cuanto al recipiente de agua que se vacía a través de un pequeño orificio en la parte inferior de uno de sus lados, tanto la observación como la teoría más elemental muestran que el nivel disminuye más despacio a medida que es menor la altura del agua que queda en el recipiente.

—De acuerdo, pero las clepsidras de la antigüedad ya contaban con unos dispositivos de regulación y estabilización tales que su vaciado se producía de manera uniforme.

—Sí, pero la comparación de los patrones y la comprobación de esos dispositivos exigen… relojes regulares y fiables que puedan definirse de forma natural a partir de fenómenos periódicos o considerados como tales.

—¡Para eso hace falta que existan fenómenos cíclicos regulares!#

Estas consideraciones resultan cruciales en cosmología, pues son inherentes a cualquier intento de examinar críticamente y evaluar conceptualmente las teorías modernas sobre la evolución del «origen» del Universo. En las primeras fases de dicha evolución, en concreto, casi no existe ningún objeto lo suficientemente estable como para poder servir de cronómetro: ni los planetas, de los que se contarían las revoluciones, ni los átomos, de los que se contarían las vibraciones. Hay que recurrir entonces a evaluar las tasas de variación de fenómenos no cíclicos, como por ejemplo la propia expansión del universo. Sin embargo, dichos fenómenos sólo pueden servir para evaluar el tiempo si han sido comparados previamente con otros patrones en aquella zona temporal en la que coexistan con los «relojes» regulares. De hecho, la dificultad considerable que se plantea a la hora de armonizar y ajustar escalas de tiempo tan distintas constituye uno de los problemas principales de la cosmología contemporánea, que encuentra muchas dificultades en reconciliar su escala de tiempo cósmica, ligada a la expansión del universo, con la escala de la evolución estelar. En efecto, según algunas estimaciones (ciertamente controvertidas) del ritmo de expansión (la constante de Hubble) del universo, éste sería más joven que algunas de las estrellas que contiene...

Traslaciones y rotaciones

La dualidad entre lo recto y lo curvo se aclara y se enriquece al considerarla no sólo mediante figuras (la recta, el círculo) sino mediante movimientos, respectivamente rectilíneos (traslaciones) y circulares (rotaciones). Avanzar hacia delante (andar, lanzar, empujar) o dando vueltas (rodar, bailar, remover) son dos modos distintos de experiencia física del espacio que nuestra intuición no se plantea de forma simétrica. Estamos familiarizados con la recta, a través de nuestros desplazamientos o de nuestra visión, que nos proporciona una comprensión implícita de las traslaciones rectilíneas y bastante satisfactoria si se compara con las teorizaciones formales. No ocurre lo mismo con los movimientos circulares, que resultan mucho más sorprendentes, incluso cuando se trata del espacio común y de la percepción directa que tenemos de él, y que no nos permiten comprender con profundidad las rotaciones. El siguiente ejemplo ilustra esta afirmación. Si deslizo hacia la derecha, digamos unos 20 cm, el libro que está sobre la mesa, luego lo acerco hacia mí unos 30 cm, luego lo desplazo hacia la izquierda otros 20 cm y, por último, lo alejo de mí unos 30 cm, el libro recuperará su posición inicial (figura II.4). Lo que ha sucedido es simplemente que con los movimientos tercero y cuarto he deshecho lo que había hecho con los dos primeros movimientos.

Sin embargo, la evidencia puede ser engañosa. Repitamos la experiencia, pero con rotaciones en lugar de traslaciones. Giro el libro 90° alrededor de un eje horizontal y lo levanto hacia la derecha hasta que quede vertical; luego lo hago girar otros 90° alrededor de un eje vertical, empujándolo por detrás; después hago los movimientos inversos, haciéndolo girar 90° alrededor de la horizontal hacia la izquierda y, por último, le doy un giro de 90° alrededor de la vertical acercándolo hacia mí (figura II.5).

Inmediatamente se observa la mayor dificultad lingüística asociada a la rotación; para las rotaciones, el lenguaje común no dispone de unos

Figura II.4 Traslaciones

Figura II.5 Rotaciones

descriptores tan sencillos como los utilizados para las traslaciones. Sin embargo, en este caso el resultado no es mismo: ¡el libro no recupera su estado inicial! Evidentemente, si hubiese invertido el orden de las operaciones 3 y 4 (primero 4 y luego 3) habia compensado sucesivamente las operaciones 1 y 2 y el libro habría quedado en su situación inicial. Esto equivale a decir que el orden en que se realizan las rotaciones determina el resultado final, a diferencia de lo que ocurre con las traslaciones, que pueden encadenarse en cualquier orden, sin que varíe el resultado final. Las traslaciones «conmutan», las rotaciones no. Es una particularidad... ¡de las traslaciones!

El objeto matemático constituido por el conjunto de todas las rotaciones (alrededor de todos los ejes posibles del espacio tridimensional y de todos los ángulos posibles) se llama «grupo» de las rotaciones en la terminología matemática y es mucho más intrincado que el conjunto (el «grupo») de las traslaciones. Veamos otra demostración elemental (figura II.6). Está usted de pie con el brazo derecho a lo largo del cuerpo y la mano reposando sobre el muslo; ahora, levante lateralmente el brazo, manteniéndolo estirado hacia la derecha, y sitúelo en posición horizontal de manera que quede en la prolongación de la línea de los hombros. Hágalo girar 90° hacia adelante alrededor de la vertical; el brazo permanecerá estirado hacia adelante, con la palma hacia abajo. No se quede mucho rato en esa posición, que resultaría muy penosa (moralmente) si el brazo se levanta unos cuantos grados, y baje el brazo, haciéndolo girar de nuevo 90° alrededor del eje de los hombros. El brazo quedará vertical, a lo largo del cuerpo, como al principio, pero con la pequeña diferencia de que la palma de la mano no ha recuperado su posición primitiva, ya que ahora se abre hacia atrás. Así pues, a pesar de que el movimiento parece haber realizado un ciclo completo, el resultado no consiste simplemente en volver al *statu quo ante*. Ésa es una particularidad del grupo de las rotaciones que no tiene su equivalente en el grupo de las traslaciones, pero que tiene en cambio muchas consecuencias. Por ejemplo, gracias a algunas consideraciones de este tipo, se logra comprender el desconcertante comportamiento del péndulo de Foucault, cuyo plano oscilatorio efectúa, excepto en los polos, una rotación más lenta que la de la Tierra, de forma que no recupera su posición inicial al cabo de las veinticuatro horas de una rotación terrestre completa.[6]

La siguiente demostración pone de manifiesto otros aspectos poco

6. ↑En física cuántica existen unos efectos análogos llamados «fase de Berry». A pesar de ser muy elementales, su descubrimiento es bastante reciente (unos veinte años), lo cual es un indicador elocuente del carácter poco intuitivo de las rotaciones.↓

Figura II.6 Movimiento de brazos

conocidos de las rotaciones. En este caso, tomemos un objeto corriente que puede utilizarse como «flecha» para materializar una dirección espacial, un tenedor, por ejemplo, colocado sobre la mesa y orientado hacia la derecha, por poner un caso. Si usted sale de la habitación y cuando vuelve a entrar al cabo de un rato encuentra el tenedor en la misma posición, no podrá afirmar que no he movido el tenedor en ese tiempo. Como mucho podrá afirmar que le he dado un número entero de vueltas en un sentido (1, 2, 3…, 137, etc.) o en otro (-1, -2, -3, etc.). El caso en que el tenedor no se mueve (0 vueltas) no es más que un caso particular. La operación de rotación de una vuelta (completa) equivale a la abstención («operación identidad»). ¿Cómo puede usted saber si, mientras estaba fuera de la sala, el tenedor ha experimentado o no una rotación? Muy sencillo, en principio: la relación espacial del objeto con su entorno se puede materializar mediante una cinta, sobre la que podrán verse las rotaciones a que ha estado sometido el tenedor. De hecho, si le doy una vuelta, y luego otra, al tenedor, en la cinta se verá una torsión, y luego otra. Sin embargo, puedo anular la doble torsión de la cinta —y en eso estriba lo singular— *sin hacer girar el tenedor*; bastará con desplazarlo

71

paralelamente a sí mismo. Es mucho más fácil mostrar esa maniobra (figura II.7) que describirla (también aquí nos encontramos con esa carencia de formas lingüísticas adecuadas para describir otros movimientos que no sean traslaciones en una dirección determinada).

Se puede hacer una demostración parecida con un plato (figura II.8). En este caso, la misma manipulación no conseguirá compensar una simple torsión de la cinta provocada por una única vuelta del tenedor, sino que dará lugar a una torsión / rotación de una vuelta en el otro sentido. Por lo tanto, lo equivalente a la ausencia de rotación son *dos* vueltas completas (y, en general, un número par de vueltas). Esta característica de las rotaciones tiene consecuencias profundas y bastante esotéricas. Explica, por ejemplo, los valores semienteros del momento angular que tienen ciertos cuantones (el electrón en primer lugar) [LL&B]. Conviene, sin embargo, indicar que se trata de una propiedad puramente geométrica de nuestro espacio habitual, que poco tiene que ver con la práctica común y que sólo es aplicable a algunos trucos de magia. Desde el punto de vista de la dualidad recto / curvo, se advierte el vertiginoso alcance de este experimento, pues consigue desdibujar la oposición entre las dos categorías; demuestra que se puede retorcer la cinta, sin hacer girar el tenedor, es decir, aplicando sólo traslaciones paralelas a sí mismas, y que el resultado equivale a un movimiento de rotación.

Todos los lectores se habrán percatado de que, al considerar las tres dimensiones del espacio, nuestras representaciones más sencillas se ven sometidas a una dura prueba. En definitiva, el círculo no es más que una recta cerrada sobre sí misma, y las complicaciones que provoca el hecho de que sea cerrada, si bien merecen nuestra atención, como hemos visto al inicio de este capítulo, no hacen vacilar excesivamente nuestras intuiciones. En cambio, es mucho más difícil que uno haga suya la superficie de una esfera. Es un espacio curvo de dos dimensiones que no puede visualizarse fácilmente en el plano. Si invertimos la proyección estereográfica descrita anteriormente se consigue «cerrar» una recta en un plano al identificar los dos «puntos en el infinito» de la recta, pero para encerrar un plano en una esfera hay que hacer converger todos los puntos en el infinito en un único punto de la esfera. Existe, sin embargo, otra manera, no menos natural, de curvar una superficie plana para conseguir cerrarla (figura II.9): se obtiene un toro que, al igual que la esfera, es una superficie con curvatura local constante, igual en todos sus puntos (en este caso, contrariamente a lo que sucedía en la discusión anterior, lo que nos interesa es el toro en el espacio ordinario, con su métrica).

Por otra parte, las propiedades geométricas y topológicas del toro difieren bastante de las de la esfera, lo cual pone de manifiesto el carácter

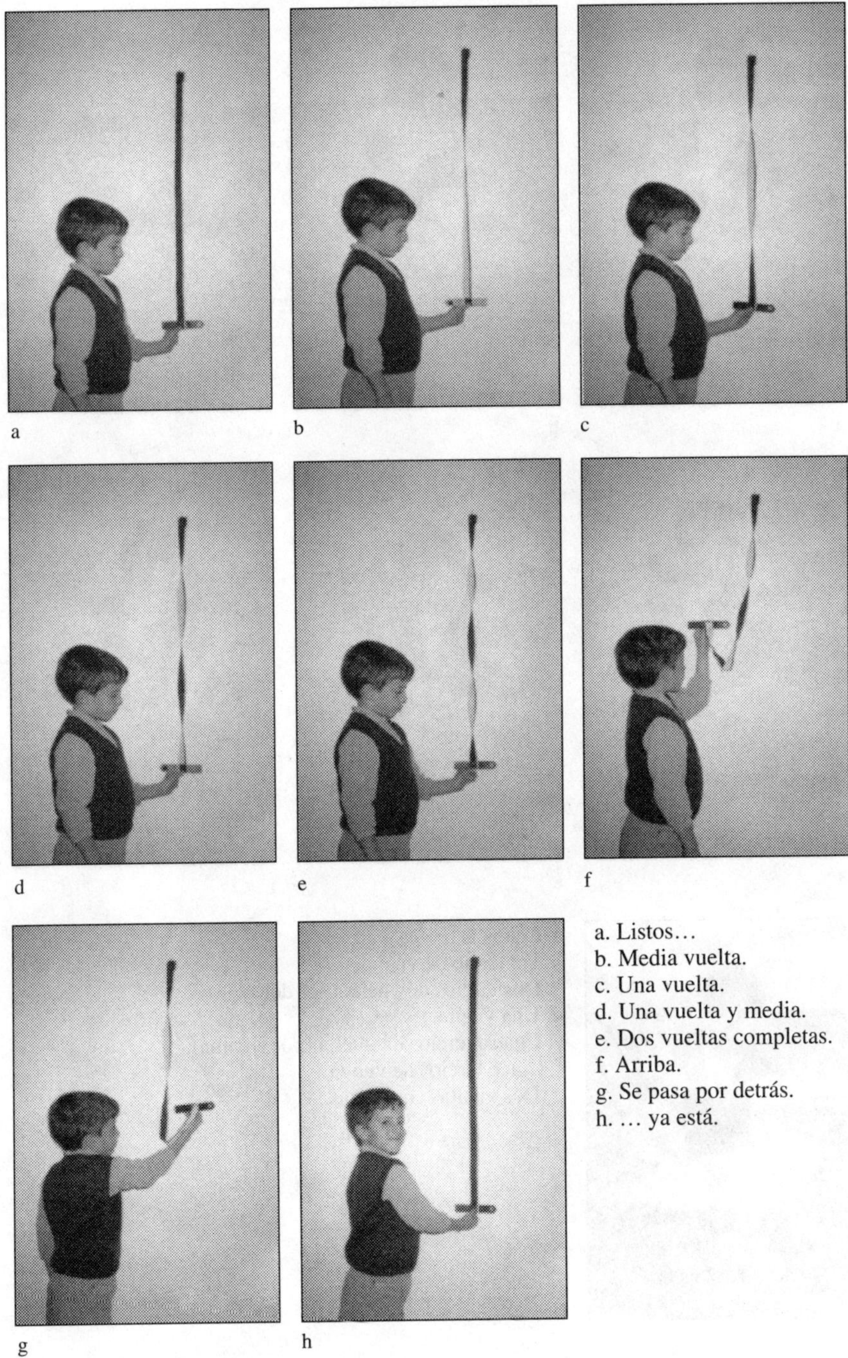

Figura II.7 La doble vuelta de la cinta

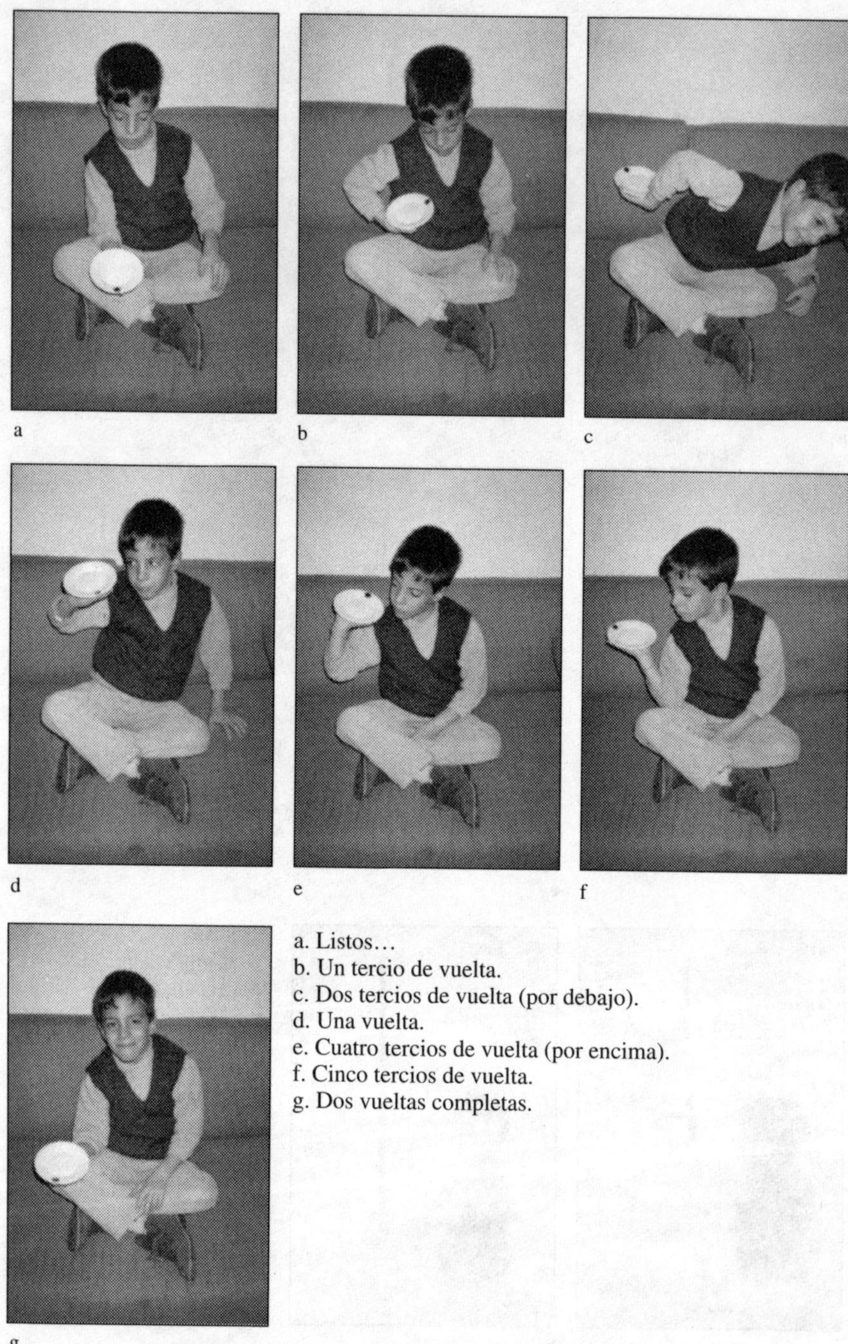

a. Listos…
b. Un tercio de vuelta.
c. Dos tercios de vuelta (por debajo).
d. Una vuelta.
e. Cuatro tercios de vuelta (por encima).
f. Cinco tercios de vuelta.
g. Dos vueltas completas.

Figura II.8 La doble vuelta del plato

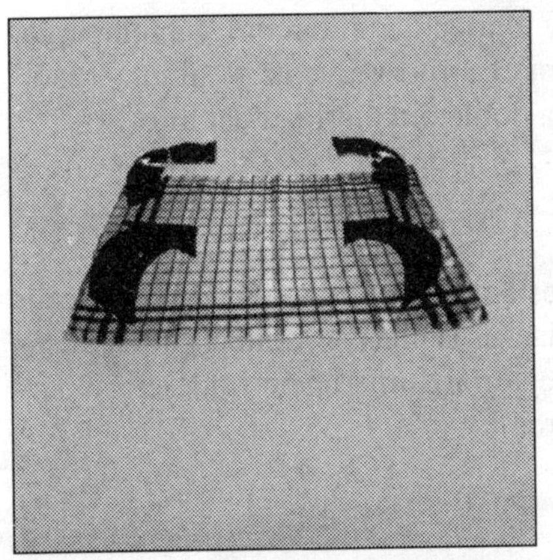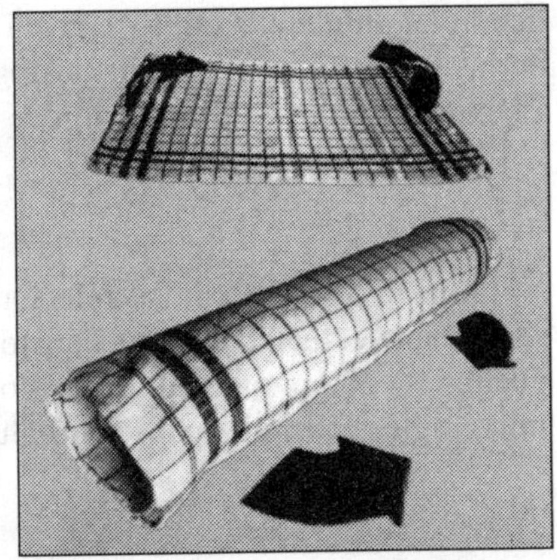

Figura II.9 El toro y la esfera con un trapo de cocina

variado y complejo de lo curvo cuando se tienen en cuenta dos dimensiones (¡o más!). Y es que a pesar de las diferencias el toro se parece más al plano que a la esfera, por muchas razones. En cierto sentido, se puede decir que el toro posee dos circularidades independientes, así como el plano posee dos linealidades independientes: sobre el toro, conmutan dos desplazamientos por rotación alrededor de dos ejes perpendiculares correspondientes a sus dos secciones circulares, exactamente como sucede con dos desplazamientos perpendiculares (traslaciones) sobre el plano. No ocurre lo mismo sobre la esfera, como se ha visto en el ejemplo del libro. Este punto de vista es muy útil para comprender un fenómeno que resulta bastante misterioso para muchos estudiantes. En las fórmulas del área y el volumen de la esfera, el «número circular» por excelencia, *pi*, aparece una sola vez, exactamente como en las fórmulas que dan la longitud de la circunferencia y el área de un círculo. Sin embargo, en las fórmulas correspondientes para el toro interviene *pi* al cuadrado.[7] El exponente dos es la expresión de la doble circularidad del toro.

*

Ante la dificultad de las relaciones entre lo recto y lo curvo, y el cansancio intelectual que provocan todas esas idas y venidas, todas esas vueltas, se comprende que aquel colega norteamericano tradujese el término inglés *curvature* por «courbature».[*]

---

7. ↑Las fórmulas son las siguientes (los radios valen la unidad):

Círculo	longitud: 2π	área: π
Esfera	área: 4π	volumen: $4/3\ \pi$
Toro	área: $4\pi^2$	volumen: $2\pi^2$

Estas fórmulas se pueden establecer y generalizar para N dimensiones por procedimientos bastante más elementales que los que suelen aparecer en los manuales [LL7].↓

* Éste es un ejemplo de utilización errónea del término francés *courbature* («cansancio») en lugar de *courbure* («curvatura»). *(N. del T.)*

III
Continuo / discontinuo

Tal vez sea profundamente lamentable que el cuerpo de las personas esté constituido por una única masa, lo bastante homogénea como para que sus partes se muevan como un solo bloque y que, a menos que se produzca un accidente grave, se mantengan unidas todo el tiempo, del nacimiento a la muerte.

Pierre Reverdy [Re]

A la hora del almuerzo, en el programa «El juego de los mil francos» que emite France-Inter este jueves, Lucien Jeunesse (desgraciadamente apartado del programa mientras se redactaba este libro) plantea una pregunta inquietante: «¿Podría enumerar los colores del arco iris? —Rojo, amarillo, verde, azul... —¿Qué más? —¡Ah!, sí, anaranjado y violeta. —¿Eso es todo? —... —Veamos, ¿cuántos colores tiene el arco iris? —Siete. —Entonces, nos falta uno. —No sé... —Le ayudaré. Es más un tinte que un color, y la palabra es bastante rara. De hecho, muchos de nuestros jóvenes espectadores llevan prendas de ese color. ¿No cae? ¡Qué lástima!». El concursante seguramente no ha reparado en los pantalones vaqueros de muchos espectadores, en su tinte índigo y su color añil. Puede usted repetir la experiencia con sus amistades. Muchos se acordarán y serán capaces de citar, por orden, los colores canónicos del espectro: rojo, anaranjado, amarillo, verde, azul, añil y violeta. Otros se equivocarán, casi siempre por culpa de ese color tan distinto de los demás, el añil. Procede de la planta índigo, una palabra que no pertenece a nuestro viejo fondo lingüístico sino que apareció durante el Renacimiento.[1] Hasta entonces, ¿no había añil en el arco iris? Los más sabios considerarán improcedente esta pregunta y explicarán que existe una infinidad de colores que forman una gama perfectamente continua. Dejemos de momento a un lado, para mejor proveer, el número de colores y su denominación, en particular el añil, que nadie de buena fe sería capaz de individualizar entre el azul y el violeta. No es menos cierto que al contemplar ese espectro, nos resultaría difícil describirlo sin poderlo separar en unas cuantas franjas de colores. Se puede discrepar sobre el número, digamos entre cuatro y seis, y sobre los límites de los distintos

1. Esta palabra procedente del portugués se difundió por Europa a lo largo del siglo XVI y designa un colorante azul traído de las Indias [Ry].

colores, pero nadie puede pretender percibir directamente un continuo homogéneo de colores en el que se produce una variación uniforme. Las innumerables representaciones vernáculas del arco iris, en concreto en la publicidad, en anuncios y letreros, acentúan aún más esas claras divisiones nítidas al mostrar unas franjas uniformes con unos bordes claramente delimitados (y, a veces, incluso con tonalidades aproximadas). Hay un buen trecho entre el continuo de la situación y el discontinuo de su representación.

Un punto crítico

Un fenómeno físico tan corriente como la transformación de un líquido en gas ya indica el carácter limitado y relativo de la distinción continuo / discontinuo. El agua que ponemos al fuego en el cazo se va calentando progresiva y continuamente, hasta que empieza a hervir, es decir, a transformarse en vapor. Durante la ebullición, la temperatura permanece constante, a 100° C, a la presión atmosférica normal. Cuando toda el agua se ha transformado en vapor y se sigue suministrando calor (para ello hay que guardar el fluido en un recipiente cerrado; sustituyamos entonces el cazo por una caldera), la temperatura del vapor vuelve a aumentar. Por tanto, una masa de agua que pasa de 20° C a 300° C, por ejemplo, a una atmósfera de presión, representa un caso claro de transición discontinua. Durante esa transformación, la variación de ciertas propiedades físicas del fluido, como puede ser su calor específico, presenta una clara discontinuidad.

El fenómeno sigue siendo el mismo en condiciones distintas. Si modificamos ligeramente la presión, la transformación del agua en vapor sigue siendo discontinua, aun cuando varíe la temperatura a la que se produce la vaporización. Todo el mundo sabe que, en la cima de una montaña, donde la presión atmosférica es más baja, resulta más difícil cocer huevos duros o preparar correctamente el té; la razón es que el agua hierve a menos de 100° C (a unos 90° C a una altitud de 3.000 m, por ejemplo). ¡Pero hierve! Si se aumenta la presión, persiste la discontinuidad (por ejemplo, el agua hierve a 180° C a 10 atmósferas) hasta que desaparece… Lo sorprendente es que, por encima de 218,3 atmósferas, deja de haber discontinuidad, porque ya no hay ni ebullición ni una transición clara entre el agua y el vapor. Al calentar el fluido la temperatura aumenta y la densidad disminuye progresivamente, sin que se produzca una etapa en la que, a temperatura constante, una fase líquida se transforme en una fase gaseosa. Con otras palabras, no se puede esta-

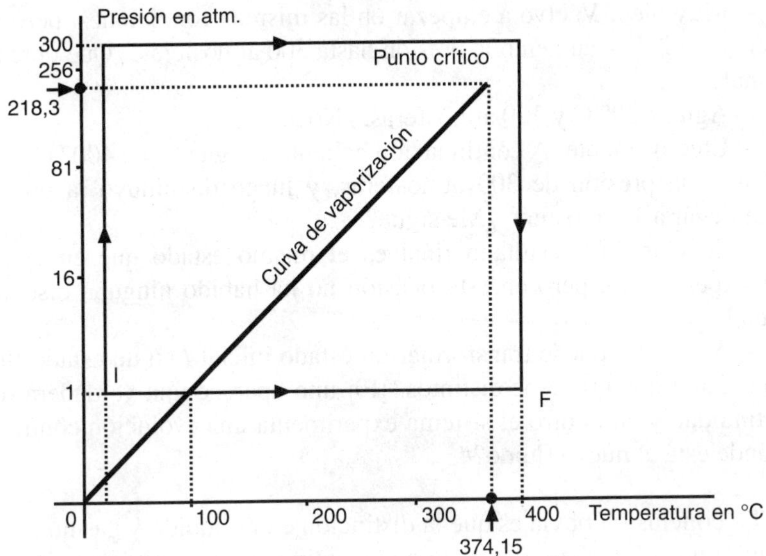

Figura III.1 Los diversos estados del agua

blecer una diferencia entre «líquido» y «gas». En el diagrama (figura III.1) puede verse que la temperatura de vaporización del agua depende de la presión. La línea denominada «curva de vaporización» caracteriza la coexistencia del gas y del líquido y, por tanto, la existencia de estas dos fases distintas, pero se acaba en un punto dado, llamado «punto crítico».[2]

#¿Qué tiene todo esto de particular? Lo que sucede es que el fluido ha pasado a una nueva fase, ni líquida ni gaseosa, a la que habría que designar con otro nombre. Tal vez «hiperfluido», por ejemplo.

—Ya veo que nuestras discusiones le han dado algunas buenas ideas. Sin embargo, no es así en este caso. Supongamos que tenemos cierto volumen de agua a la presión normal (1 atmósfera) y a la temperatura ambiente (unos 20° C): es el punto *I* de la figura. Calentamos hasta 400° C. ¿Qué ocurre?

—Como vimos, es un proceso muy común. A 100° C el agua se pone a hervir y se transforma en vapor, cuya temperatura sigue aumentando, hasta alcanzar el punto *F* de la figura.

2. La curva de vaporización parece prácticamente recta en nuestro caso, lo cual se debe a que la escala de la presiones (en ordenadas) no es lineal.

—Muy bien. Vuelvo a empezar en las mismas condiciones, pero me detengo en 20°, y aumento la presión hasta 300 atmósferas. ¿Qué obtengo al final?

—Agua a 20° C y 300 atmósferas. ¿No?

—Efectivamente. A continuación caliento el agua hasta 400° C, conservando la presión de 300 atmósferas, y luego disminuyo la presión hasta llegar a 1 atmósfera. ¿Me sigue?

—Sí, claro. El resultado final es el mismo estado que en el primer experimento, pero en esta ocasión no ha habido ninguna discontinuidad.

—Así es. Se puede transformar un estado inicial *I* en un estado final *F* mediante dos procesos distintos. ¡En uno aparece una verdadera discontinuidad y en el otro el sistema experimenta una evolución continua! ¿Dónde está el nuevo fluido?#

La conclusión obvia es que la distinción entre líquido y gas no es absoluta y que el carácter continuo o discontinuo de la transformación entre dos estados del fluido es contingente. Depende de la evolución que lleva de un estado al otro y, en particular, del recorrido sobre el diagrama presión-temperatura. Si el recorrido atraviesa la curva de vaporización, se produce una transición clara, discontinua, pero si el recorrido evita el punto crítico, la transformación es gradual, continua. Esta situación difiere mucho de la se produce en la transformación de un sólido en líquido (fusión), que es una transformación absolutamente discontinua. De hecho, la correspondiente gráfica presión-temperatura lo muestra muy claramente, pues la curva que separa los estados sólido y fluido no se acaba en un punto, como en el caso anterior. Lo que ocurre es que las diferencias entre líquido y gas, por un lado, y entre sólido y líquido, por otro, no son del mismo tipo.

Nuestra intuición nos lleva a pensar que los líquidos y los sólidos son más parecidos entre sí que los gases con respecto a los líquidos. ¿Acaso no son éstos más densos, tangibles, visibles, mientras que los «vapores» son tenues, impalpables y, en la mayoría de los casos, imperceptibles? Es más, la transformación de sólido en líquido es directamente observable; la fusión del hielo o del hierro son fenómenos conocidos desde hace mucho tiempo, en los que se aprecia claramente que una sustancia experimenta una transformación. No ocurre lo mismo cuando hierve el agua o se evapora el alcohol, situaciones que se perciben en un primer momento como verdaderas desapariciones. Así pues, el concepto general de «gas» es bastante reciente, como el término con el que se designa, cuyo origen ilustrado pone asimismo de manifiesto el carácter poco común de este estado de la materia.[3] Para darnos cuenta de que, en el fondo, los líquidos se parecen más a los gases que a los sólidos, habrá que echar mano de los medios de la investigación científica.

El conocimiento de la organización microscópica de la materia nos confirma que los líquidos y los gases pueden agruparse en una categoría común, la de los fluidos, distinta de la de los sólidos. Esta nueva distinción tiene mucho que ver con la dicotomía orden / desorden. Los sólidos están constituidos por combinaciones ordenadas de átomos, siendo las más sencillas y corrientes los apilamientos cristalinos regulares, como ocurre con la sal común, en la que, con perfecta simetría, se alternan los átomos de cloro y de sodio en los vértices de una red cúbica. Dichos átomos se sitúan además en unas posiciones bien determinadas dentro de la red y sólo pueden vibrar alrededor de ellas de forma bastante limitada. Por el contrario, en los fluidos los átomos se reparten de forma irregular y tienen una gran movilidad. Los líquidos se distinguen de los gases por su grado de movilidad; la densidad elevada de los líquidos es tal que sus átomos colisionan continuamente entre sí y, por tanto, ajustan sus posiciones con respecto a sus vecinos, mientras que en los gases el recorrido libre medio de los átomos es muy superior a sus dimensiones y, por tanto, su independencia mutua es total entre sus (raras) colisiones.

Como puede apreciarse, las diferencias entre líquidos y gases son cuantitativas, de grado (*strictu senso*, siempre y cuando las condiciones se sitúen por debajo del punto crítico), contrariamente a la distinción cualitativa entre sólidos y fluidos.[4] Además, conviene señalar que la situación se ha complicado en las últimas décadas, pues se han identificado estados de la materia semiordenados (por ejemplo, periódicos en una de las tres dimensiones del espacio, pero no en las demás), que se han bautizado con el nombre oximórico de «cristales líquidos». A ellos hay que añadir el descubrimiento de los «cuasicristales», sólidos con un ordenamiento de corto alcance y no periódico. Nos encontramos muy lejos ya de «los tres estados de la materia» que aprendíamos en los libros

3. El término «gas» fue acuñado por el médico y químico neerlandés Van Helmont (1577-1644) a partir de la voz latina *chaos*, procedente a su vez del griego χαος (la grafía g- deriva de la notación flamenca de *ch*-, pronunciado erróneamente como un sonido gutural) [Ry].

4. Sin embargo, hay que relativizar este punto de vista al considerar las energías necesarias para transformar una misma masa de sustancia del estado sólido al líquido, y del estado líquido al gaseoso (a una temperatura inferior a la del punto crítico, por descontado). En el caso del agua, se requieren 540 calorías para que se evapore un gramo de agua a 100° C, pero sólo 90 calorías para que se funda un gramo de hielo a 0° C, y 100 calorías para calentarlo de 0° C a 100° C. Por tanto, se necesita casi la misma cantidad de energía para hacer fundir un cubito de hielo que para calentar hasta 100° C el agua obtenida, y seis veces más energía para hacer evaporar esa cantidad de agua (a la presión atmosférica).

de ciencias naturales de antaño. Han aparecido diversos tipos de estados (los físicos los llaman «fases») y sus transformaciones mutuas (o «transiciones de fase») son de lo más diverso, más o menos nítidas o graduales. En definitiva, se observa que la propia descripción de las distintas formas de organización de la materia difícilmente se ajusta a la dicotomía entre continuo y discontinuo.

Los colores del espectro

Volvamos al espectro de los colores de la luz natural. Para simplificar las cosas, no vamos a considerar el arco iris sino el espectro de la luz solar que se obtiene al hacerla pasar por un prisma, el espectro que Newton describió en su *Óptica*, la fuente de todos nuestros conocimientos clásicos sobre la luz y sus colores [Ne]. En esa obra aparece por primera vez la enumeración de los siete colores del espectro. Así pues, antes de Newton, nadie había visto el añil en el espectro o en el arco iris. Conviene señalar también que en los escritos de Newton coexisten dos tipos de descripción. Una se encuentra en las notas tomadas durante los experimentos, en las que Newton enumera cuatro o cinco colores sucesivos, lo cual corresponde a la percepción común (y, de hecho, a las descripciones realizadas por otros científicos anteriores a Newton), mientras que la otra se encuentra en los textos teóricos, en los que toma cuerpo la lista canónica de los «siete colores». El motivo es claro y explícito: Newton quería que el espectro tuviese siete colores, a semejanza de las siete notas de la escala musical. Es el antiguo siete sagrado, que ya conocían los babilónicos. Es un bello ejemplo de la inquietante coexistencia de presupuestos místicos e intuiciones racionales (sobre la analogía del sonido y la luz, en este caso) en la obra de Newton. Ahora bien, en el espectro somos capaces de distinguir una serie de franjas de color, aunque tal vez no siete y tal vez no con unos bordes bien definidos, pero sí cuatro o cinco zonas coloreadas que nos parecen cualitativamente distintas. Sin embargo, la naturaleza física del espectro, la composición espectral de la radiación, es continua y homogénea, sin paliativos. Por lo tanto, la percepción discontinua se debe tanto a nuestro sistema visual (que analiza el espectro mediante los tres pigmentos de los conos de nuestra retina), como a los procesos de tratamiento de la información que tienen lugar en nuestro cerebro y que condicionan nuestra comprensión del mundo.[5]

5. En las formas lingüísticas que utilizamos para describir las sensaciones producidas por los colores podemos encontrar una indicación sobre esos mecanismos de percepción. Berlin y

Evidentemente, la analogía de Newton entre el espectro de colores y la escala musical es una premonición genial de la formulación ondulatoria atribuida por sus sucesores tanto a la luz como al sonido. Sin embargo, la metáfora carece de todo fundamento cuando propone una fragmentación del espectro continuo análoga para ambos casos. Hoy se considera que, para el sonido, la escala de siete notas es un fenómeno puramente cultural. Otras tradiciones utilizan escalas con cinco divisiones, por ejemplo; la música contemporánea ha hecho incursiones en el dodecafonismo y utiliza a menudo los microintervalos e incluso todo el continuo de frecuencias posibles. Al escuchar un sonido de frecuencia continuamente creciente no se percibe ningún fenómeno de discontinuidad análogo a las diferencias cualitativas de color que se observan al contemplar el espectro luminoso. Inversamente, la propia sutileza de la percepción visual y de la codificación de los colores no permite, contrariamente a lo que ocurre con la percepción auditiva, clasificar de forma ordenada y sencilla las frecuencias dominantes. El ojo no percibe ninguna sensación de agudo o grave análoga a la que aprecia la oreja, y sólo forzando la teoría científica puede afirmarse que el azul es más «agudo» que el verde. Así lo constataba con pesar Euler en 1762, en el periodo intermedio entre la intuición ondulatoria de Newton y su teorización por parte de Young y Fresnel:

«No hemos conseguido todavía asignar a cada color el número de vibraciones que constituyen su esencia y ni siquiera sabemos qué colores requieren una mayor o menor rapidez en el movimiento de las vibraciones; o bien, todavía no se ha decidido qué colores responden a los sonidos graves y cuáles a los agudos. Pero nos basta conocer que cada color está asociado a un determinado número de vibraciones, aunque desconozcamos dicho número, y que modificando la tensión o la energía de las partículas muy pequeñas que componen la superficie de un cuerpo, modificaremos también su color»[6] [Eu].

____

Kay han estudiado los términos relativos a los colores en muchas lenguas y han puesto de manifiesto la existencia de una interesante universalidad transcultural en la fragmentación del espectro continuo en los distintos colores [B&K].

6. Sería interesante saber si la encantadora expresión «nos basta conocer...» de Euler se refiere a un experimento mental ficticio o si Euler tenía en mente algún tipo de sistema capaz de modificar el color de los cuerpos, en la línea de lo que hacen los químicos de nuestro tiempo, que hacen variar el tinte de una sustancia al modificar ligeramente la estructura química de las moléculas de los colorantes.

Del continuo al contiguo

#En su tratamiento del par continuo / discontinuo hay algo que me molesta.

—Usted dirá.

—Es el sentimiento de que ese discontinuo no es sino un antónimo, y bastante débil, del continuo y que a éste se le podría asociar a un concepto contradictorio más fuerte.

—Resultaría muy útil si pudiera concretar un poco más ese «sentimiento».

—Lo intentaré. La región luminosa del arco iris se fracciona (de forma más o menos arbitraria, de acuerdo, pero el problema no es ése) en franjas de colores distintos y yuxtapuestos.

—Muy bien, siga.

—La zona coloreada sigue siendo continua en los distintos cambios de tonalidades, de manera que la discontinuidad no es total.

—Ya entiendo lo que quiere decir: los cambios se producen sin *solución* de continuidad. Se pasa del amarillo al naranja, por poner un ejemplo, sin separación. Así ocurre también en el diagrama de fases del agua, donde el líquido y el gas ocupan regiones colindantes.

—¡Eso es! En el fondo, estaba buscando otro antónimo de continuo: *discreto*, que es el que interviene en realidad cuando hay, como usted decía, solución de continuidad, es decir, cuando existe una separación entre los ámbitos de continuidad.

—Dicho de otro modo, cuando la discontinuidad no es sólo una simple frontera común, sino una verdadera «tierra de nadie» en la que dejan de cumplirse las características de la continuidad perdida.

—¿Está entonces de acuerdo en que existen dos tipos de «discontinuidad»?

—Más bien diría que existen dos tipos de continuidad. El «continuo 1» se opone a lo discontinuo, supone la ausencia de diferencia cualitativa e implica una modificación gradual. El «continuo 2» se opone a lo discreto, es una noción más débil que el continuo 1 y sólo conlleva la ausencia de separación, de interrupción, pero permite un cambio brusco.

—Podría ilustrarse esta situación recurriendo a la pintura. Un degradado progresivo de colores sobre un lienzo —Odilon Redon, Zao-Wu-Ki— ejemplifica el continuo 1, mientras que la yuxtaposición de zonas de color bien marcadas —Matisse, Poliakoff— tiene más que ver con el continuo 2: no hay interrupción del color, pero sí un salto brutal (siguiendo con la metáfora pictórica, lo discreto sería lo propio de Seurat y Signac). En cierto sentido, pues, el continuo 2 puede ser discontinuo…

86

—Esto equivale a decir que para definir el continuo 2 habría que hacer un esfuerzo terminológico.

—¿Se podría denominar «contiguo», término que pone el acento en el contacto que subsiste, en este caso, en las zonas separadas por una discontinuidad, pero colindantes, adyacentes?

—Me parece razonable. El continuo siempre sería contiguo, lo discreto siempre discontinuo, pero podrían coexistir contiguo y discontinuo.#

Adoptaremos esta terminología (figura III.2) en lo sucesivo, pero ¿es suficiente para reflejar la realidad del mundo físico?

Merece la pena mirar el cielo en una tranquila noche de invierno, en la montaña, lejos de las luces de la ciudad. Es fácil identificar el gran cuadrado de Pegaso y las estrellas de Andrómeda que forman la cola de esa gigantesca cometa. Sobre la segunda estrella (a partir del vértice) hay una estrella y luego otra más tenue. ¿Ya está? Fíjese bien. ¿Puede ver ese brillo blanquecino? (Es bien sabido que es mejor mirar al lado, para aprovechar así la sensibilidad máxima a las intensidades más bajas que tienen los bastoncillos de la retina.) Ese objeto celeste no es una estrella, como puede comprobarse utilizando unos prismáticos, sino una «nebulosa», como se decía en otro tiempo, de forma alargada y de luminosidad continua. En el siglo XVII los astrónomos compilaron catálogos de las nebulosas que podían ver con sus telescopios; la de Andrómeda se llama M 31, donde la letra M se refiere al catálogo de Messier (1771). Así pues, en el cielo más alejado pueden verse puntos luminosos discretos y zonas luminosas extensas. Sin embargo, al mirar con más atención, esa dicotomía se desdibuja. Vista con un instrumento más potente, la «nebulosa» de Andrómeda no se ve como una mancha continua sino como una miríada de puntos luminosos y se presenta como un gigantesco amasijo de estrellas: una galaxia, según la denominación actual. Ya al comienzo de la ciencia moderna, Galileo, después de enfocar en 1610 su recién creado telescopio hacia la Vía Láctea, *la* galaxia, descompuso ese río mitológico de leche celeste en una multitud de nuevas y alejadas estrellas. En *El mensajero sidéreo* escribía:

«Lo que observé en tercer lugar es la esencia, o sea la materia, de la misma Vía Láctea, que en virtud del anteojo se percibe de tal modo que se pueden resolver, con la certeza que proporcionan los ojos, todas las disputas que durante siglos atormentaron a los filósofos, liberándonos de disputas verbales. Así la galaxia no es otra cosa que un conglomerado de innumerables estrellas distribuidas en montones,

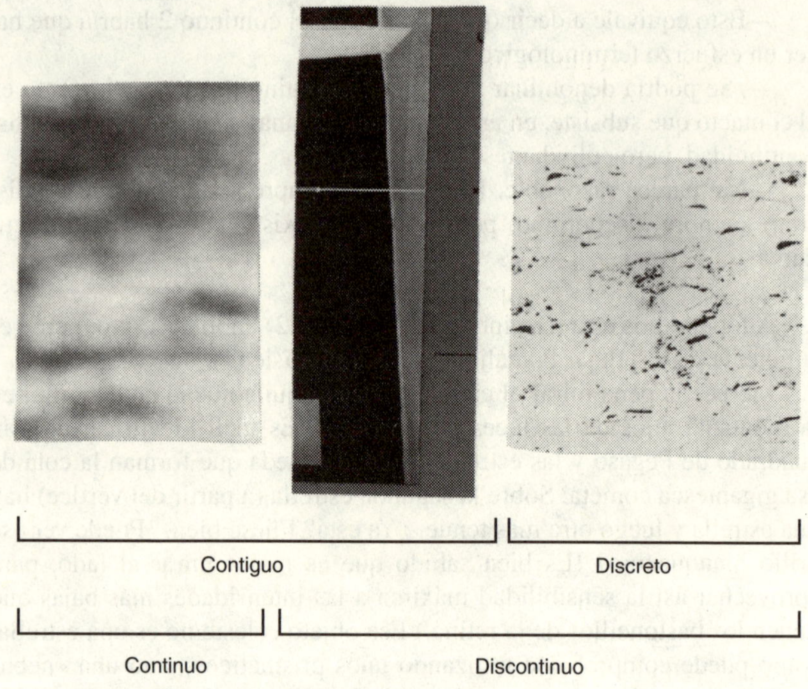

Figura III.2 Continuo y contiguo

de tal modo que a cualquier región de ella que se dirija el anteojo, al instante se presentará a la vista una ingente cantidad de estrellas, de las que muchas se ven bastante grandes y con mucha claridad; pero la multitud de las pequeñas es completamente inexplorable. Pero como aquella blancura láctea como nubes blanqueadas se advierte no sólo en la galaxia (…) Además (lo que es aún más maravilloso), las estrellas llamadas hasta hoy por todos los astrónomos nebulosas son agregados de pequeñas estrellas diseminadas de modo admirable; y mientras que cada una de éstas, debido a su pequeñez o a su grandísima distancia de nosotros, se escapa a nuestra vista, mediante la mezcla de sus rayos se genera aquella blancura que hasta ahora se ha creído era una parte más densa del cielo (…)» [Ga1].

Todas las nebulosas de los antiguos astrónomos no son galaxias, ¡ni mucho menos! Algunas, más próximas, se encuentran en nuestra galaxia y su naturaleza se ajusta más a su vaporosa apariencia, pues son en realidad gigantescas nubes de gas, a veces en proceso de condensación, de las que surgirán nuevas estrellas —cuando no son el resultado de una explosión estelar que dispersa su materia por el espacio—. Ahora sabemos que las estrellas no son puntos luminosos discretos o clavos dorados en la bóveda celeste sino masas gaseosas concentradas, en todo caso continuas, o más bien contiguas, cuyos límites no son tan marcados como parece.

Continuidad y atomicidad

Las apariencias sensibles nos obligan, podríamos decir, a aceptar la dualidad de contiguo y discreto. ¿Cómo podría verse el mundo sino a través de objetos separados e individualizados? Las piedras del camino, los granos de trigo,[7] las estrellas del cielo están constituidos por una sustancia extensa y continua: piedra, trigo y fuego, respectivamente. Sin embargo, enseguida aparece la sospecha de que la continuidad de la materia puede no ser sino una pura apariencia. Así como una gran cantidad de grano se mide como un líquido y la muchedumbre se mueve como un río, ¿no podría ser que los fluidos aparentemente más homogéneos estuviesen compuestos de ínfimos elementos discretos? Ésa es la hipótesis atómica de los antiguos. Su primera función consiste en conjurar el vértigo del infinito que provoca la concepción opuesta de una homogeneidad absoluta, que conlleva una divisibilidad sin fin, y amenaza con disolver por completo lo real por pérdida de escala. Lucrecio formula la hipótesis atómica como una exigencia lógica:

«(…) si no existe un mínimo, los cuerpos menores constarán de partes infinitas, ya que cada mitad siempre tendrá una mitad, y no habrá límite en la división. ¿Qué diferencia habrá, pues, entre lo inmenso y lo infinito? Ninguna; pues aunque el universo sea infinito, sin embargo, las cosas más minúsculas constarán igualmente de partes infinitas. Mas como la razón protesta y no admite que la mente pueda creerlo, debes darte por vencido y reconocer que existen cuerpos que ya no tienen partes y constan de la menor cantidad de sustancia posible (…)» [Lr].

Sin embargo, desplazar el continuo en favor del discreto resuelve algunos problemas en primera instancia, pero plantea otros igualmente im-

---

7. Conviene señalar que el término «discreto» se relaciona con la raíz indoeuropea *°krei*, «separar», que se refiere en concreto a la acción de cribar el grano. Esta raíz ha dado lugar a voces como «criterio» y «crítica». En concreto, «discreto» procede del latín *discretus*, de *discernere*, «dividir, separar, interrumpir». De ahí deriva el sentido actual más habitual de la palabra, a través de las acepciones «capaz de juzgar, sabio» y luego «prudente» [Ry].

portantes. Admitamos que la materia esté compuesta por átomos de «la menor cantidad de sustancia posible», lo cual elimina la infinita divisibilidad y el vértigo que provoca. La diversidad de las cosas ha de interpretarse entonces mediante la combinatoria de un número dado y limitado de átomos distintos: cuatro si se trata de los «elementos» clásicos, un centenar si hablamos de los átomos de la química moderna. En la concepción tradicional de la materia, «es necesario que no todos los átomos tengan las mismas características, o presenten una misma forma» (Lucrecio), pues ésas son las cualidades que permiten distinguirlos. Para ser diferentes, los átomos deben poseer una forma y, por tanto, cierta extensión, lo cual plantea la cuestión de su constitución, de su sustancia y, por consiguiente, de la divisibilidad de la materia a una nueva escala.

Además, en la concepción atómica, el enigma del continuo no sólo aparece en el seno de los átomos, sino entre ellos. En efecto, sus combinaciones no responden en modo alguno a necesidades puramente locales, debidas a las colisiones y contactos aleatorios. La extensión de los cuerpos macroscópicos y su crecimiento (por ejemplo, el de los cristales), así como sus acciones mutuas a distancia, muestran que el espacio entre los átomos, llamado «vacío» por Lucrecio, no puede considerarse como la ausencia absoluta de propiedades, porque en él tiene lugar una gran actividad. En primer lugar, el espacio es necesariamente continuo, para que en él pueda producirse el movimiento progresivo de los átomos. También es capaz de actuar sobre ese movimiento y, por tanto, está dotado de unas propiedades específicas. Por esta razón el «vacío» se «llena» en ocasiones, por ejemplo cuando Descartes se refiere a los torbellinos, que introducen de nuevo una sustancia fluida continua entre los cuerpos separados y recomponen así la necesaria contigüidad del tejido del universo material. Al no poderse desembarazar del continuo, la física, una vez consolidada desde el punto de vista de la calidad en el siglo XIX, lo ennoblecerá hasta convertirlo en la esencia misma de una de sus categorías más fundamentales.

La física clásica acepta el dualismo y lo sitúa en el centro de su estructura teórica. Antes incluso de pronunciarse sobre la naturaleza concreta de una sustancia o un fenómeno, basa su descripción del mundo en la coexistencia y el juego de dos tipos de entidades conceptuales. Por un lado, los corpúsculos, unas partículas o, mejor aún, unos «puntos materiales» que son una completa idealización de los objetos compactos, localizados y numerables que nos ofrece la realidad que perciben nuestros sentidos: piedras, granos, bolas, etc. En el proceso de abstracción que da lugar al concepto de corpúsculo clásico, la extensión espacial limitada de los objetos físicos se reduce a la mínima expresión: un punto geométrico, sin dimensiones. El estado físico de dicho punto material queda totalmente descrito, en un instante dado, por su posición (un punto del espacio) y su velocidad (un vector). Su evolución temporal se reduce a la descripción —en los dos sentidos de la palabra— de una trayectoria, un recorrido en el espacio. Según la mecánica clásica fundada por Newton, esa trayectoria queda fijada infinitesimalmente por la tasa de variación de la velocidad, tasa que a su vez viene determinada por la fuerza que actúa instantánea y localmente sobre el corpúsculo. De las diversas propiedades físicas que caracterizan la materialidad de los objetos reales, sólo se conserva la inercia para definir cualquier punto material. El «coeficiente de inercia» no es más que la masa puntual, y mide su capacidad de acelerar, es decir, de modificar su estado de movimiento bajo la acción de una fuerza dada. Una vez determinada la fuerza, el cálculo diferencial permite determinar la trayectoria del punto. La naturaleza y la realidad de las fuerzas son otro asunto muy distinto, que la concepción newtoniana deja abierto («*¡Hypotheses non fingo!*», o sea, «No fraguo hipótesis», a decir de Newton).

De la acción-a-distancia al campo

Precisamente para aportar una respuesta a la cuestión de las fuerzas, de su acción a distancia, surgió el segundo concepto de la teoría clásica, el de campo. Estamos acostumbrados a ver cómo, en el seno de un medio material, se desplazan las perturbaciones, unas modificaciones locales de la estructura del medio (por ejemplo, de su densidad) que se propagan progresivamente, como las olas en la superficie del agua o el sonido en el aire. Desde finales del siglo XVIII se disponía de una formalización matemática coherente y general de la propagación de las ondas, capaz de explicar todos estos fenómenos y donde exclusivamente se asignaba la velocidad de propagación en el medio según la naturaleza de las ondas, pero sin preocuparse del detalle de su constitución. En principio, la contigüidad de la noción de onda, que describe un estado en *cada* uno de los puntos del medio, no ha de inducirnos a engaño; tan sólo es una descripción macroscópica que evita tener que proceder a una descripción detallada de los movimientos de los corpúsculos que constituyen el fluido. En esa formulación, la acción a distancia parece haber desaparecido. Cuando nos sentimos emocionados por la melodía de una flauta, lo que sucede es que, al soplar en la flauta, el flautista pone en movimiento el aire, primero en su instrumento y luego a su alrededor, y esa vibración se propaga progresivamente con una velocidad finita hasta nuestros oídos. Pero se supone que el medio de propagación, el aire, está constituido por moléculas discretas y separadas que actúan unas sobre otras por turno, mediante fuerzas de las que podemos olvidarnos cuando contemplamos desde lejos el acontecimiento.

Este olvido, o más bien este desprecio voluntario de la naturaleza discreta del medio, resultará fecundo. A lo largo del siglo XIX la generalidad y la potencia de la teoría ondulatoria proporcionaron a la noción de campo una autonomía conceptual que le permitió asentarse plenamente en el recién creado ámbito de la luz y, más en general, en el electromagnetismo. Sin embargo, se desconocía totalmente *a priori* la naturaleza de los «corpúsculos» que constituyen el medio de propagación y están sometidos a las acciones eléctricas y magnéticas, pero, por lo menos, se le puede asignar un nombre a dicho medio: el *éter*. Lejos de parecer una fenomenología continua secundaria, que considera las acciones directas entre los corpúsculos del medio (como en el caso de la acústica), la teoría ondulatoria se impuso en este caso *porque* se ignoraba la materialidad discreta que subyace a ese medio. De hecho, ese éter debía poseer unas características muy extrañas. Por una parte, la luz se propagaba en él a una velocidad tan considerable (los famosos 300.000 km/s) que sugería que debía tratarse de un medio altamente rígido (sus corpúsculos debían estar estrechamente acoplados entre sí para reaccionar con rapidez a los desplazamientos de unos con respecto a otros); por otra parte, dado que la luz se propagaba en recintos de los que se había eliminado todo rastro de gas, así como en el espacio interestelar, dicho medio debía ser muy fluido para poder atravesar cualquier tipo de materia. Una excepcional rigidez asociada a una gran fluidez, es decir, una combinación que dificultaba enormemente la elaboración de modelos mecánicos del eter, o sea, modelos corpusculares y por ende discretos. Así, en el segundo tercio del siglo XIX, el propio Maxwell, creador de la teoría del campo electromagnético en su forma completa, insistió en la necesidad de modelos mecánicos, pero los situó progresivamente a remolque de los desarrollos de su teoría, cuyo formalismo elegante y fecundo fue ganando terreno frente a los hipotéticos y complejos mecanismos subyacentes.

Entre las predicciones de la teoría del electromagnetismo de Maxwell, la más destacada es la existencia de las ondas electromagnéticas, que se propagan a la velocidad de la luz, a la cual se consideró desde entonces como un ejemplo concreto de dichas ondas. El carácter ondulatorio de la luz permitió, muy oportunamente, explicar los fenómenos de interferencia y de difracción observados a lo largo del siglo XIX y derivados de la superposición de los campos emitidos por diversas fuentes espaciales separadas. Puede añadirse que el carácter espacial extenso de la noción de campo resulta crucial aquí y que estos fenómenos no son en general compatibles con un enfoque corpuscular del electromagnetismo. Pero, si se trata de ondas, ¿en qué medio se propagan? La teoría de Maxwell determina con precisión la velocidad de las ondas, y la existencia de un medio, el éter, pareció imponerse, al igual que el aire para el sonido, cuya velocidad sólo puede fijarse con respecto a este medio de propagación. En esas condiciones, no obstante, el éter recibió un tiro de gracia. En efecto, si el éter existe como medio de propagación de las ondas electromagnéticas, entonces ha de poderse poner de manifiesto el movimiento en su seno del emisor o receptor de las ondas —por ejemplo, el movimiento de la Tierra con respecto al éter interestelar—. Los distintos experimentos, de los que los más conocidos son los de Michelson y Morley a finales del siglo XIX, fueron incapaces de detectar este movimiento. El fracaso obligó a los físicos a complicar todavía más sus teorías, hasta que Einstein zanjó la cuestión modificando el propio espacio / tiempo. Su nueva relatividad hizo posible la existencia de una velocidad invariante, independiente del movimiento relativo del emisor y del receptor de la luz (puesto que se trataba de ella). Una vez resuelta la paradoja en su nivel más profundo, carece de sentido asignar al éter extrañas propiedades espacio-temporales y resulta superfluo recurrir a él para explicar una propagación que se realiza pura y simplemente en el vacío. Es el propio campo (electromagnético) el que se propaga, el campo en sí mismo y no como una perturbación del éter. De esta manera, en la concepción del mundo de los físicos, adquirió existencia propia la idea de campo, por lo menos la de los campos «fundamentales», como el electromagnético, que, a diferencia del campo acústico, para los físicos ya no traducía una realidad compleja subyacente. Entendido como una idea matemática, el campo se convirtió *al mismo tiempo* en un «ser físico»; a este respecto, su situación epistemológica no difería gran cosa de la del «punto material». En este sentido, volvemos a encontrar la idea de contiguo: un campo es un objeto continuo y extenso, definido en todo punto del espacio, en el que se propaga globalmente. No posee ni forma ni figura propias y su configuración viene dada por las condiciones de contorno. Y por encima de todo, un campo (fundamental) no tiene ningún soporte, ningún medio de propagación; existe por sí mismo en el vacío espacial.

El electromagnetismo proporciona el modelo acabado del dualismo clásico. Supone la existencia de dos entidades básicas: unos corpúsculos eléctricos, puntos materiales de la mecánica, discretos y localizados, y un campo electromagnético, continuo y extenso. Además de masa, las partículas tienen «carga eléctrica», que mide la intensidad con la que interaccionan con el campo. Entonces, cualquier fenómeno electromagnético puede describirse descomponiéndolo en tres fases:

- las partículas generan (localmente) el campo;
- el campo se propaga (progresivamente) en el espacio;
- el campo actúa (localmente) sobre las partículas.

De esta forma, el mecanismo de acción a distancia queda sustituido por una secuencia de acciones y propagaciones estrictamente locales. A través del campo, convertido en un mensajero de la interacción, las partículas interaccionan entre sí.[8] Este esquema posee una doble virtud, conceptual, al eliminar la acción a distancia y sus dificultades, y práctica, al descomponer el problema en tres etapas, todas ellas de carácter matemático, lo cual simplifica y posibilita el tratamiento de situaciones físicas bastante complejas. Una teoría onda / partícula (contigua / discreta) como ésta es aplicable tanto al electromagnetismo como a la gravitación, a raíz de la cual se planteó inicialmente el problema de la acción a distancia: la razón de que la Luna experimente una fuerza ejercida por la Tierra, situada a unos 400.000 km, no se debe a una misteriosa simpatía transespacial, sino a que el campo gravitatorio generado por la Tierra se propaga libremente por el espacio y actúa sobre la Luna (y viceversa).[9]

El descubrimiento de que hay que atribuir verdaderas propiedades físicas dinámicas a los campos terminó por darles un estatuto ontológico positivo, una realidad casi sustancial. Dicho de otro modo más preciso, los campos, como las partículas, han de estar dotados de energía, de cantidad de movimiento, es decir, de todas las magnitudes físicas fundamentales que obedecen a las grandes leyes de conservación. La lógica es im-

8. ↑... o sobre sí mismas, puesto que el campo generado por una partícula cargada actúa sobre ella. Esta autointeracción plantea algunos problemas serios, tanto de coherencia conceptual como de validez práctica (amenaza con introducir infinitos parásitos en los cálculos numéricos). Estas dificultades de la teoría clásica serán reconsideradas por la teoría cuántica y resueltas por ésta con mayor facilidad.↓

9. ↑Tal vez valga la pena indicar que, contrariamente a la opinión dominante, una teoría de la gravitación basada en la noción de campo gravitatorio es coherente no sólo para la gravitación newtoniana (compatible con la estructura galileana del espacio / tiempo, válida para velocidades reducidas), sino también para la gravitación einsteiniana. Así como la «relatividad general» ofrece una interpretación puramente geométrica, la más conocida, el mismo formalismo también *puede* interpretarse como una teoría clásica de campo en un espacio / tiempo plano (de Minkowski), en el que el campo gravitatorio viene descrito por un tensor simétrico de rango 2. En este contexto, se puede demostrar que el acoplamiento universal de este campo con la materia da lugar a una distorsión de las medidas espacio-temporales de tal forma que la cronogeometría efectiva es equivalente a la de un espacio / tiempo curvo cuya métrica vendría dada precisamente por el tensor del campo gravitatorio (véanse las referencias [15] en [LL3].↓

94

parable. Si la acción mutua entre dos partículas no es inmediata y trans-espacial, sino que se produce a través de un campo mediador, entonces las transferencias de energía que caracterizan dicha interacción deben ser vehiculadas por el campo. En efecto, la profundización de la teoría max-welliana obliga a reconocer que en el espacio en el que se propaga el campo existe una densidad de energía por volumen (así como de canti-dad de movimiento y de momento angular). Aquí podría iniciarse el exa-men de otra dicotomía, la que se plantea en cuanto a vacío y lleno. En úl-tima instancia, ¡tal vez la naturaleza tenga verdaderamente horror al vacío! En cualquier caso, cada vez que creemos alcanzarlo, se descubre un nuevo ser físico que viene a rellenarlo: el gas del siglo XVII, el campo (clásico) del siglo XIX y, en la actualidad, su avatar cuántico, cuyas fluc-tuaciones espontáneas dotan al ¿vacío? de propiedades dinámicas incluso en ausencia de fuentes materiales de campo.

Dualismo clásico, monismo cuántico

En la misma época en que triunfaba la concepción dualista de la teo-ría clásica de la radiación (partículas cargadas / campo electromagnético), aparecieron sus limitaciones. La radiación térmica (llamada del «cuerpo negro»), así como los espectros atómicos y el efecto fotoeléctrico, exi-gían, a principios de siglo XX, la superación de los conceptos de onda y partícula, que constituían el doble pilar en que se basaba la física clásica. Los tres fenómenos aportaban el mismo mensaje: ¡en el electromagne-tismo también se da lo discontinuo! La energía está «cuantificada», se presenta en forma discreta. El agente del electromagnetismo no es el campo, continuo por naturaleza (conceptual), sino que posee una granu-losidad esencial; más adelante sus *cuantos* recibieron el nombre de «fo-tones». Sin embargo, esta nueva revolución no podía ser pura y sencilla-mente una vuelta atrás, una teoría de la luz basada simplemente en su carácter de partícula, en contradicción con los fenómenos de superposi-ción (interferencias y difracción) que justificaban el recurso natural de una teoría ondulatoria. Todo parecía indicar que había que superar el dualismo onda / partícula y repensar la relación continuo / discreto no tanto como una dicotomía sino desde el punto de vista dialéctico. Unos veinte años más tarde, cuando la teoría cuántica finalizó su gestación, unos corpúsculos cargados, los electrones, eran los que a su vez mostra-ban una naturaleza más ambivalente de lo que se había creído hasta en-tonces. En efecto, también los electrones presentaban comportamientos interferenciales y difractivos, poniendo así de manifiesto un aspecto continuo en su naturaleza que se había pasado por alto hasta entonces. El choque de esta doble revelación quedó un tanto atenuado cuando los físicos se dieron cuenta de que el dualismo clásico anterior quedaba sustituido por un monismo de buena ley. Así lo expresan las palabras, un tanto brutales, de Feynman: «¡Los objetos cuánticos están un poco locos, pero por lo menos todos se comportan de la misma manera!» [Fy2].

La rápida puesta a punto del formalismo de la teoría cuántica y los impresionantes avances de su aplicación en la física de los átomos, las moléculas, los sólidos y más tarde los núcleos atómicos, ocultaron en parte, después de los años treinta, la reflexión epistemológica. Durante bastante tiempo, la exégesis y la divulgación se contentaron con fórmulas ya establecidas en las que intervenía la ¿dualidad corpúsculo / onda? para explicar la naturaleza extraña de los objetos cuánticos, considerándolos ¿al mismo tiempo ondas y corpúsculos? o bien ¿a veces ondas, a veces corpúsculos?. Está claro que ninguna de estas formulaciones resultaba satisfactoria, ni siquiera en el ámbito lógico. En la actualidad podemos afirmar tranquilamente que, en realidad, estos objetos no son *ni* ondas *ni* partículas. Las dos ideas que constituyen la noción de campo y de partícula han de ser sustituidas por una nueva, con nombre propio: se hablará de «cuantones», denominación genérica de una clase de objetos de los que los electrones, los fotones, los neutrones, etc., son algunos ejemplos.

Más allá de las palabras, lo que nos interesa es la idea de cuantón, en particular desde el punto de vista de la alternativa continuo / discreto. Como se ha visto, los cuantones tienen que ver con lo discreto, en el sentido de que se pueden contar con números naturales; se puede especificar el número de electrones de un átomo y el número de fotones (aun cuando sea más difícil) en un rayo láser. Sin embargo, unos y otros son capaces de dar lugar a fenómenos de interferencia, de superposición y, por tanto, tienen que ver con el continuo. No hay en ello ninguna contradicción si se tiene en cuenta, y en esto reside la lección que aporta la física cuántica, que no hay una sino dos alternativas continuo / discreto, según nos interesemos por el número o por la extensión (espacial). El enfoque clásico se equivoca al identificar estas dos dicotomías. El campo (clásico) es continuo en sus dos vertientes, y la partícula (clásica) es también discreta en las dos vertientes; pero el cuantón tiene un carácter discreto desde el punto de vista del número y continuo desde el punto de vista de la extensión. En el cuadro siguiente se resume la situación.

Se entienden mejor ahora las dos apariencias que puede presentar el cuantón. Si en una circunstancia experimental dada predomina el carácter discreto de su número y es secundario el carácter continuo de su exten-

	Número	Extensión
Partícula	discreto	discreto
Campo	continuo	continuo
Cuantón	discreto	continuo
(?)	(continuo)	(discreto)

sión, el cuantón podrá describirse aproximadamente, aunque de forma satisfactoria, como una partícula. Por el contrario, si prima el carácter continuo de su extensión y puede despreciarse el carácter discreto de su número, entonces podrá describirse aproximadamente, aunque de forma satisfactoria, como una onda. Este último caso se presenta, en concreto, en sistemas que poseen un número muy elevado de cuantones, en los que la descripción continua resulta razonable; algo parecido ocurre cuando se vierte arena o grano y se considera el sistema como un fluido continuo.[10] En cualquier caso, los cuantones son, por naturaleza, objetos espacialmente extensos. La dificultad mental que supone reconciliar esta cualidad con su numerabilidad discreta se traduce a veces en caracterizarla de forma negativa; así, en ocasiones se habla de la «no-localidad» de los cuantones, en contraposición, por supuesto, a la localidad de las partículas clásicas. Sin duda sería preferible ayudar a superar esa dificultad epistemológica a base, por ejemplo, de encontrar una terminología más positiva y más intrínseca. Podría hablarse entonces de la «ubicuidad» espacial de los cuantones o, de su «pantopía»,[11] si se prefiere utilizar un término nuevo y específico. Hay que añadir además que el carácter continuo de los cuantones no se limita a su extensión espacial en el sentido estricto, es decir, a su posición. También se cumple para todas las magnitudes físicas ligadas a la espacialidad, como por ejemplo la velocidad. Así, mientras que en las partículas clásicas las propiedades físicas —la posición, la velocidad, la energía, etc.— toman valores numéricos únicos y bien determinados (¡es el caso extremo de discretización!), las propiedades físicas de un cuantón en un estado cualquiera se caracterizan por espectros de valores numéricos, conjuntos a veces continuos, por lo menos en parte. Son precisamente las extensiones de estos espectros, o bandas numéricas, las que intervienen en las famosas desigualdades de Heisenberg.

10. Dejaremos al lector la tarea de reflexionar sobre la última fila del cuadro y sobre la razón, conceptual o material, por la que aparentemente carece de referente en la naturaleza.

11. Del griego παν, «todo», y τοποζ, «lugar». Quiero agradecer a Barbara Casin esta sugerencia terminológica.

Como ya se ha dicho, en la mayoría de los fenómenos cuánticos, tal como actualmente somos capaces de reproducirlos en el laboratorio, los cuantones muestran su naturaleza específica. Su comportamiento sólo parece extraño a la luz de nuestros prejuicios clásicos, y la mayoría de las paradojas clásicas sobre las que tanto se ha discutido durante décadas pierden su carácter enigmático cuando se acepta poner en entredicho toda analogía común. Así como el ornitorrinco, que una vez capturado y visto más de cerca, desde todos los ángulos, sólo se parece a sí mismo, el cuantón, una vez dominado y manipulado por las técnicas experimentales modernas, muestra su propia naturaleza y no se deja reducir a sus dos apariencias clásicas [B&LL].

*

Volvamos a la «nebulosa» de Andrómeda y acerquémonos mentalmente hacia ella mediante un *zoom*. Veremos que la luminosidad elíptica continua se resuelve en un conjunto espiral de puntos distintos. Sigámonos acercando; más que puntos distintos, lo que vemos es la masa gigantesca y continua de gas en torbellino que constituye la galaxia, cuyas estrellas no son sino concentraciones más densas y más brillantes, pero imposibles de separar del tejido difuso del que emergen y al que regresan disipando su materia. Más cerca todavía; el gas pierde su continuidad y se presenta como una colección de átomos individuales y localizados. Por último, en el corazón de los átomos se pierde la alternancia, bastante monótona —todo hay que decirlo—, de las apariencias discretas y continuas. Muy alejada de nuestra experiencia común, la naturaleza cuántica de los electrones y nucleones nos obliga a relativizar la validez de nuestras habituales abstracciones y a admitir que si no podemos evitar imponer, en una primera aproximación, la dicotomía continuo / discreto a nuestra comprensión del mundo, no hay ninguna razón por la cual éste tendría que plegarse a ella.

IV
Absoluto / relativo

Entonces, si un pintor al partir del puerto [de Venecia] hubiese comenzado a dibujar con una pluma sobre el papel, continuando el dibujo hasta Alejandría, habría podido obtener del movimiento de la pluma un relato completo compuesto por muchas figuras perfectamente delineadas y descritas con miles de direcciones, con países, fábricas, animales y otras cosas, si bien todo el verdadero, real y esencial movimiento indicado por la punta de esa pluma no habría sido más que una muy larga pero simplicísima línea; en cuanto a la operación propia del pintor, habría delineado exactamente lo mismo que si la nave hubiera estado quieta.

Galileo [Ga2]

Les propongo un pequeño ejercicio, pero ¡que no cunda el pánico!, pues es de nivel de secundaria. Bernardo se marcha, en el automóvil familiar, del pueblo donde acaba de pasar las vacaciones. Su amigo Andrés, en cambio, sigue de vacaciones y, desde el puente que cruza el canal paralelo a la carretera, vigila la marcha de su barco teledirigido con el que intenta batir el récord de velocidad que habían establecido previamente entre la esclusa, allá a lo lejos, y el puente a la salida del pueblo. Bernardo, desde el automóvil, y Andrés, desde el puente, observan la progresión del barco que se dirige hacia el automóvil. El problema consiste en comparar las siguientes magnitudes físicas, medidas por cada uno de los dos amigos: tiempo total del trayecto (entre la esclusa y el puente), velocidad del barco y longitud total del recorrido. Sólo se pide una comparación cualitativa; se trata de decir si las magnitudes son iguales y, en caso contrario, indicar cuál es mayor. Adelante, ya pueden empezar, pero no se inquieten, no es necesario recurrir a los extraños efectos de la dilatación del tiempo de la relatividad einsteiniana; los conceptos clásicos del espacio y del tiempo nos bastarán. ¿Dónde está la trampa? Sencillamente no hay; sólo se piden respuestas a preguntas elementales. ¿Cuáles son sus respuestas?

En efecto, el tiempo necesario para cubrir ese recorrido es el mismo para Andrés y para Bernardo. Por descontado, la velocidad del barco es mayor para Bernardo que para Andrés, ya que el automóvil se aproxima al barco y su velocidad (con respecto a la carretera) se suma a la del barco sobre el agua. En cuanto a la longitud del recorrido, también es

101

mayor para Bernardo. Si ha acertado, le felicito, pues forma parte de la elite de los expertos, o de esa minoría a quienes la suerte les sonríe. Sin embargo, la mayoría de las personas que se someten a esta pequeña prueba, e incluso los físicos a quienes se les prohíbe el recurso al cálculo y se les pide una respuesta inmediata y de sentido común, afirman que las distancias recorridas son iguales para ambos. Esa afirmación constituye, sin embargo, una contradicción flagrante con las dos anteriores: si el barco se desplaza durante el mismo tiempo para Bernardo y Andrés, pero en cada instante va más deprisa para el primero que para el segundo, entonces es evidente que recorre una distancia mayor para Bernardo... ¿Por qué falla, en general, la intuición?

Relatividad y referenciales

La relatividad, pues de eso se trata aquí, no es nada evidente todavía, casi cien años después de Einstein, pero sobre todo trescientos cincuenta años después de Galileo, el verdadero iniciador de esta línea de pensamiento. En este pequeño ejercicio, como en la mayoría de los problemas más complejos de la relatividad espacio-temporal que se plantean los físicos, de lo que se trata es de comparar dos puntos de vista sobre un mismo fenómeno y de distinguir lo que, en su descripción, es relativo al punto de vista (y, por tanto, variable) y lo que es absoluto (y, por tanto, invariante). La dificultad se sitúa mucho antes de los resultados de la comparación y estriba en tener conciencia de la existencia de distintos puntos de vista y en aceptar que tienen la misma entidad. Es precisamente lo que demuestra nuestra pequeña prueba. En definitiva, el error más común procede del hecho de referir el desplazamiento del barco al punto de vista privilegiado de Andrés y considerar secundario y subordinado el de Bernardo. ¿Acaso el barco no se desplaza sobre el agua del canal, que constituye un espacio «natural» para su movimiento? Con ese enfoque, la distancia recorrida es efectivamente única y es la que separa, a lo largo del canal, el puente de la esclusa. No puede ser otra. Pero dejemos de momento el canal y la carretera y centrémonos en la esclusa E y el puente P. El barco sale de E a 30 km/h y llega a P, situado a 100 m de E, 12 s más tarde. Desde el punto de vista de Andrés, las cosas son muy claras: el barco ha recorrido 100 m en 12 s (figura IV.1). Supongamos que Bernardo pasa a la altura del puente en el que se encuentra Andrés en el momento preciso en que el barco comienza a alejarse de la esclusa, 100 m por delante. Al cabo de esos 12 s, el automóvil, que se desplaza a 45 km/h, ha recorrido 150 m. Así pues, desde el punto de vista de Ber-

Figura IV.1 La relatividad sobre el canal

nardo, el barco, que se encontraba 100 m por delante, se encuentra ahora 150 m por detrás y, por tanto, ha recorrido una distancia de 250 m. No hay nada extraño, si conseguimos olvidar el marco material en el que tiene lugar el movimiento.

Nada extraño, en efecto, pero nada evidente tampoco, pues también es cierto que nuestra experiencia corriente privilegia, de hecho y *con razón*, cierto punto de vista, un marco de referencia (los físicos le llaman «referencial») muy concreto, el de la Tierra. Consideremos ahora la experiencia arquetípica con la que se suele introducir la idea de relatividad del movimiento. El observador se encuentra sobre un tren parado en la estación y en la vía adyacente se encuentra otro tren parado. De repente el observador ve que el otro tren se desliza con respecto al suyo, pero es incapaz de decir cuál de los dos se ha puesto en marcha —hasta que la sensación de aceleración y los traqueteos (o su ausencia) le indican que es uno u otro—. De acuerdo. Pero si no tenemos un tren al lado y nuestra vista puede abarcar todos los andenes, toda la estación y toda la ciudad cuando arranca nuestro tren, jamás tendremos esa confusión y ni por un instante pensaremos que la Tierra se ha puesto en movimiento. Únicamente mediante un gran esfuerzo de imaginación, o si estamos soñando con los ojos abiertos, lograremos ver a través de la ventana del último vagón del tren que los raíles desfilan a toda velocidad bajo nuestro tren.

Sólo cuando los dos referenciales son concretamente análogos, es capaz el observador de reconocer espontáneamente su equivalencia. Así ocurre con los dos trenes, pues inmediatamente se percibe que el punto de vista del otro es equivalente al nuestro. A veces sucede lo mismo en ciertas situaciones en las que dos referenciales ajenos al nuestro se perciben, por su alejamiento, equivalentes entre sí. En una noche de luna llena, gruesas nubes atraviesan el cielo, arrastradas por un viento violento; ¿quién no ha tenido la sensación de que la Luna corre a través de las nubes? Hay otra situación que se presta también a una intuición relativamente (si cabe utilizar aquí esta palabra) inmediata de la equivalencia: aquella en que se ignora la relación del movimiento con respecto al entorno. Volvamos al tren; si están corridas las cortinas y no puede verse el exterior, no podrá percibirse su movimiento. Lo mismo sucede en los viajes transatlánticos en avión, cuando hace buen tiempo y el mar, a 10.000 m por debajo, parece una superficie tan uniforme que es imposible distinguir movimiento alguno —impresión que se refuerza en el sentido Europa → América, donde el Sol se mantiene casi estacionario en el cielo—. Es también la situación que describe Galileo en un famoso texto de la Segunda Jornada del *Diálogo sobre los dos máximos sistemas del mundo* y que constituye la verdadera partida de nacimiento del principio de la relatividad:

«Encerraos con algún amigo en alguna estancia que esté bajo la cubierta de algún navío y procurad que haya en ellas moscas, mariposas y otros animales voladores semejantes; procuraos también un gran vaso de agua con algunos peces dentro; cuélguese también un recipiente que vaya vertiendo el agua gota a gota en otro de boca estrecha puesto debajo; cuando la nave está quieta, observad diligentemente cómo los animales volando con velocidades análogas van hacia todas las partes de la estancia; a los peces se los verá nadar indiferentemente en todas las direcciones; las gotas, al caer, entrarán todas en el recipiente inferior [...]. Una vez observadas atentamente todas estas cosas, [...] hacedla [la nave] mover con una velocidad cualquiera. Si el movimiento de la nave es uniforme y no fluctuante hacia un sitio y hacia otro, no advertiréis la menor mutación en todos los efectos mencionados ni podréis averiguar por ninguno de ellos si la nave marcha o está quieta. [...] las gotas caerán, como antes, en la vasija inferior, sin que caiga ninguna hacia popa, aunque la nave, mientras la gota va por el aire, se desplace muchos palmos. Los peces en el agua no sentirán más fatiga al ir hacia la parte delantera que hacia la trasera del recipiente [...]; finalmente, las moscas y las mariposas continuarán su vuelo indiferentemente hacia todas las partes y nunca sucederá que se amontonen hacia la parte de la popa, como si se vieran empujadas por el veloz curso de la nave [...]. De toda esta correspondencia de efectos la causa es que el movimiento de la nave es común a todas las cosas contenidas en él, incluido el aire, y por ello dije que se estuviera bajo cubierta [...]» [Ga2].

¡Qué tiempos aquellos en los que la física se hacía todavía con mariposas[1] y peces!

#¡Sus referenciales me abren horizontes insospechados! Si entiendo bien, esta equivalencia permite considerar un mismo fenómeno desde distintos puntos de vista equivalentes y escoger el más cómodo de ellos para nuestros razonamientos.

—¡Exactamente! Por ejemplo, cuando consideran la colisión entre dos objetos (partículas fundamentales, por ejemplo), los físicos suelen escoger el referencial en el que la colisión es la más simétrica, aquel en el que los dos objetos se acercan entre sí de forma que su centro de inercia se mantenga inmóvil.

—Para evaluar el efecto de la colisión, ¿sólo cuenta su velocidad mutua relativa?

—Así es.

—Permítame comprobarlo mediante un ejemplo trivial (desgraciadamente). Consideremos la colisión de dos vehículos que avanzan en sentidos contrarios, cada uno de ellos a 60 km/h. Consideremos ahora otro accidente, en el que un vehículo se estrella a 120 km/h contra otro, en re-

---

1. Las mariposas vuelven a estar presentes en la física moderna, aunque de forma menos simpática: sirven para desencadenar, con un simple batir de alas, ciclones imprevistos en los lugares más inesperados (véase el capítulo 10, págs. 268-269).

poso. Para facilitar las cosas, supondremos que todos los vehículos poseen la misma masa. La velocidad relativa de los dos vehículos en ambas colisiones es la misma, 120 km/h. ¿De acuerdo?

—¿Qué conclusión se puede sacar?

—Que las dos colisiones presentan exactamente el mismo peligro para los pasajeros.

—¡Y se equivoca! A la catástrofe natural, usted le añade otra conceptual.

—Me parece que me estoy perdiendo.

—Lo siento, la culpa es mía, no le he puesto en guardia contra las falsas evidencias. La equivalencia entre los dos referenciales sólo es posible si ambos son pertinentes.

—Es una forma de hablar abstrusa. Volvamos a los accidentes.

—La gravedad de un accidente depende de la energía desarrollada entre el inicio y el final de la colisión. Pero ¿cómo se define ese final?

—Éste tiene lugar después de los choques y los destrozos (esperemos que sólo sean de chapa), cuando los vehículos se paran.

—¡Exacto! Pero la inmovilidad no es un concepto absoluto, como sabemos muy bien. ¿Con respecto a qué se define esa detención?

—Con respecto al suelo, claro.

—Veamos, disponemos de un referencial privilegiado, en el que hay que evaluar los destrozos producidos en el accidente. Como la energía cinética es proporcional al cuadrado de la velocidad, la que corresponde al vehículo que sufre el accidente a 120 km/h es cuatro veces superior a la del vehículo que se desplaza a 60 km/h, y dos veces superior a la energía total de los dos vehículos que chocan entre sí a dicha velocidad. Por lo tanto, en el segundo accidente interviene una energía dos veces mayor que en el primero.

—Ahora, me parece entender. Posiblemente estemos de acuerdo en que si este tipo de colisiones se produjesen en el espacio interestelar y las velocidades se definiesen con respecto a un referencial arbitrario no ligado físicamente a los vehículos, ambas colisiones tendrían la misma gravedad.

—Totalmente de acuerdo.

—Me concederá, sin embargo, que su principio de la relatividad no es nada sencillo.

—¡Tiene usted mucha razón!#

De hecho, ésta es una situación en que un conocimiento parcial del principio de la relatividad, considerado como una equivalencia general entre referenciales, da lugar a una grave equivocación. Se impone un análisis más profundo.

Transformaciones del espacio / tiempo

«En el mundo existen puntos de vista equivalentes.» Tal vez sea ésta la formulación más sencilla del principio de la relatividad. En realidad, sólo se puede describir el mundo, medir sus magnitudes físicas y establecer relaciones entre ellas, a partir de «puntos de vista» concretos que definen un marco espacio-temporal en el que se realizan esas descripciones y esas mediciones. Los valores del tiempo que invierte en su recorrido el barco de Andrés, su velocidad y la distancia que recorre carecen de sentido si no se precisa el punto de vista en el que se definen, el de Andrés, o el de Bernardo, u otro. Los físicos suelen denominar ese punto de vista sistema de referencia o también «referencial». Evidentemente, el valor numérico de una magnitud física depende, en general, del punto de vista, del referencial, como muestra el ejemplo del barco de Andrés. Por otro lado, la afirmación de la equivalencia de dos puntos de vista no necesariamente implica que las magnitudes físicas tomen un mismo valor en todos los referenciales (aun cuando eso ocurra en algunos).

Ahora bien, lo que interesa a los físicos no es tanto el valor de las magnitudes, que no son sino números, contingentes y ligados a fenómenos concretos. Lo que persiguen son las *relaciones* entre esas magnitudes, pues expresan su conocimiento de la realidad. Esas relaciones constituyen precisamente lo que se llama «leyes físicas». El principio de la relatividad empieza por afirmar que sólo puede darse un enunciado teórico coherente si todas las magnitudes que intervienen en él pueden considerarse a partir de un punto de vista único, es decir, ligadas a un único referencial. Si, al pasar de un punto de vista a otro, algunas magnitudes físicas cambian de valor, pero conservan la relación entre sí, entonces tendremos una ley física invariante por la transformación que hace pasar de un referencial a otro.

↑Volvamos al ejemplo del barco de Andrés. La ley que define la distancia recorrida en un movimiento a velocidad constante («uniforme») se escribe:

$$Distancia = Velocidad \times Tiempo \qquad (4.1)$$

o bien, mediante el simbolismo algebraico habitual que permite ahorrar esfuerzos y mejorar la lectura, incluso en problemas tan sencillos como éste:

$$d = vt \qquad (4.1')$$

No hemos precisado el punto de vista al que se refieren los valores numéricos de la magnitudes que intervienen en esta relación porque, en este caso, es válida tanto para Andrés como para Bernardo. Dicho de otro modo, es tan válido escribir

$$d_A = v_A t_A \qquad (4.2)$$

como

$$d_B = v_B t_B \qquad (4.3)$$

siendo A y B dos subíndices que se refieren a las magnitudes medidas por Andrés y Bernardo, respectivamente. Hemos visto que se cumple que

$$t_B = t_A, \text{ pero } v_B \neq v_A \text{ y } d_B \neq d_A, \qquad (4.4)$$

con lo cual resulta trivial la afirmación de que las dos relaciones (4.2) y (4.3) son válidas al mismo tiempo. Se puede dar un paso más y escribir explícitamente las relaciones entre las medidas de velocidad y distancia realizadas por Andrés y Bernardo. En efecto, para Bernardo, a la velocidad del barco sobre el canal medida por Andrés hay que añadir su propia velocidad (la de su vehículo) con respecto a la carretera, que llamaremos u. Por tanto,

$$v_B = v_A + u \qquad (4.5)$$

El tiempo que tarda el barco en efectuar su recorrido, en el contexto clásico actual, es el mismo para los dos observadores y, de hecho, para cualquier otro. Lo designaremos mediante t y no hay necesidad de asignarle ningún subíndice:

$$t_B = t_A = t \qquad (4.6)$$

La distancia recorrida por el barco durante ese tiempo t, según Bernardo, se expresa, como ya vimos, sumando la distancia medida por Andrés a lo largo del canal y la distancia recorrida por el vehículo sobre la carretera durante el mismo tiempo:

$$d_B = d_A + ut \qquad (4.7)$$

Es fácil (y útil) comprobar que las «fórmulas de transformación» (4.5), (4.6) y (4.7) entre los referenciales de Andrés y Bernardo permiten establecer la expresión (4.3) a partir de (4.2) y, por tanto, comprobar la equivalencia de ambos puntos de vista.↓

La mal llamada relatividad

Conviene insistir algo más en la idea de que existen *algunos* puntos de vista equivalentes, o lo que es lo mismo, que no todos los son. El principio de la relatividad no puede confundirse con un relativismo generalizado. Al contrario del gato-que-se-marcha-solo de Kipling, que afirma con supremo desdén «(…) todos los lugares son iguales para mí» [Ki], la física teórica no puede pretender que para ella *todos* los puntos son iguales. Existen clases de referenciales muy concretas en las que las leyes de la física tienen la misma forma.[2] Una de esas clases resulta privilegiada, aquella en que las leyes de la física adquieren su forma «más sencilla», empezando por el principio de inercia, que puede enunciarse de la siguiente manera: «Todo cuerpo sobre el que no actúa ninguna fuerza se mueve a velocidad constante (movimiento uniforme)». En este sencillo enunciado se produce la ruptura esencial entre el sentido común y su teorización aristotélica, puesto que niega el carácter absoluto de la distinción entre reposo y movimiento —insistimos en que se trata de un movimiento *uniforme*—. Sin embargo, los referenciales en los que se cumple el principio de inercia, y que se llaman «referenciales inerciales», no constituyen sino una clase muy concreta. El puente de Andrés y el vehículo de Bernardo sólo definen referenciales equivalentes en la medida en que la velocidad u del vehículo es constante. Si no fuese así, para Bernardo la ley del movimiento *no* tendría la misma forma que para Andrés.

Así pues, el principio de la ¿relatividad? no tiene un nombre muy afortunado. Empieza por recordar, lo cual no es nada sorprendente, incluso para el sentido común, que toda observación, medida o enunciado tiene que tener una referencia específica. Luego afirma que los enunciados más profundos, los de las leyes físicas, *no* están ligados a los puntos de vista escogidos —en la clase de equivalencia de los referenciales inerciales—. Desde el punto de vista moderno, esta independencia es un cri-

2. ↑Evidentemente, se trata de «clases de equivalencia» en el sentido utilizado en matemáticas. Esta noción lógica de equivalencia permite, además, disponer de una fundamentación axiomática del principio de la relatividad.↓

terio necesario para que pueda asignarse el rango de «ley» a una relación. Por consiguiente, la superación del carácter relativo de los enunciados de la física es lo que constituye la esencia del pretendido principio de la relatividad. Estos enunciados no adquieren sin embargo un carácter absoluto, pues su independencia con respecto al referencial, su invariancia, sólo se cumple en la clase de referenciales inerciales. Con otras palabras, la identidad de la forma de las leyes de la física es absoluta... pero sólo relativamente. Por esta razón, los físicos actuales prefieren hablar más bien de «principio de invariancia (espacio-temporal)», como propuso Arnold Sommerfeld en los años veinte del siglo xx. Por su parte, Einstein era consciente de que el término ʿrelatividadʾ que él había, no tanto impuesto, sino contribuido a difundir, no era el más adecuado y había representado una función importante en la difusión de bastantes equívocos sobre el alcance de la teoría, en especial en su explotación en favor de un relativismo filosófico trivial y sin fundamento alguno. Pero la ciencia no puede sustraerse a la influencia de la cultura ambiental, y el historiador Ludwig Feuer ha demostrado que la atmósfera ideológica de comienzos de siglo (en concreto en ese crisol que era la ciudad de Zúrich durante esos años y en la que Einstein pudo haberse cruzado en la calle con Lenin o Tristán Tzara) desempeñó un papel nada despreciable en esa decisión terminológica [Fe].

El principal inconveniente de la fijación relativista, en la medida en que va acompañada de una connotación inevitablemente escéptica, cuando no derrotista, es que bloquea la profundización cultural, que siempre es necesaria. Lo que ocurre es que sólo se ha recorrido la mitad del camino, la mitad más sencilla; una vez afirmado el principio de invariancia de las leyes de la física, hay que concretarlo, o sea, hay que pasar de un principio a una teoría. En efecto, para poder atribuir a la noción de invariancia espacio-temporal toda su fecundidad, el problema consiste en especificar la clase de equivalencia de los referenciales inerciales. ¿Cómo reconocer esa equivalencia?, ¿cómo caracterizar esa *diferencia indiferente* entre dos puntos de vista? Se trata de explicitar las reglas de transformación entre dos referenciales equivalentes, pues los valores de las magnitudes físicas, en general, no son iguales en dos referenciales equivalentes, pero hay que saber compararlos, hay que saber calcular los valores en uno a partir de los que se dan en el otro. Ése es el punto preciso en el que Einstein se separa de sus predecesores Galileo y Newton. Einstein no inventó la «relatividad», cuyo principio ya se encontraba en la mecánica clásica, si bien no estaba explicitado, pues se consideraba evidente, por lo menos en el ámbito del formalismo. En definitiva, Einstein modificó la teoría para salvar el principio.

De Galileo a Einstein

Ironías de la vida, la nueva ¿relatividad? (einsteiniana) se basa en el descubrimiento de que cierta magnitud física no es relativa, sino absoluta. Se trata, como todos habrán sospechado, de la velocidad de la luz. Volvamos al ejemplo del canal. Andrés, en el puente, y Bernardo, a bordo del vehículo, no encuentran el mismo valor para la velocidad del barco; hasta aquí es bastante evidente. Supongamos ahora que en la esclusa tenemos un foco de luz; la velocidad de los fotones que emite será la misma para ambos amigos, de unos 300.000 km/s. Por muy rápido que se desplace Bernardo hacia la luz, su velocidad no interviene para nada. Contrariamente a lo que nos indica nuestra intuición, las velocidades que tienen valores habituales se combinan entre sí, añadiéndose una a otra, pero pierden su aditividad cuando por lo menos una de ellas es igual a la velocidad de la luz. No pretendemos volver a escribir la historia de la teoría einsteiniana, nos contentaremos con recordar que durante las últimas décadas del siglo XIX los físicos intentaron explicar las dificultades que iban afrontando, apelando a consideraciones sobre la naturaleza propia de la luz, las propiedades de su hipotético medio de propagación (el éter) o las condiciones de su emisión y de su recepción. El genio de Einstein, comparable al de Alejandro rompiendo el nudo gordiano o al de Colón achatando el huevo para mantenerlo recto, consistió en atacar la propia estructura del espacio / tiempo: la razón de que la velocidad de la luz se negase a añadirse a cualquier otra no es que fuese errónea, sino que el error estaba en nuestra idea de velocidad y, por tanto, en nuestra concepción del espacio / tiempo. Podría decirse que, en el escenario de la física, en lugar de limitarse a reconsiderar el papel (esencial) de uno de los actores, Einstein salvó la obra transformando radicalmente la dirección y reformando el propio teatro.

↑Con el privilegio de disponer ya de un punto de vista retroactivo, resulta sencillo comprender que la noción general de relatividad, es decir, de equivalencia entre referenciales inerciales, puede expresarse en una forma más general que su versión clásica. La validez simultánea de expresiones tales como (4.2) y (4.3), en las que se afirma que un movimiento uniforme en un referencial sigue siéndolo (pero con otra velocidad) en un referencial equivalente, sólo requiere que las relaciones entre los valores de la distancia y el tiempo en los dos referenciales sean lineales (de primer grado). Si en lugar de las fórmulas de transformación (4.6) y (4.7) contásemos con otras relaciones mucho más generales:

$$\begin{cases} t_B = Kt_A + Ld_A \\ d_B = Md_A + Nt_A \end{cases} \qquad\qquad (4.8)$$

podríamos demostrar asimismo que el movimiento uniforme del barco de Andrés se percibe también como un movimiento uniforme en el referencial de Bernardo. Hay que advertir que la relación entre las velocidades v_A y v_B no sería la expresada por la aditividad de (4.5) sino que dependería de la expresión precisa de los coeficientes K, L, M y N en función de la velocidad relativa u de los dos referenciales. Sin embargo, esa flexibilización de la ley de la combinación de las velocidades es justamente lo que deseamos para conseguir que la velocidad de la luz sea invariante. La forma específica de los coeficientes en las fórmulas de transformación (4.8) es lo que define *una* teoría (particular) de la relatividad a partir del principio (general). Cabría pensar *a priori* que en la especificación de estas fórmulas pueden darse muchas posibilidades, desde su expresión más sencilla e inmediata dada por (4.6) y (4.7), y que se necesitan hipótesis muy particulares y muy concretas para restringir y fijar su forma. Así procedió Einstein, tomando como limitación la hipótesis de la invariancia de la velocidad de la luz, gracias a lo cual volvió a encontrar las fórmulas de transformación «de Lorentz», que habían sido descritas por diversos físicos antes que él y que no vamos a escribir aquí, para no mezclar la discusión conceptual que intentamos desarrollar en este capítulo con complejidades técnicas triviales para los especialistas y repelentes para los profanos. Antes de Einstein, estas fórmulas sólo habían sido interpretadas artificialmente y con poca coherencia; suyo es el mérito de llenarlas de contenido y de demostrar que definen nada menos que la estructura del espacio / tiempo.↓

Sin embargo, el enfoque heurístico de Einstein, por mucho éxito que haya tenido y por muy justificado históricamente que esté, no resulta satisfactorio desde el punto de vista epistemológico. La crítica principal que se le puede hacer es que establece lo que hemos llamado una «superley» que pretende aplicarse a *todos* los fenómenos físicos definiendo un marco espacio-temporal común para todos ellos a partir de las propiedades de un agente físico concreto. En esa perspectiva, ¿cómo puede comprenderse entonces que la relatividad einsteiniana, basada únicamente en el análisis de la propagación de la luz, pretenda aplicarse a las interacciones nucleares, cuya naturaleza es radicalmente distinta, y ser efectivamente válida? Como mucho, la invariancia de la velocidad de la luz es un hecho empírico y, por tanto, provisionalmente válido, pues puede ser puesto en entredicho por una serie de medidas más precisas. Sin llegar a la ilusión de que una teoría física pueda alcanzar el rango de validez absoluta y definitiva, sería sin embargo deseable que a la teoría einsteiniana del espacio / tiempo, dada la importancia de su papel («constitucional») en la física contemporánea, se le reconociese una solidez superior a la de sus primeros pasos.

Cronogeometrías

Así ha sido reconocido por diversos investigadores desde el inicio mismo de la teoría a principios del siglo XX, pero este punto de vista sigue siendo bastante desconocido y, debido a su escasa difusión, se redescubre de vez en cuando [Lc]. Se trata básicamente de tomar en serio la idea fundamental del principio de la «relatividad», o sea, el carácter absoluto de la equivalencia entre puntos de vista [LL4], [LL5]. Afirmar que son equivalentes dos referenciales en los que dos magnitudes de espacio y de tiempo están relacionadas entre sí mediante fórmulas de transformación, supone que dichas fórmulas tienen unas limitaciones muy fuertes. Para que la idea de equivalencia tenga algún sentido, hace falta, 1) que el referencial A sea equivalente a sí mismo, 2) que si el referencial A es equivalente a B, entonces B sea equivalente a A, y 3) que si A es equivalente a B y B lo es a C, entonces A lo sea a C.[3] Resulta destacable que la explicitación de estas condiciones suponga una especificación casi completa de las fórmulas de transformación buscadas. Lo que se encuentra son precisamente las fórmulas de Lorentz, con la diferencia de que no aparece la velocidad de la luz, por la sencilla razón de que la luz no ha intervenido en el análisis. Sin embargo, la construcción hace que en las fórmulas aparezca una constante que determina la estructura del espacio / tiempo y que se puede interpretar como una velocidad. Esa velocidad tiene la característica de ser invariante (y de constituir un límite infranqueable para cualquier agente físico causal). Hasta aquí nada indica que esa velocidad sea efectivamente la de algún objeto físico, y sólo el estudio empírico de la realidad permitirá saber si la afirmación es válida. Así parece ser para la luz, y tal vez para los neutrinos, pero si el día de ma-

---

3. ↑De hecho, la noción de equivalencia conduce directamente en este caso a la formación de una ley de grupo, una estructura matemática cuya gran rigidez es bien conocida. Eso explica que la limitación que pesa sobre las relaciones (4.8) sea lo suficientemente intensa como para proporcionar una determinación muy precisa de la dependencia funcional de sus coeficientes con respecto a la velocidad relativa de los referenciales [LL5].↓

ñana una nueva precisión experimental obliga a renunciar a la invariancia de la velocidad de la luz, no por ello dejaría de ser aplicable la relatividad einsteiniana o dejaría de existir una velocidad límite invariante,
sino que simplemente dejaría de ser *la* velocidad de la luz.

↑El punto de vista moderno sobre el espacio / tiempo, que privilegia
la invariancia sobre la transformación (lo absoluto sobre lo relativo), es
heredero directo de la reforma de la geometría tradicional llevada a cabo
por el «programa de Erlangen» de Felix Klein. Así como nos hemos
acostumbrado a considerar *una* geometría como una estructura del espacio que se mantiene invariante por algún grupo determinado de transformaciones (proyectivo, afín o euclídeo), en la actualidad concebimos el
espacio / tiempo en función del grupo de transformaciones que lo dejan
invariante; toda teoría de la ¿relatividad? es en definitiva una *cronogeometría*. El espacio / tiempo newtoniano está asociado al «grupo de Galileo», el de las transformaciones (4.6) y (4.7) en lo esencial; la reforma
einsteiniana lo sustituye por el grupo de Lorentz, el de las transformaciones (4.8), debidamente precisadas. Por consiguiente, como ocurre con la
geometría, la cronogeometría se esforzará por trabajar no tanto con coordenadas variables (relativas al referencial) sino con las de sus combinaciones invariantes (absolutas, independientes del referencial). En el caso
de la geometría plana euclídea, aun siendo cierto que la utilización de
coordenadas ortogonales (cartesianas) permite en general cálculos explícitos, resulta más elegante, pero sobre todo más profundo, trabajar con
distancias y ángulos, magnitudes que son independientes de los ejes considerados. Así, antes que utilizar coordenadas espacio-temporales que
dependan del referencial escogido, la cronogeometría moderna prefiere
utilizar diversos invariantes que permiten liberarse de la contingencia de
dicha elección.↓

Las seudoparadojas del espacio / tiempo

Este punto de vista, además de ofrecer ventajas técnicas reales (simplificación de los cálculos, comprobación de su validez), permite una
mejor comprensión de la mayoría de las pretendidas paradojas de la teoría einsteiniana, como las llamadas ¿contracción de la longitud? y ¿dilatación del tiempo?, tan frecuentes en las obras de divulgación de los últimos tiempos. Es verdad que en el marco einsteiniano la duración de un
fenómeno no es una magnitud invariante, absoluta, ya que las coordenadas temporales de un acontecimiento dependen del referencial en el que

se observa.[4] Así, la duración de la vida de una partícula inestable como el muón, que es del orden del microsegundo cuando está en reposo, puede alcanzar un valor hasta cien veces superior en el caso de muones creados por la radiación cósmica en la atmósfera superior, con velocidades cercanas a la velocidad límite.[5]

Entonces, ¿cuál es la verdadera naturaleza de ese fenómeno? ¿Se trata efectivamente de una «dilatación» del tiempo? Consideremos primero un fenómeno mucho más sencillo y frecuente, la medición de una longitud. Tomemos un objeto, por ejemplo una mesa situada en la vitrina de un anticuario, una mesa por la que estamos interesados y de la que desearíamos conocer las dimensiones. Entramos en la tienda y con toda tranquilidad medimos su longitud con un metro. Leemos las graduaciones correspondientes a los dos extremos de la mesa y deducimos sin problema su longitud. ¿Y si la tienda está cerrada y no podemos acceder directamente al objeto? Siempre se puede colocar el metro sobre la vitrina y leer las graduaciones sobre las que se proyectan los extremos de la mesa. Supongamos, para complicar un poco más el asunto, que la mesa está situada oblicuamente con respecto a la vitrina (figura IV.2). En ese caso la longitud medida, la de la proyección del lado de la mesa sobre el plano de la vitrina, *no* será igual a la verdadera longitud del mueble. ¿Hablaremos en este caso de «contracción» de la longitud? ¡Pues claro que no! Como sabemos, se trata de un conocido efecto de perspectiva, o mejor dicho de paralaje, debido a que los dos ejes, el del lado de la mesa y el de la regla, no tienen la misma orientación. Por definición, sólo se logra una buena medida de una longitud si se hacen coincidir las direcciones de la distancia que se desea medir y la de la regla de medir. Sin embargo, también a partir de una «mala» medida realizada oblicuamente se puede calcular la longitud exacta, corrigiendo el resultado afectado por la paralaje (basta dividir por el coseno del ángulo que forman los dos ejes).

La situación es del todo análoga en el caso del espacio / tiempo einsteiniano, cuya cronogeometría implica efectos de paralaje espacio-temporal. Se puede definir de la forma más natural y sin ambigüedad alguna la verdadera duración de un fenómeno como el tiempo que requiere ese fenómeno en su propio referencial, o sea, la duración que mide un reloj

---

4. ↑Véanse las fórmulas einsteinianas de tipo (4.8) contrapuestas a las fórmulas de la relatividad galileana.↓

5. El hecho de observarlas al nivel de tierra muestra, por lo demás, ese efecto de distorsión temporal ya que, en un microsegundo y a una velocidad cercana a la velocidad límite, un muón podría recorrer algo menos de un kilómetro y no conseguiría atravesar la atmósfera.

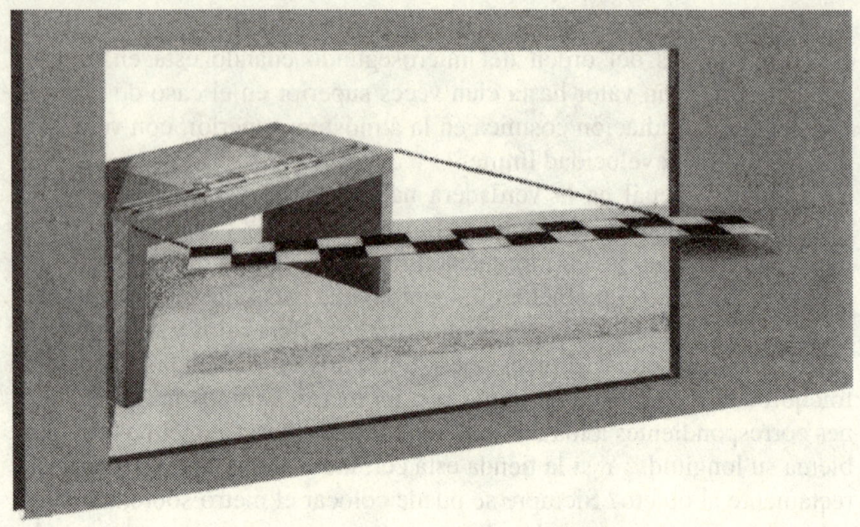

Figura IV.2 La paralaje en la vitrina

ligado al sistema físico en cuestión. Es lo que se llama el «tiempo propio» de un fenómeno. Para uno de los muones mencionados anteriormente, la duración de su vida en el referencial al que está asociado, en el que está inmóvil, corresponde a un «tiempo propio» en el sentido que acabamos de definir. Esa duración es la que vale (para todos los muones) algo así como un microsegundo. El tiempo propio proporciona una medida de la duración invariante (independiente del referencial). El hecho de que las duraciones parezcan diferentes en otro referencial, móvil con respecto al sistema estudiado, es decir, aquel cuyos ejes espacio-temporales no coinciden con los del referencial ligado al sistema, no es sino un efecto de paralaje absolutamente homólogo a los que se plantean en la geometría ordinaria. Por tanto, hay que aceptar tanto el carácter relativo de las duraciones (con respecto a los distintos referenciales) como el carácter absoluto de la duración propia (definida en el referencial único del fenómeno). De hecho, se puede especificar la duración «verdadera» (en tiempo propio) y convencerse de su carácter absoluto sin intentar precisar de antemano el referencial privilegiado. Basta para ello con observar que las duraciones impropias son siempre mayores que la duración propia (de ahí que la terminología utilizada para ¿dilatación del tiempo? sea por lo menos dudosa) y que el valor de ésta puede definirse entonces como el mínimo de todas las posibles medidas de duración. La situación es del todo análoga a la de las medidas normales de longitud, para las que la verdadera longitud de un objeto (recordemos que se trataba del lado de una mesa) es el valor máximo de todas las medidas de longitud obtenidas por proyección con todas las posibles direcciones. También en este caso se puede obtener el valor de la duración propia a partir de la medida de una duración impropia mediante una sencilla corrección que tenga en cuenta la divergencia de los ejes espacio-temporales, o dicho de otro modo, la velocidad relativa del sistema y el reloj.

La 'contracción de la longitud' einsteiniana se debe a un efecto del mismo tipo, una paralaje espacio-temporal. Una «buena medida» de longitud se define como una medida en la que deben coincidir no sólo los ejes espaciales del objeto y la regla (para evitar la paralaje geométrica habitual), sino también sus ejes temporales, lo que equivale a decir que el objeto y la regla han de estar inmóviles uno con respecto a otro, es decir, han de coincidir sus referenciales. Sólo así se obtiene la «longitud propia» del objeto, su longitud en *su* referencial, que es, evidentemente, único y privilegiado. Ésa es una magnitud absoluta e invariante. Cualquier otra medida efectuada a partir de un referencial móvil con respecto al objeto introducirá una paralaje espacio-temporal que se traducirá en un valor inferior. La aparente contracción de la longitud no es, conviene insistir, un asunto de perspectiva, y puede corregirse cuando se conoce la velocidad relativa de la regla y el objeto.

—Efectos de perspectiva, dice usted. ¿Ilusorios?

—No he dicho tal cosa. Son más bien efectos que deben considerarse tanto objetivos (medibles y reproducibles) como subjetivos (ligados a un punto de vista particular).

—¡Su gusto por la provocación no tiene límites! Pero no le será tan fácil salirse con la suya. Tendrá que escoger entre subjetivo y objetivo.

—¿Tiene algo concreto en mente?

—No le sorprenderá. Pienso en los famosos gemelos de Langevin. ¿Se trata de un efecto físico real o de una pura ilusión paralógica?

—Usted mismo es capaz de dar la respuesta, pero primero vuelva a plantear el problema lo más claramente posible.

—Vamos allá: Juan se desplaza en un cohete en un viaje intergaláctico de ida y vuelta, mientras que su gemelo, Pedro, le espera en tierra. A su regreso, Juan es más joven que Pedro, aunque tal vez sea lo contrario.

—Más tarde veremos en qué sentido van las cosas. Ahora veamos por qué le choca esta situación, desde un punto de vista lógico, por supuesto.

—Porque el principio de la relatividad, que al parecer subyace tras los cálculos, pura y simplemente deja de cumplirse.

—¿De veras?

—Hágame el favor de mirar la situación desde el punto de vista de Juan, a bordo del cohete. Ve la Tierra y ve que Pedro se aleja primero y regresa después, mientras que, para él, el cohete permanece inmóvil.

—De acuerdo.

—¡Ah, ve usted! Entonces saca la conclusión inversa, pero los dos no pueden tener razón al mismo tiempo.

—¡Que conste en acta! Juan se equivoca.

—¿Por qué? Y en ese caso, el principio de la relatividad no funciona y, ya que usted mismo lo reconoce, los dos referenciales no son equivalentes.

—¿He dicho en algún momento que todos los referenciales fuesen equivalentes?

—No, sólo los referenciales en movimiento relativo uniforme, pero eso es exactamente lo que ocurre aquí, si el cohete de Juan tiene una velocidad constante.

—La velocidad no puede ser constante, si no no podría regresar a la Tierra.

—Bien, de acuerdo, da media vuelta y además tiene que acelerar al principio del viaje y frenar al final, pero esas fases se pueden reducir tanto como se desee.

—Sigue siendo cierto que el cohete de Juan tiene, con respecto a la Tierra, dos velocidades opuestas y que su referencial coincide sucesivamente con dos referenciales equivalentes al de Pedro, pero muy distintos entre sí. A lo largo de toda la duración del fenómeno, el referencial de Juan *no* está en movimiento uniforme con respecto al de Pedro y, por tanto, no son equivalentes.

—¡Eso lo dice usted! ¿Cómo pueden saberlo ellos? Imaginemos, por ejemplo, que desde el principio Juan y Pedro estén encerrados en cohetes idénticos y no tengan ningún contacto con el exterior. ¿Cómo podrán saber quién despega y quién permanece en Tierra?

—Nada más sencillo. Es la misma respuesta que en el caso del tren: aquel a quien le caigan encima las maletas cuando arranca, o frena, sabe que está sometido a un movimiento acelerado, y no inercial.

—De acuerdo. Déjeme por lo menos explicarle quién es más viejo cuando vuelven a encontrarse.

—Le escucho.

—Desde el punto de vista del referencial de Pedro, inercial, el tiempo que transcurre entre la partida y el regreso de Juan es un tiempo propio.

—Exacto.

—Por tanto, el tiempo que dura el viaje de Juan es impropio para Pedro y, por consiguiente, más corto. Juan es más joven que Pedro cuando vuelven a encontrarse.

—Eso es. El razonamiento es del todo válido, independientemente de los detalles del viaje de Juan. Está claro que la relatividad permite extraer conclusiones absolutas…

—Todo esto está muy bien, pero es algo especulativo. Sería mejor disponer de una comprobación experimental.

—Es lo que se hace diariamente en los grandes aceleradores de partículas en los que las duraciones de la vida de las partículas inestables en sus órbitas dependen de sus velocidades, exactamente como lo anticipa la teoría einsteiniana. Incluso se han llevado a cabo experimentos más macroscópicos, en los que se ha hecho dar la vuelta al mundo a unos relojes atómicos y se han comparado sus indicaciones con las de unos relojes idénticos que se han mantenido inmóviles.

—Supongo que los resultados se ajustan a las predicciones.

—Sin ninguna duda. Hay que hacerse a la idea: la relatividad einsteiniana no es sólo una teoría, es también una práctica experimental.#

Ni restringida ni general

En 1905 Einstein fundó la concepción moderna de la ¿relatividad?. A partir de 1916 desarrolló una nueva teoría, que se ha denominado ¿relatividad general? para distinguirla de su teoría anterior, llamada desde entonces ¿relatividad restringida?. Son hechos bien conocidos, aunque traducen una visión totalmente superada. A la ¿relatividad? inicial (galileana o einsteiniana) se le ha asignado un nombre erróneo, pues en ella intervienen tanto lo relativo como lo absoluto, pero el patinazo terminológico y la confusión epistemológica son mucho peores en el caso de la llamada ¿relatividad general?, que no es nada general y muy poco relativa, excepto en un sentido fuerte, muy restrictivo. El punto de vista moderno consiste en lo siguiente:

1) Lo que normalmente se llama ¿relatividad (restringida)? no es sino la cronogeometría, una teoría estructural del espacio / tiempo que rige el marco común de todos los fenómenos físicos y se impone, según la expresión de Wigner, como una «superley» constitucional, a cualquier otra ley asociada a una teoría particular [Wi].

2) Lo que se llama ¿relatividad general? es en realidad la teoría moderna de las interacciones gravitatorias. La teoría newtoniana clásica se ajustaba al espacio / tiempo clásico (galileano) y tuvo que ser reformada

para que se ajustase al espacio / tiempo einsteiniano. Esta reforma la realizó el propio Einstein. Se trata de una teoría particular, que no es general (puesto que refiere específicamente a la gravitación) ni relativista (puesto que no se ocupa de la equivalencia abstracta de los referenciales).

Sin embargo, la denominación ¿relatividad general? no es ningún capricho del gran Alberto, y hace referencia a una propiedad real de la gravitación. Esta propiedad es bastante profunda y era ya conocida por Newton; tiene que ver con la noción de masa. En realidad hay dos tipos de masa: por un lado, la masa inerte, que expresa en general la resistencia que opone un cuerpo a modificar su estado de movimiento y, por otro, la masa grave,[6] que indica la capacidad que posee una masa de actuar sobre otra. La primera interviene en la ley de Newton que rige cualquier movimiento mecánico:

$$Aceleración = Fuerza\,/\,Masa\ inerte \qquad (4.9)$$

La segunda aparece en la fórmula (también debida a Newton) que relaciona la fuerza ejercida sobre un cuerpo con el campo gravitatorio que la ejerce:

$$Fuerza\ gravit. = Masa\ grave\,/\,Campo\ gravit. \qquad (4.10)$$

En el caso de interacciones puramente gravitatorias puede escribirse:

$$Aceleración = \frac{Masa\ grave}{Masa\ inerte} \times Campo\ gravit. \qquad (4.11)$$

Ahora bien, el problema consiste en que el cociente entre la masa grave y la masa inerte es el mismo para todos los cuerpos, independientemente de su sustancia o de su forma. Es un hecho de observación, hasta ahora comprobado con enorme precisión, y sin excepciones. Se deduce enseguida que no sólo la aceleración sino, más en general, el movimiento de dos cuerpos cualesquiera en un campo gravitatorio es el mismo (si las condiciones iniciales del movimiento son las mismas): el periodo de oscilación de un péndulo no depende de su peso, hecho bien conocido por Galileo, y un cometa de mil millones de toneladas describe la misma trayectoria que un grano de polvo interplanetario de

6. En la actualidad, es más frecuente el término «masa gravitatoria», pero ¿por qué hemos de rechazar un término más sencillo, que sería una lástima que cayera en desuso por un falaz pretexto de arcaísmo?

120

un microgramo (siempre que la velocidad y la posición de partida sean idénticas).

Así pues, el movimiento en un campo gravitatorio tiene un carácter «absoluto», independiente de la naturaleza física del objeto. En otras palabras, puede describirse de forma puramente geométrica, sin que intervenga en principio ninguna característica del objeto que no sea espacio-temporal. Esta observación, al mismo tiempo trivial y profunda, sirvió a Einstein de punto de partida para construir una teoría de la gravitación que tomase el relevo de la de Newton en su espacio / tiempo reformado. En la medida en que esta teoría se interesa por movimientos cualesquiera, y no sólo por movimientos uniformes (de velocidad constante), parece «generalizar» las consideraciones de la «relatividad» einsteiniana, que sólo tiene en cuenta movimientos (relativos) uniformes. De ahí que se llame ¿relatividad general? y de ahí la insistencia, desde hace tres cuartos de siglo, sobre la geometrización de la gravitación.

Se puede comprender mejor el carácter particular, que no general, de esta «teoría einsteiniana de la gravitación», como debería llamarse por homología con la teoría newtoniana, si comparamos la situación con la del electromagnetismo. En efecto, la masa grave es para la gravitación lo mismo que la carga eléctrica es para el electromagnetismo, como puede verse en la fórmula correspondiente a (4.10):

$$Fuerza\ electromag. = Carga \times Campo\ electromag. \qquad (4.12)$$

Por tanto, en un campo electromagnético se cumple:

$$Aceleración = \frac{Carga}{Masa\ inerte} \times Campo\ electromag. \qquad (4.13)$$

En este caso, el cociente entre la carga eléctrica y la masa (inerte) no es el mismo de un cuerpo a otro, lo cual da lugar a aceleraciones y a movimientos distintos. En el mismo campo, un electrón, un protón y un deuterón tendrán trayectorias distintas, con lo cual resultará problemática la posibilidad de describirlas de forma puramente geométrica, independiente de la naturaleza física de los cuerpos. Esta geometrización, que no tiene nada de «general», sólo es posible gracias a una propiedad muy particular de la gravitación. Por otra parte, hay que tener presente que a comienzos de siglo sólo se conocían la gravitación y el electromagnetismo, y resultaba tentadora la idea de extender al segundo la atractiva geometrización de la primera. La aparición de diversas interacciones nucleares en los años treinta hizo que se pospusiera ese sueño, o tal vez fantasma, aunque en esencia ese programa sigue estando al orden del día.

La ironía habitual de la historia (la de las ciencias aporta tanto ejemplos como la gran historia) es que los progresos actuales (si bien limitados) que se han alcanzado en la perspectiva de la unificación de las fuerzas han sido realizados siguiendo una dirección totalmente opuesta a la que propuso Einstein. La aproximación entre las fuerzas se ha producido no tanto al geometrizar las fuerzas fundamentales distintas a la gravitación sino desgeometrizando ésta. Aun cuando el formalismo geométrico posee una gran elegancia y una gran eficacia, la situación conceptual actual de la gravitación se halla más próxima de la correspondiente a las teorías de campos que rigen las distintas interacciones conocidas. En el fondo, la designación de la ¿relatividad general? es todavía más errónea de lo que hemos dicho, porque lo que pretendía era atribuir un carácter privilegiado, en cierto sentido absoluto, a la gravitación. También en el reino de las teorías, el absolutismo parece haber perdido el tren.

V
Constante / variable

Es necesario cambiarlo todo para que todo continúe igual.
Giuseppe Tomasi di Lampedusa [TL]

En sus Historias de almanaque, *Brecht explica los hechos y gestos eminentemente dialécticos de cierto señor Keuner [Br]. En la última anécdota de la recopilación, titulada «El reencuentro», se lee: «Un hombre que no había visto al señor K. desde hacía mucho tiempo le saludó en los términos siguientes: "No ha cambiado usted en absoluto". "¡Oh!", dijo el señor K. palideciendo». El señor Keuner no tenía ningún motivo para sentirse tan contrariado. En realidad había cambiado mucho más de lo que pensaba. Durante los diez primeros años, por poner una cifra, que habían transcurrido desde el último encuentro con su amigo, más del 99% de sus átomos habían desaparecido y habían sido sustituidos por otros. Dicho de otro modo, menos del 1% de su materia había permanecido fiel a su ser. En efecto, la rapidez de renovación de nuestra composición material es tal que una molécula de agua, por poner el ejemplo de nuestro constituyente esencial (el 80% de nuestra masa), no dura como media más de treinta días en nuestro organismo[1] [Bu]. Nos guste o no, como al señor Keuner, nuestra permanencia no es sino cambio. Lejos de poseer la relativa estabilidad que creemos que tiene, nuestro cuerpo es una estructura abstracta atravesada por un rápido flujo de materia que se ajusta provisionalmente a una forma que varía bastante lentamente.*

---

1. Este resultado es lo bastante sorprendente como para merecer una explicación. Nos contentaremos provisionalmente con una estimación hecha al «estilo de la física». Diariamente ingerimos de 1 kg a 2 kg de agua a través de los alimentos y la bebida, lo que equivale a un porcentaje de nuestra masa de un 2% a un 3%. Este aporte se mezcla con el agua almacenada en nuestro organismo, de la que evacuamos una cantidad equivalente. El agua almacenada, por tanto, es eliminada a una tasa diaria de 1/30 a 1/50. Así pues, se necesitarán de 30 a 50 días —digamos, varias decenas de días— para eliminarla por completo. Esta burda evaluación presupone que el agua aportada se mezcla cada vez íntimamente con el agua almacenada. Como es evidente, esta hipótesis sólo es aproximada y debería afinarse; en particular, habría que distinguir entre las diferentes especies químicas y entre los distintos órganos del cuerpo. En cualquier caso, las medidas experimentales confirman esta sencilla estimación en lo que se refiere al agua.

La permanencia en la variación

¿Cambia o no? Es una de las preguntas más inmediatas que se plantean ante cualquier fenómeno. Es también uno de los puntos de partida de cualquier investigación científica. Sin embargo, como suele suceder, ésta se ocupará más de la pregunta que de la respuesta y mostrará que antes de resolverla hay que entender primero a qué se refiere el problema. De hecho, una buena parte del trabajo científico consiste en detectar lo que permanece en un cambio aparente, en poner de manifiesto lo que es constante frente a lo que es variable. Un ejemplo emblemático de la emergencia de una constancia teórica a partir de la variabilidad empírica lo proporciona el análisis galileano de la caída de un cuerpo. Cuando se deja caer un cuerpo, su posición varía, como es evidente, pero también se produce una variación de la velocidad, pues el cuerpo cae cada vez más deprisa o, si ha sido lanzado inicialmente hacia arriba, cada vez va más despacio.

La gran hazaña de Galileo consistió en demostrar que en ese tipo de movimiento, independientemente de las condiciones iniciales (posición y velocidad), «algo» permanecía constante e invariable: la aceleración del cuerpo, por lo menos en la situación ideal en la que se desprecia la resistencia del aire. La variabilidad de ese movimiento es, conviene insistir, bastante evidente y puede dar lugar a evoluciones muy diversas. El cuerpo, inmóvil inicialmente, puede empezar a caer, o bien puede caer con una velocidad inicial, o puede lanzarse hacia arriba, subir y después caer. Son descripciones cualitativamente diferentes que dan lugar a un número infinito de variaciones cuantitativas distintas (figura V.1). Sin embargo, detrás de todas esas posibilidades concretas de cambio de posición hay una permanencia estructural más abstracta, la de la aceleración, o sea, la tasa de variación temporal de la velocidad, que a su vez es la tasa de variación temporal de la posición. En matemáticas se dice que la velocidad es la «derivada primera» y la aceleración es la «derivada segunda» de la posición.

De hecho, el movimiento de caída libre se denomina «uniformemente acelerado», lo cual indica que la constancia de su aceleración no se entiende sólo como una propiedad sino como una característica completa de este tipo de movimiento. La idea puede generalizarse a categorías de variaciones mucho más generales. Evidentemente, ésta no depende de la naturaleza concreta de la magnitud cuya variación se estudia (la «función») ni de la magnitud en términos de la cual se estudia (la «variable»). Sin embargo, no abandonemos todavía este caso de movimiento en el que la variable es el tiempo y la función la posición del mó-

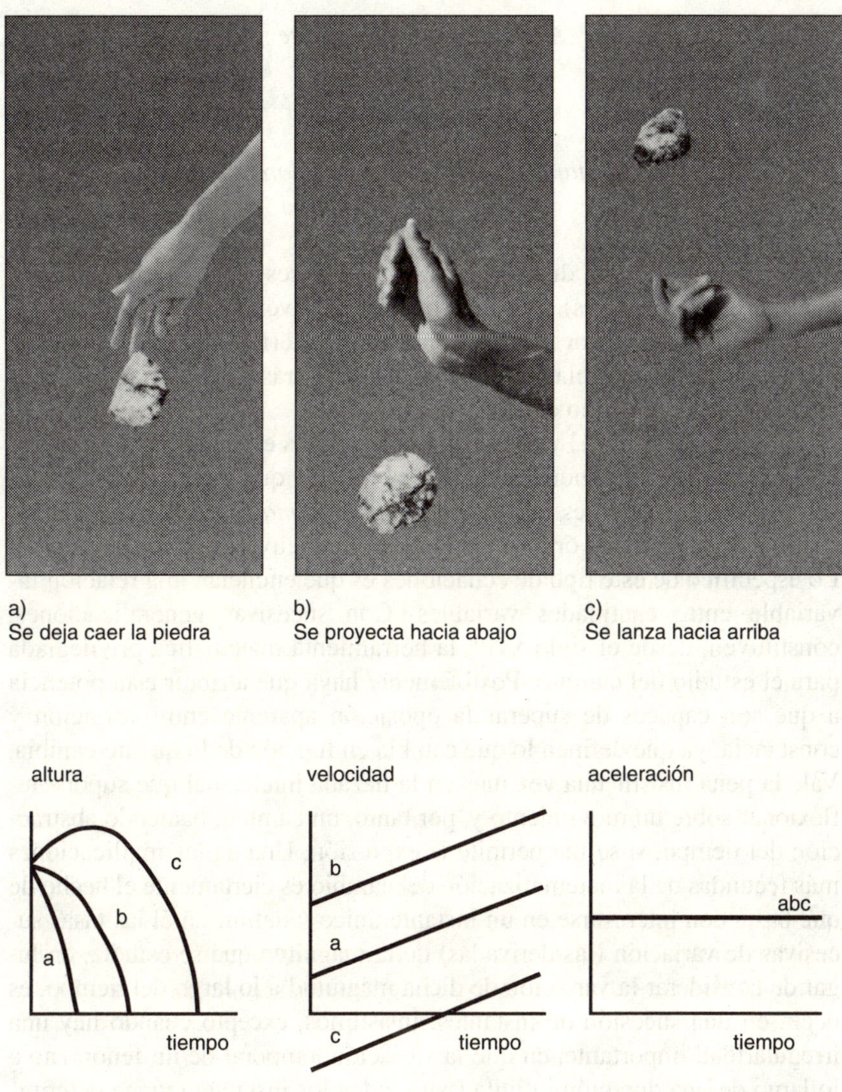

Figura V.1 Arriba y abajo con la piedra

vil. Supongamos que deseamos ir más allá de la simplificación galileana de la caída libre sin resistencia y queremos estudiar el efecto de las resistencias que experimenta el cuerpo en el aire. Estas resistencias se oponen al peso y son más intensas cuanto mayor es la velocidad. En lugar de una ley de caída dada por la condición:

$$\text{Aceleración} = \text{Constante} \tag{5.1}$$

escribiremos

$$\text{Aceleración} = \text{Constante menos término proporcional a la velocidad}$$
$$= \text{Cte} - \text{Cte'} \times \text{Velocidad} \tag{5.2}$$

(la «prima» sirve para distinguir entre los valores de las dos constantes, que son independientes). Por consiguiente, la diversidad de movimientos posibles, todavía mayor que en la situación anterior, sigue regida por la permanencia de una relación muy general. Detrás de la variabilidad, rigiéndola, hay un núcleo de constancia.

Las relaciones (5.1) y (5.2) son dos ejemplos especialmente sencillos de «ecuaciones diferenciales». Las magnitudes que intervienen en ellas son cantidades variables que expresan, *en todo momento*, el grado de variabilidad, en distintos órdenes, de la magnitud cuya variación se estudia. Lo específico de este tipo de ecuaciones es que enuncian una relación invariable entre cantidades variables. Con sucesivas generalizaciones, constituyen, desde el siglo XVIII, la herramienta matemática privilegiada para el estudio del cambio. Posiblemente haya que atribuir esta potencia a que son capaces de superar la oposición aparente entre variación y constancia, ya que definen lo que cambia en función de lo que no cambia. Vale la pena insistir una vez más en la hazaña intelectual que supone reflexionar sobre un movimiento y, por tanto, un cambio, haciendo abstracción del tiempo, si se me permite la expresión. Una de las implicaciones más fecundas de la matematización del cambio es ciertamente el hecho de que basta con interesarse en un instante único y definir en él las tasas sucesivas de variación (las derivadas) de la magnitud que se estudia, en lugar de considerar la variación de dicha magnitud a lo largo del tiempo, es decir, en una sucesión de instantes. Insistimos, excepto cuando hay una irregularidad importante, en que la variación temporal de un fenómeno a lo largo de una duración infinita (para todos los instantes) viene determinada por un conocimiento instantáneo, y por tanto intemporal.[2] Así pues, la relación entre constancia y variación, una vez examinada con la lupa

2. ↑El carácter bastante elemental desde el punto de vista técnico del «desarrollo de Taylor», por el que se expresa una función (suficientemente regular) en todos los puntos a partir de la serie (¡infinita!) de los valores de sus derivadas en *un* punto:

$$f(t) = \sum_{n=0}^{\infty} f^{(n)}(0)\, t^n/n,$$

no debe hacer olvidar la profundidad de su significado.↓

de la formalización, pierde su carácter aparentemente antinómico. Y es que la constancia, en definitiva, no sólo es un caso límite de variación, cuando ésta se hace *infinitamente* lenta. También al contrario, se puede (en todo caso, si se quiere) encontrar constancia en el seno mismo de la variación en un movimiento uniforme (de velocidad constante), o constancia de la variación de la variación en un movimiento uniformemente acelerado (de aceleración constante) y, en general, constancia de las relaciones entre diferentes órdenes de variación.

Armónicos

Por su importancia capital en el análisis temporal de muchos fenómenos físicos, conviene mencionar un caso particular de «variabilidad permanente». Entre la constancia absoluta y la evolución compleja, se dan, o se crean, situaciones de cambio regular, de variación recurrente: el oleaje en el mar, la alternancia de las estaciones, las oscilaciones de un péndulo, etc. Esta periodicidad que reproduce indefinidamente un ciclo de movimientos proporciona al físico una situación privilegiada, pero es necesario un análisis más detallado para poner de manifiesto un tipo concreto de variaciones periódicas, la variación «armónica», que se traduce en una dependencia temporal de tipo sinusoidal. La variación sinusoidal constituye la piedra angular del análisis del cambio, pues es al mismo tiempo especialmente elemental desde el punto de vista matemático y adecuada para la descripción de fenómenos físicos oscilatorios sencillos (pequeñas oscilaciones). De hecho, uno de los grandes resultados de la física matemática es el magnífico descubrimiento de Fourier, quien en 1807 demostró que podía analizarse una variación temporal cualquiera (o casi) superponiendo (añadiendo) diversas variaciones armónicas adecuadamente seleccionadas. Desde entonces, la teoría de Fourier se ha convertido en el núcleo de una rama muy desarrollada y fecunda de las matemáticas, el «análisis armónico». La noción de armonicidad se basa en una forma particular y privilegiada de variación temporal y permite caracterizar dicha variación mediante... una constante, la frecuencia. La idea de Fourier consiste en generalizar este hecho y demostrar que una variación temporal cualquiera puede caracterizarse entonces por su *espectro*, es decir, el conjunto de frecuencias (¡constantes!) que permiten reconstruir dicha variación.

#Me parece que su análisis de Fourier es muy abstracto.
—¿Qué quiere decir?

—Que lo único que conozco es la variación temporal y que sólo un análisis matemático elaborado permite comprenderla en cuanto a oscilaciones armónicas de frecuencias determinadas. Sospecho que hay algo más detrás de su insistencia acerca del carácter fundamental de esa noción. ¿No se podría reconstruir una variación temporal cualquiera superponiendo funciones básicas que no sean funciones armónicas?

—Tiene razón en parte. En las últimas décadas se ha producido un interesante desarrollo del análisis armónico, una generalización de la teoría clásica de Fourier, gracias a la introducción, con un retraso histórico ciertamente curioso, de funciones más generales que las sinusoides utilizadas por Fourier. Es lo que se llama «análisis de pequeñas ondas». Pero sólo se trata, si se me permite la expresión, de una… variación sobre el tema de Fourier. El tema de base sigue siendo el núcleo de los desarrollos.

—Tendría usted que convencerme de la pertinencia física, y no sólo matemática, de la noción de frecuencia.

—Usted considera, si le interpreto acertadamente, que primero está la variación temporal de los fenómenos y que siempre percibimos directamente esa variación. Entonces, la noción de frecuencia no sería sino una construcción teórica posterior.

—En el caso más sencillo, el de los fenómenos cíclicos, para convencerse no hay más que examinar sus propios ejemplos: el oleaje, las estaciones y el péndulo.

—Y cuando escucha música, ¿no?

—Claro, a usted le preocupa justamente la melodía y el ritmo, es decir, la variación temporal.

—¡Un momento! Imagínese una nota sostenida, producida por un órgano, por ejemplo, que se mantiene indefinidamente, sin que se canse el músico. ¿Qué percibe?

—Pues una nota de altura constante.

—Pero ¿cuál es el fenómeno físico que hay detrás?

—Una vibración del aire. Ya veo. Usted quiere decir que, en ese caso, no se percibe la variación temporal y que el elemento que define el sonido es, por el contrario, su constancia estructural.

—Que lo define, si quiere decirlo así, pero sobre todo que lo actualiza para nuestro oído y nuestro cerebro. La noción de frecuencia no es tan abstracta después de todo, pues corresponde a una percepción directa.

—Dicho de otro modo, nuestro oído hace el análisis de Fourier sin saberlo, a la manera de Monsieur Jourdain.

—Y no sólo nuestro oído, también nuestra visión. ¿Acaso no es el color una percepción directa (pero compleja) de las frecuencias que constituyen una vibración luminosa?

—¿Por qué entonces somos capaces de percibir un fenómeno armónico lentamente variable (el oleaje) en términos temporales y un fenómeno rápido (la luz) desde el punto de vista de la frecuencia?

—Es una cuestión de adaptación de nuestro sistema perceptivo, que privilegia uno u otro aspecto de un fenómeno armónico, la variación en el tiempo o la constancia de la frecuencia, según sus necesidades (y sus capacidades fisiológicas).

—¿No se pueden percibir al mismo tiempo los dos aspectos?

—No se pueden *concebir* al mismo tiempo. Para definir adecuadamente la noción de frecuencia, hay que dejar que el fenómeno se manifieste durante bastante tiempo en fase estacionaria y, al revés, para tener una variación temporal bastante rápida hace falta que el espectro de frecuencias sea bastante largo, lo cual impide definir «la» frecuencia del fenómeno. Esta «desigualdad espectral» es uno de los resultados principales de la teoría de Fourier.

—¿Pueden darse, al menos, situaciones de transición entre los dos extremos?

—Así es. Consideremos una vibración sonora de frecuencia creciente, por ejemplo el sonido de una sirena en rotación progresiva. A las frecuencias de rotación bajas, de unas vueltas por minuto a unas vueltas por segundo, pongamos por caso, el oído sigue las variaciones cíclicas de la intensidad sonora y percibe la oscilación temporal, cada vez más rápida. Cuando se alcanzan unas decenas de vueltas por segundo, domina la percepción de una altura de sonido definida; el análisis de frecuencias ha tomado el relevo del análisis temporal. Otro caso interesante es el de los batidos entre dos vibraciones sonoras muy próximas, un fenómeno utilizado en su trabajo por los afinadores de instrumentos musicales. Si se hacen vibrar al mismo tiempo dos cuerdas de piano, una según un *la* a 445 Hz y otra a 447 Hz, el sonido total resultante se percibe como una vibración de frecuencia media de 446 Hz, modulada según una diferencia de 2 Hz. Esta última frecuencia es demasiado baja y no puede percibirse como tal, pero el oído oye con claridad la variación cíclica de la intensidad, con un periodo de medio segundo.#

No es posible oponer constancia y variabilidad. Antes al contrario, la presencia de rasgos constantes en la variación permite caracterizar ésta, siempre que sea ordenada. Sólo la variación aleatoria no puede ser caracterizada por la constancia de ciertos rasgos constitutivos. Justamente uno de los objetivos de la teoría de probabilidades consiste en elaborar leyes estadísticas que permitan definir diversos tipos de evolución «al azar».

Los aspectos constantes de las magnitudes físicas» son los que permiten definir dichas variaciones. Por magnitudes físicas entendemos aquí las que caracterizan el sistema físico estudiado, las que hacen posible describir su estado, por ejemplo, la posición y la velocidad de un punto material, o la amplitud de una onda. A veces, el sistema es demasiado complejo, por ejemplo, cuando contiene un número demasiado grande de partículas, o las variaciones de sus magnitudes son demasiado difíciles de determinar y no es posible seguir con detalle su evolución. Sin embargo, un nuevo tipo de constancia aparece a menudo en el centro mismo de la variación, pero después en este caso, y no antes como ocurría con las ecuaciones del movimiento. Estas «constantes del movimiento» son magnitudes colectivas en las que intervienen distintas magnitudes de estado y gozan de la propiedad de que el valor numérico de cada una de ellas no varía a pesar de que varíen las magnitudes individuales. Definen otras tantas «leyes de conservación», pues así se designan, cuya importancia extrema reside en la estabilidad que ofrecen en medio del cambio más complejo. Estas leyes de conservación pueden ser muy particulares, ligadas a algún fenómeno específico, en virtud de la naturaleza de las fuerzas que actúan, o generales, válidas para todo tipo de fenómenos y derivadas de condiciones universalmente válidas, como por ejemplo la estructura común del espacio / tiempo.

La más conocida de estas leyes de conservación generales es la relacionada con la energía. En realidad, la definición de energía se basa precisamente en el hecho de que obedece a una ley de conservación. La energía de una partícula depende de su velocidad (energía cinética) y de su posición (energía potencial), y varía en general en función del movimiento de la partícula. Pero la energía *total* de un sistema de partículas permanece constante si el sistema está aislado (cerrado, no sometido a fuerzas exteriores). Es fácil apreciar la importancia de este tipo de magnitud; aunque se desconozcan los movimientos individuales de las partes constituyentes del sistema, se dispone de una información capital, de una condición sobre su evolución. La existencia de leyes de conservación de este tipo está ligada a la de las propiedades de invariancia, de «simetrías», como se suele decir. Éste es uno de los aspectos más destacados de la física teórica, que va bastante más allá de la naturaleza concreta de los sistemas y de las interacciones estudiadas.[3] Así, la conservación de la

3. ↑Este enunciado recibe el nombre de «teorema de Noether», en honor de la matemática Emmy Noether (1882-1935), que lo demostró en 1918. Es del todo sorprendente que un

132

energía es consecuencia de la invariancia temporal, es decir, del hecho de que las leyes físicas que rigen un sistema aislado no dependen del tiempo.[4] Puede generalizarse a sistemas no aislados siempre que las condiciones externas sean independientes del tiempo. En eso reside justamente el interés esencial de dicha magnitud. El carácter tan general de esta noción permite hacerla extensiva a todos los sistemas físicos, ya sean partículas, ondas clásicas u objetos cuánticos. La conservación de la energía garantiza, por tanto, una especie de punto fijo en la variabilidad de los fenómenos. De hecho, debido a esa permanencia, se termina por dar a la cantidad conservada un rango de realidad, ausente en un primer momento.

El caso de la energía es muy elocuente. En un principio se consideró una magnitud muy teórica cuya construcción, a lo largo del siglo XIX, se llevó a cabo a través de una lenta y confusa maduración, después de ser concebida como una noción muy abstracta. Está bien definida, pero carece de sustancialidad y su soporte material y fenomenológico varía continuamente a pesar de su constancia numérica. La energía potencial gravitatoria almacenada en el agua de un embalse se transforma en energía cinética cuando el agua cae siguiendo un curso dirigido, luego en energía eléctrica en el alternador de la central eléctrica, de nuevo en energía cinética en el compresor de la nevera doméstica, antes de disiparse en energía térmica… Sin caer en el sustancialismo de la escuela energetista de finales del siglo XIX, para la cual la energía era la realidad última, es necesario reconocer que, para la física moderna, la conservación de la energía le confiere, de hecho, una existencia que es más empírica que metafísica y que acaba imponiéndose.

Las constantes fundamentales

Los físicos no pueden limitarse a las generalidades de estas relaciones estructurales. También tienen que comprender y, en la medida de lo posible, anticipar los valores numéricos de las magnitudes físicas, posiciones y velocidad de los cuerpos en movimiento estudiados. Se interesarán, por tanto, por los valores numéricos de las constantes que especi-

____

resultado tan profundo sólo haya sido obtenido hace tan poco tiempo, y es lamentable que hasta la fecha sea rehén de un formalismo matemático muy poco elaborado, que no permite que pueda tener una formulación elemental, aunque fuera puramente heurística.↓

4. ↑Otras dos magnitudes físicas cumplen leyes de conservación generales: la «cantidad de movimiento», que es consecuencia de la invariancia espacial, y el «momento angular», que lo es de la invariancia rotacional.↓

fican el fenómeno considerado, las constantes que intervienen en ecuaciones como (5.2). Así, el estudio del movimiento de los planetas consiste en caracterizar sus trayectorias mediante formas sencillas, de manera que éstas puedan definirse con unas cuantas constantes numéricas; si se trata de círculos, que es un caso ideal, bastará con el radio, pero si se trata de elipses, los datos que permiten describir su geometría son algo más complicados. En una segunda fase, habrá que precisar la evolución temporal del planeta sobre su órbita; por ejemplo, si se trata de un movimiento uniforme sobre una trayectoria circular, bastará con el dato del periodo de revolución o la velocidad de rotación (¡constante!). Detrás de la variabilidad, más o menos compleja, del movimiento del planeta, lo que buscan los físicos son las constantes que lo caracterizan.

En la mayoría de los casos, sin embargo, estas constantes no son tales. Mejor dicho, su rango de «constantes» es provisional y relativo con respecto a una escala de aproximación o al estado de nuestros conocimientos. Volviendo al ejemplo anterior, si bien en una primera aproximación se puede considerar que la trayectoria de la Tierra alrededor del Sol es un círculo y, por tanto, se puede caracterizar mediante una constante, «el» radio de la órbita, un estudio más detallado muestra que la distancia entre la Tierra y el Sol varía a lo largo del año y que la trayectoria de la Tierra puede describirse mejor con una elipse, con sus propias constantes geométricas —por ejemplo la de la dirección de su eje—. Más tarde nos daremos cuenta de que ese eje no es fijo sino que gira lentamente (se trata de la «precesión del perihelio») y que la elipse, en realidad, no es tal, con lo cual la trayectoria de la Tierra tiene que describirse utilizando unas constantes más elaboradas. La situación se complica progresivamente, y las lista de constantes se modifica y se alarga, hasta el punto de perder el papel fundamental que se le había asignado. Si «la» distancia de la Tierra al Sol puede considerarse como una característica intrínseca y esencial del sistema físico Tierra-Sol, no vamos a atribuir esa misma importancia a los valores de la longitud y la dirección del semieje mayor, de la excentricidad, de la precesión secular, etc., necesarios para especificar el sistema con mayor precisión.[5] En ocasiones, lo que induce la búsqueda de una nueva teoría capaz de acceder a un nivel más profundo es justamente ese afán de superar la contingencia aparente del valor y del número, profusamente ampliado, de las constantes.

La teoría galileana de la caída de los cuerpos (en el vacío) asigna a

---

5. Esta presentación no tiene ninguna pretensión histórica, pero se observa que el paso del sistema geocéntrico ptolemaico, con su multiplicidad de parámetros (epiciclos, ecuantes y deferentes) al sistema heliocéntrico copernicano, se ajusta a este esquema.

cada movimiento una aceleración constante, es decir, invariable a lo largo del tiempo. Es más, esa «aceleración de la gravedad» es la misma para todos los cuerpos, ¡independientemente de su peso, forma o material! Es un primer ejemplo de «constante de la física» con vocación universal, un número único presente en una gran variedad de fenómenos. Sin embargo, también aquí se desarrolla el proceso de multiplicación antes mencionado. La aceleración de la gravedad, en realidad, no es ni única ni constante sino que varía (ligeramente) sobre la superficie de la Tierra y cambia con la latitud y la altitud. También varía si nos alejamos del planeta (lo que equivale a decir que un meteorito que se aproxime a la Tierra o un cohete espacial que se aleje de ella *no* tienen una aceleración constante) y, de hecho, es muy distinta sobre la superficie de los demás planetas. La teoría newtoniana de la gravitación conseguirá reunir todos estos fenómenos en un cuerpo de doctrina único y someterlos a la ley de la atracción universal: entre dos cuerpos cualesquiera se ejerce una fuerza de atracción proporcional a sus respectivas masas e inversamente proporcional al cuadrado de la distancia que las separa. Pero tal vez lo esencial de esta fórmula se encuentre en lo que no aparece en el enunciado anterior, la constante de proporcionalidad o «constante de Newton»:

$$\textit{Fuerza de atracción} = \textit{Cte de Newton} \times \frac{\textit{Producto de las masas}}{\textit{Cuadrado de las distancias}} \quad (5.3)$$

Esta constante es tan importante que se le atribuye un símbolo convencional específico; normalmente se designa por la letra G. Gracias a ello, la fórmula de Newton adquiere su forma estenográfica habitual, y presenta la ventaja y el inconveniente, íntimamente ligados entre sí, de su brevedad y su esoterismo, respectivamente.

$$F = G\frac{MM'}{D^2} \quad (5.3')$$

La constante G de Newton aparece en todos los fenómenos gravitatorios, independientemente de la complejidad y del detalle. Tiene en cuenta el valor de la antigua constante galileana y la relega al rango de magnitud epifenomenológica.

Podría describirse toda la evolución de la física fundamental como un movimiento para poner en evidencia, más allá de la variedad y la variabilidad de los fenómenos, su unidad y su constancia, simbolizada por la aparición de unas cuantas constantes «fundamentales» que corresponden a las propiedades de los constituyentes más profundos de la materia y a las leyes esenciales por las que se rigen. Así pues, el estudio de las sustancias naturales y de sus comportamientos mecánicos, térmicos y eléctricos ha permitido la aparición de leyes físicas macroscópicas expresadas mediante magnitudes como la densidad, la temperatura de fusión, la resistencia eléctrica, etc., de los diferentes cuerpos. Este considerable trabajo de medida y clasificación, básicamente realizado durante el siglo XIX, ha dado lugar a gigantescas tablas de constantes, que ocupan tomos enteros. Como era de esperar, la amplitud y la diversidad de estas listas de números han acabado por sustraerles su carácter fundamental. Pero la unificación de campos de estudio tan dispares como la electricidad y el magnetismo, como la termodinámica y la mecánica, y posteriormente el descubrimiento de la estructura atómica de la materia, han hecho comprender mejor (en principio, por lo menos, y a menudo, como máximo) procesos más profundos sobre los que se basa la complejidad del mundo a nuestra escala. Así, en el caso del desplazamiento de la constante de Galileo por la de Newton, estas tablas detalladas ya no son sustituidas (para muchos científicos e ingenieros, el conocimiento preciso de las propiedades de los materiales sigue siendo crucial), sino complementadas por unas tablas mucho más reducidas en las que aparecen los valores numéricos de las constantes consideradas —hoy— fundamentales.

Sin embargo, a pesar de la tentación de muchos físicos, la constitución de estas tablas de constantes no podría interpretarse como la revelación de las Tablas de la Ley (figura V.2). Aun cuando, por hipótesis (y ante la siempre posible eventualidad de refutación), su constancia es el elemento que permite definir esas magnitudes, resulta paradójico que no son susceptibles de grandes variaciones, no tanto desde el punto de vista de su valor numérico, sino debido a su consideración epistemológica. En efecto, el número asociado a una constante fundamental es menos importante en el fondo que la naturaleza de las relaciones entre magnitudes físicas que permite expresar, cuyo significado es eminentemente variable, así como lo es, por tanto, el de la propia constante. Lo que más nos interesa a este respecto es justamente esta *variación (conceptual) de las constantes*. Para analizarla se suele recurrir a una clasificación tipológica de las constantes fundamentales, es decir, de aquellas que, según nuestros conocimientos actuales, no pueden expresarse mediante constantes *más* fundamentales.

Distinguiremos tres tipos de constantes [LL3], por orden de generalidad creciente:

Figura V.2 La tabla de las constantes [Ha]

Tipo S (constantes *específicas)*: las constantes físicas que se refieren a entidades físicas particulares, pero consideradas fundamentales. En esencia, se trata de propiedades de las partículas que se suelen llamar «elementales», aunque el término (y el concepto) empiece a ser sospechoso. Por ejemplo, las masas del electrón, de los quarks, etc.

Tipo G (constantes *genéricas)*: las constantes que caracterizan las clases de fenómenos generales, es decir, las distintas «fuerzas» que actúan sobre la materia, también llamadas «interacciones fundamentales», como las gravitatorias, electromagnéticas, subnucleares, etc. Estas constantes son las que especifican las intensidades respectivas de dichas interacciones.

Tipo U (constantes *universales)*: las constantes que intervienen en la formulación de las teorías físicas más generales, las que rigen el conjunto de leyes particulares. Por ejemplo, en la actualidad la teoría cuántica se considera como una teoría de esas características, válida universalmente (aun cuando, a nuestra escala, puede aproximarse por medio de teorías más clásicas). La «constante de Planck», que interviene en la definición de los conceptos cuánticos, es el prototipo de constante universal.

Esta clasificación no es fija, en el sentido de que no asigna a cada constante un lugar… constante, sino que, por el contrario, presenta el interés de que permite la discusión de su evolución histórica y epistemológica, como vamos a ver a continuación con algunos ejemplos.

Constancia numérica y variabilidad epistémica

El caso más patente es el de las constantes que no aparecen en esta clasificación, pues han dejado de considerarse fundamentales. Es lo que ocurrió (si se me permite una reconstrucción tan anacrónica) con la «constante de Galileo», cuando la teoría newtoniana consiguió explicar la aceleración de la gravedad y ésta pudo expresarse en función de la constante (fundamental) de Newton y de magnitudes más contingentes, como la masa y el radio terrestres. La misma suerte corrieron las propiedades macroscópicas de la materia (o, mejor, de los materiales), que consiguieron explicarse a partir de magnitudes atómicas (masas y cargas de los electrones y los núcleos, etc.). En una época más reciente, lo mismo ha sucedido con las masas de las partículas nucleares, como el protón y el neutrón, que hace sólo treinta años se consideraban constantes fundamentales. Hoy entendemos que estos objetos están constituidos por quarks y gluones, de forma que sus masas dependen de las de sus constituyentes y de las interacciones que los mantienen unidos. Conviene precisar que para rebajar de categoría a una constante, quitándole el calificativo de «fundamental», basta en general con reducirla a una expresión derivada en función de constantes más fundamentales, pero no se exige que el cálculo sea efectivo. Se logra calcular la aceleración de la gravedad, pero sólo se tiene una buena idea de la densidad del hierro y sólo se conoce una burda aproximación de la masa del protón.

La carga eléctrica elemental ha seguido una evolución distinta. Fue introducida inicialmente como una propiedad específica del electrón, de tipo S por consiguiente, pero muy pronto pasó a considerase como la unidad genérica de carga, característica (salvo el signo) de todas las partículas fundamentales y, por tanto, de las interacciones electromagnéticas en general, de las que mide la intensidad, pasando entonces a pertenecer al tipo G. Pero el reconocimiento de que los quarks, por ejemplo, poseen cargas fraccionarias (en función de la carga anteriormente elemental) y la unificación, por lo menos parcial, de las interacciones electromagnéticas y de las interacciones nucleares «débiles» inducen a creer que esta constante está dejando de ser fundamental.

Después de estos ejemplos de desclasificación, daremos un ejemplo de promoción vertiginosa. La velocidad de la luz, como su nombre indica, se refiere a un agente físico muy concreto y, en ese sentido, parece ser una constante de tipo S —decimos «parece» porque su denominación es el producto de una situación claramente superada—. En efecto, en el segundo tercio del siglo XIX la síntesis maxwelliana dio lugar al nacimiento de la teoría electromagnética clásica y puso de manifiesto la existencia de ondas electromagnéticas, de las que la luz no era sino un ejemplo particular. La teoría mostró que toda influencia electromagnética se propaga (en el vacío) a la misma velocidad y, por tanto, que ésta es una característica de todos los fenómenos electromagnéticos, o sea, una constante de tipo G. A comienzos del siglo XX, no obstante, Einstein reformó el espacio / tiempo y demostró que su estructura implica la existencia de una velocidad límite universal, una limitación esencial que se impone a todos los fenómenos físicos, sean cuales sean. Además, esta constante, que normalmente se escribe c (se dice que es la inicial de «celeridad») desempeña un papel mucho más amplio que el de una mera velocidad asociada a desplazamientos o propagaciones, puesto que interviene, por ejemplo, en la famosa ecuación $E = Mc^2$, que relaciona (universalmente) la masa y la energía, sin hacer ninguna referencia a ningún movimiento concreto. Esta ce minúscula ha alcanzado por lo tanto el rango de constante universal, de tipo U. Sería oportuno reconocer esa mutación y empezar a designar a c como, por ejemplo, «constante de Einstein».

Por su parte, la constante de Planck tiene una historia más simple, de momento. Fue introducida a principios del siglo XX para explicar la «radiación del cuerpo negro», es decir, la radiación en equilibrio térmico. Inicialmente pues, esta constante aparece ligada al electromagnetismo y es de tipo G. Su padre putativo, Planck, pensaba incluso que caracterizaba la naturaleza (cuantificada) de los intercambios energéticos con la materia y que era la expresión de un mecanismo complejo que haría de ella una constante derivada. Sin embargo, la aparición de la misma constante en contextos muy distintos (Einstein: efecto fotoeléctrico; Bohr: estructura atómica) desembocaría en el desarrollo de la teoría cuántica, que le conferirá validez universal. Más de tres cuartos de siglo no han conseguido modificar esa situación y la constante de Planck sigue siendo de tipo U.

Volvamos ahora a la constante de Newton. «Atracción universal», así llamaba su inventor a la gravitación, y la consideraba capaz de explicar el conjunto de los fenómenos físicos, la gravedad terrestre y los movimientos celestes, así como la cohesión de los cuerpos y las reacciones químicas, incluso la luz, la electricidad, etc. «Sólo hay una fuerza y Newton es su profeta», rezaba el credo implícito de la física clásica en sus comienzos. Así pues, la constante G comenzó su carrera en lo más alto, como constante universal. En unas décadas tan sólo, perdería su puesto, ya que se hizo patente que ni la química ni el electromagnetismo podían explicarse basándose en elementos gravitatorios. La atracción dejó de ser «universal» y pasó a ser una más en la lista de las grandes interacciones, junto a otras. La constante que mide su intensidad pasó a ser del tipo G. Cuando Einstein tomó el relevo de Newton, la forma geométrica que dio a su teoría relativista de la gravitación otorgó un nuevo rango universal a dicha interacción, lo cual se traduce en la terminología utilizada para esa teoría, «relatividad general». Desde entonces se considera que la gravitación rige la estructura del espacio / tiempo y de todos los fenómenos que en él se producen, con lo cual la constante de Newton vuelve a ser de tipo U. Los acontecimientos no se acaban ahí, pues en las última décadas se ha producido una reinterpretación de la (a partir de entonces mal llamada) ʽrelatividad generalʼ, que puede resituarse ahora en el marco general de la teoría de campos. En esa nueva perspectiva, *G* baja de nuevo hasta el nivel del tipo G. En este caso se trata de una decisión epistemológica abierta, e incluso evolutiva. El mérito de nuestras consideraciones consiste precisamente en poner de manifiesto, a partir de sus constantes, la variabilidad del rango conceptual de las teorías físicas.

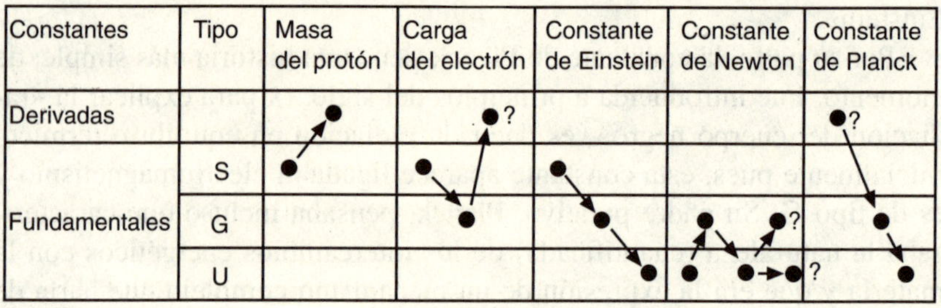

Constantes	Tipo	Masa del protón	Carga del electrón	Constante de Einstein	Constante de Newton	Constante de Planck
Derivadas			?			?
Fundamentales	S					
	G				?	
	U				?	

Algunos ejemplos de variación epistémica de las constantes

La dimensión histórico-práctica

La variabilidad de las constantes físicas no se limita a su cambio desde un punto de vista epistemológico. Para las constantes universales (de tipo U) hay que tener en cuenta, por lo menos, la dimensión histórica de su práctica. Enseguida se plantea una primera pregunta. ¿Por qué ha sido básicamente la física moderna la disciplina que ha hecho aflorar unas constantes tan importantes como las de Einstein o Planck? ¿Existe alguna especificidad epistemológica en la física clásica que impida que aparezcan dichas constantes? Antes de responder a estas preguntas, conviene precisar el papel de las constantes universales. En realidad son *sintetizadores de conceptos* [LL3]. Establecen relaciones universales entre magnitudes físicas asociadas previamente a conceptualizaciones independientes y llevan a la creación de nuevos conceptos. El ejemplo de la constante de Planck es muy ilustrativo. Apareció por primera vez en una relación entre la frecuencia de una radiación y el cuanto de energía que dicha radiación intercambia con la materia:

$$\text{Energía} = \text{Constante de Planck} \times \text{Frecuencia} \qquad (5.4)$$

Esta relación resultó ser mucho más general y acabó expresando una propiedad universal de la cuantificación de la energía. Su universalidad significa, de hecho, que los conceptos de energía y frecuencia quedarán modificados hasta el punto de confundirse en un concepto único y original. La relación (5.4), en definitiva, no es una proporcionalidad sino que debe interpretarse como una identificación de los dos conceptos de energía y frecuencia (insistimos, en un nuevo concepto). El valor numérico de la constante de Planck es secundario o, mejor dicho, contingente. Depende del sistema de unidades de medida utilizado —por cierto, ¡estamos ante una nueva forma de variabilidad de las constantes!—. A modo de ejemplo, he aquí algunos valores de la misma constante de Planck:

$$\begin{aligned}
Cte\ de\ Planck &= 6{,}63 \times 10^{-34}\ (\text{metro})^2 \times \text{kilogramo/segundo}\\
&= 4{,}14\ \text{electronvoltio/gigahertz} \qquad (5.5)\\
&= 6{,}73 \times 10^{-51}\ \text{megavatio} \times (\text{año})^2
\end{aligned}$$

Lo que cuenta es la existencia de la constante, no su valor. De hecho, una vez escrita, puede considerarse que la relación (5.4) permite medir la frecuencia y la energía en la misma unidad, lo cual equivale a darle el valor:

$$Cte\ de\ Planck = 1\ (\text{en hertz/hertz, o en julio/julio, etc.}) \qquad (5.5')$$

Éste es el valor que utilizan muchos físicos, aquellos para los que la relación (5.4) tiene un carácter constitutivo de una importancia tal que sitúan la identificación de la frecuencia y de la energía en el centro mismo de su conceptualización. Trabajan de forma sistemática con un sistema de unidades en el que la constante de Planck vale «uno» (5.5'), ¡con lo cual desaparece de las ecuaciones! Escamotear las constantes esenciales es una de las paradojas más sabrosas de la formalización: están tan presentes que no se ven, y se integran, por decirlo de algún modo, en el fundamento mismo del edificio teórico, apoyándolo invisiblemente. La importancia de esta mutación se pone de manifiesto al comparar las expresiones tipográficas de una misma ecuación (y no de una cualquiera, sino de la ecuación de Schrödinger, piedra de toque de la teoría cuántica) con cincuenta años de diferencia (figura V.3). Exactamente lo mismo podría decirse de la constante de Einstein, que en la actualidad desempeña con tanto acierto su papel sintetizador asignándole el valor uno en la mayoría de las expresiones formalizadas, y de ahí que *parezca* haber desaparecido (figura V.4).

Si las constantes universales tienen esa capacidad de enterrarse en los fundamentos de la teoría en forma de invisibles factores unitarios, ¿podría ser que existiesen otras en las partes mejor establecidas y más antiguas del edificio teórico, aquellas partes de las que ya hemos perdido de vista los fundamentos? Así es en efecto, como indica el ejemplo de la geometría más clásica, entendida según su función inicial, la de física del espacio. Consideremos la medida de áreas. Antes de proceder a cualquier teorización hay que escoger una unidad de medida. Podríamos decidirnos por el área de la palma de mi mano cerrada y medir el área de la mesa contando el número de veces que cabe la mano hasta recubrir por completo su superficie. Algo más tarde, aprendo geometría y, en particular, aprendo a calcular el área de un rectángulo como el producto de las

La ecuación de Schrödinger

en 1930: $i\dfrac{h}{2\pi}\dfrac{\partial\psi}{\partial t}=-\dfrac{h^2}{8\pi^2 m}\Delta\psi+V\psi$

en 1990: $i\dfrac{\partial\psi}{\partial t}=-\dfrac{1}{\partial m}\Delta\psi+V\psi$

Figura V.3 La ecuación de Schrödinger

La energía de un cuerpo según Einstein

en 1910: $E=\dfrac{mc^2}{\sqrt{1-v^2/c^2}}$

en 1990: $E=\dfrac{m}{\sqrt{1-v^2}}=mgh\varphi$

Figura V.4 La fórmula de Einstein

longitudes de sus lados. También me hace falta una unidad de longitud, digamos, el palmo, la distancia entre los extremos de los dedos pulgar y meñique con la mano extendida. Pero, sobre todo, me hace falta convertir los palmos cuadrados en palmas, lo cual da lugar a una constante universal, la «constante de área». La conversión se expresa de la siguiente forma:

$$Constante\ de\ área = 0{,}1844\ palmas/(palmos)^2 \qquad (5.6)$$

A partir de ahí, en lugar de proceder a la medida directa del área de la mesa (y de otros rectángulos) con ayuda de la palma de mi mano, puedo calcular dicha área a partir de medidas de longitudes, mucho más sencillas, mediante la fórmula universal:

$$Área = Constante\ de\ área \times (Longitud \times Anchura). \qquad (5.7)$$

Parece lógico modificar la unidad de área y adoptar como definición la de un cuadrado de un palmo de lado, o sea, un «palmo cuadrado», con lo cual el valor de la constante de área será:

$$Constante\ de\ área = 1\ palmo\ cuadrado/(palmos)^2 = 1 \qquad (5.6')$$

y el área del rectángulo se escribirá:

$$Área = Longitud \times Anchura \qquad (5.7')$$

Así pues, en esta sencilla fórmula de la geometría elemental se esconde una constante universal. Podrían detectarse muchas otras del mismo nivel, como la que permite medir distancias con la misma unidad independientemente de su dirección, lo cual expresa una ley fundamental de la geometría física, nada menos que la isotropía del espacio. Aprovechamos la ocasión para señalar que cuando esta ley no es pertinente, cuando la situación no requiere utilizar esta isotropía de principio, puede resultar útil conservar diferentes unidades de distancia para direcciones distintas. Así ocurre en la aviación, donde es mejor no ajustarse siempre a la equivalencia de principio entre distancias horizontales y verticales. En ese campo de la técnica se utilizan unidades distintas, las millas horizontales y los pies verticales, lo que equivale a que la constante universal que permite convertir una en otra no es igual a la unidad.

Es evidente que se podría generalizar lo anterior y hacer una lista de muchas constantes que han ido desapareciendo de los ámbitos más antiguos de la física y, en concreto, de la mecánica. Entre esas «constantes arcaicas» que al adquirir la unidad han alcanzado el nirvana del olvido y las «constantes modernas» que todavía siguen presentes hay una categoría intermedia, la de las «constantes clásicas». Son aquellas cuyo papel conceptual, la función de síntesis conceptual, está lo suficientemente integrado y comprendido como para que se considere trivial, aun cuando por razones prácticas se sigan diferenciando las unidades utilizadas y el valor numérico de dichas constantes no (siempre) se tome igual a la unidad. El caso típico es el de la constante de Joule que interviene en la equivalencia entre calor y trabajo:

$$\textit{Trabajo} = \textit{Constante de Joule} \times \textit{Calor} \tag{5.8}$$

en la que

$$\textit{Constante de Joule} = 4{,}18 \text{ julios/caloría} \tag{5.9}$$

Por su mera existencia, la relación (5.8) sintetiza los dos conceptos distintos de trabajo y calor en una nueva entidad conceptual, la energía. Entonces, trabajo y calor dejan de ser formas de energía particulares e interconvertibles, y nada se opone, excepto posibles resistencias debidas a la práctica o a las convenciones sociales, a la utilización de una misma unidad para medir las dos magnitudes. De hecho, es lo que ya puede verse en los paquetes de los productos alimentarios, en los que el contenido energético se expresa en julios y no, como hace unos años, en calorías. En este caso se utiliza el valor:

$$\textit{Constante de Joule} = 1 \text{ julio/julio} = 1 \tag{5.9'}$$

Delante de nuestras narices, la constante está dejando de ser «clásica» (en el sentido de que su alcance conceptual está integrado y sólo aparece como un «simple» coeficiente de conversión) y se está convirtiendo en «arcaica» (la constante desaparece, al tomarse igual a la unidad). Lo mismo podría decirse de la constante de Boltzmann, sobre la que reposa la mecánica estadística y sintetiza las nociones de temperatura y energía.

*

Así pues, la constancia sólo tiene sentido si se refiere a un cambio concomitante, y recíprocamente, la variación sólo se puede definir con

144

respecto a una permanencia. La constancia de la aceleración en la caída de los cuerpos es pertinente en la medida en que hay un movimiento. La evolución del carácter epistemológico de las constantes es interesante en la medida en que su valor numérico es fijo. Es lo que, en términos mucho más poéticos, explicaba hace un siglo el gran biólogo Thomas Huxley al contemplar las cataratas del Niágara, en las que veía una metáfora de la estabilidad de los seres vivos:

«Por muy cambiante que sea el perfil de su cresta, esta ola [al pie de las cataratas del Niágara] es visible desde hace siglos, aproximadamente en el mismo lugar y con la misma forma general. Desde una milla de distancia parece un montículo de agua estacionaria. Desde cerca es una expresión característica de los impulsos en todos los sentidos generados por una corriente rápida de partículas materiales. Ahora bien, aun con todos los instrumentos de que disponemos, nos es imposible acercarnos, en cierto sentido, al cangrejo más de unas cuantas millas. Si pudiéramos acercarnos más, veríamos que no es sino la forma constante de un torbellino de moléculas materiales que penetran constantemente en el animal por un lado y salen por el otro» [Hy].

Dado que este mundo es tan cambiante, «tiene importancia ser constante», como dijo otro autor inglés [Wl].

VI
Cierto / incierto

> Lo único seguro es lo incierto.
>
> François Villon [Vi]

Era uno de esos largos y complejos problemas de física que teníamos que resolver y redactar durante el curso de matemáticas especiales, como entrenamiento y repetición general de lo que nos esperaba en los exámenes del certamen. El enunciado no me había planteado demasiadas dificultades y tenía la certeza de haber comprendido bien los distintos aspectos del problema y haber redactado con claridad la solución. Había efectuado con sumo cuidado las aplicaciones numéricas, comprobando con precisión todos los cálculos, a mano, ya que los alumnos de secundaria todavía no tenían a su disposición calculadoras de bolsillo. Llegó el día de la corrección y esperaba una (muy) buena nota. El profesor me devolvió el trabajo, con cierta sonrisa en el rostro. Quedé estupefacto y mis ojos se pusieron tan redondos como el cero que había en rojo en la primera página, en la que figuraba un comentario: «¡Demasiado preciso para ser honesto!». En mi trabajo todo era correcto, salvo lo esencial. Mis resultados eran erróneos por exceso de precisión. Obsesionado por el cálculo, había estimado los valores numéricos de los resultados con siete u ocho cifras decimales, es decir, con una precisión muy superior a la de los datos iniciales del problema. Mis resultados no eran significativos, peor aún, no eran fiables. Eran precisos, demasiado precisos; el problema estaba bien resuelto, demasiado bien resuelto; yo mismo estaba en lo cierto, demasiado en lo cierto... Ese cero, perfectamente justificado, es la nota que más agradezco a mis profesores. Ese día empecé a convertirme en físico.

Precisión y fiabilidad

El carácter de «ciencia exacta» de la física le viene dado por los números que ésta asigna a las magnitudes en que materializa sus conceptos. De las cifras sucesivas que explicitan un valor numérico, la más importante tal vez sea aquella que *no* se ve —quiero decir, la primera que no se escribe, aquélla a partir de la cual paramos el enunciado del desarrollo decimal del número—. Para el físico, no es en absoluto lo mismo dar como valor de una longitud 10 metros que 1.000 centímetros. El conocimiento absoluto de un valor numérico requeriría conocer por completo el desarrollo decimal del número y, por tanto, *todas* las cifras que constituyen ese número, es decir, una infinidad. En la práctica, nuestro conocimiento viene siempre definido por cierta (im)precisión, y en el enunciado del número debe aparecer su nivel de aproximación. Como es imposible alcanzar la exactitud, toda certeza (relativa) acerca de la validez de un resultado numérico exige reconocer y asumir la incertidumbre del valor de una magnitud física. Para que tenga sentido, la escritura de ese número debe detenerse en la última cifra «significativa», la última cifra de la que es posible garantizar la fiabilidad. Así, la primera cifra no explicitada fija la calidad de la medida o del cálculo. Afirmar que una longitud «vale» diez metros y escribir $l = 10$ m equivale a decir que su valor exacto sólo se conoce con la precisión de un metro, y que está comprendida por tanto entre 9,5 m y 10,5 m. Dicho de otra forma, 10 m es la estimación, redondeada hasta el metro, del valor exacto, pero desconocido. Por el contrario, escribir $l = 10,00$ m, o $l = 1.000$ cm, equivale a afirmar que se puede estimar de forma plausible la magnitud hasta el centímetro, y que, por tanto, el valor verdadero se encuentra entre 9,995 m y 10,005 m —una precisión cien veces superior a la del caso anterior—. Por consiguiente, la primera posición no explicitada de todo valor numérico ha de entenderse como un punto de interrogación implícito.

Toda evaluación numérica es el resultado de múltiples operaciones, tanto de medida como de cálculo, pero el resultado no es un número, sino un número aproximado, una «zona de fiabilidad» cuya amplitud expresa la calidad del resultado. A veces, los físicos consiguen evaluar con bastante precisión el margen de validez de sus resultados e indican ese intervalo de confianza mediante un encuadramiento explícito de las magnitudes que evalúan. Así, por ejemplo, se escribe $l = 10,00003 \pm 0,000002$ m, si se ha conseguido medir la longitud de una decena de metros con instrumentos lo bastante precisos como para obtener ese valor con un margen de error de 2 micras (en la actualidad se llaman «micrómetros»). Si la magnitud es algo más esotérica y no se trata de una longitud microscópica sino, por ejemplo, del momento magnético intrínseco del electrón, el resultado final de la medida se deduce de complejas medidas de evaluación y no de medidas directas. En ese caso, el margen de validez debe evaluarse mediante delicados procesos que pueden proporcionar resultados poco «naturales». Así se explican escrituras como las de la figura VI.1, que aparecen en las publicaciones especializadas. En lugar de escribir tablas de valores numéricos, normalmente se prefiere

TABLA 1. Parámetros óptimos para dos modelos β		
	Galaxy component	Cluster component
Central emissivity (erg $\cdot$ s^{-1} $\cdot$ pc^{-3})*†	$(0.93 \pm 0.18) \times 10^{29}$	$(1.2 \pm 0.5) \times 10^{26}$
Central gas density (cm^{-3})†	$(2.3 \pm 0.2) \times 10^{-2}$	$(8.2 \pm 1.6) \times 10^{-4}$
Core radius (kpc)*	4.8 (< 6.0)	127 ± 6
β	0.51 ± 0.04	0.60 ± 0.04
Centre offset (kpc)‡	—	44 ± 6

Figura VI.1 Las incertidumbres de una medida [I&al.]

representar los resultados experimentales mediante gráficas. Entonces la medida no se sitúa en un punto, lo cual supondría un conocimiento exacto de los números situados en abscisas y ordenadas, sino en una zona de confianza definida por los intervalos de confianza de las dos magnitudes, como puede verse en la figura VI.2.

En realidad, existen dos fuentes distintas de error de medida que han de ser consideradas por separado cuando se pretende evaluar la zona de fiabilidad de un valor experimental. La primera se debe a que ningún aparato de medida es perfecto. Su cinta métrica es, con toda seguridad, más larga o más corta que el metro patrón que se conserva en Breteuil, y el surtidor de su estación de servicio, aun cuando fuese controlado periódicamente por la Oficina Internacional de Pesos y Medidas, no suministra litros absolutamente exactos. Por lo tanto, en toda medida hay un error llamado «sistemático» que se evalúa a partir de la precisión con la que se ha construido el aparato y del método de medida considerado. Una segunda fuente de error se debe a que cada acto de medición comporta inexactitudes, como consecuencia de la contingencia del proceso individual y de sus circunstancias incontroladas (puesto que son desconocidas). Por eso cuanto más se repita una medida, mejor; un gran número de repeticiones ayudará a compensar los errores aleatorios. La evaluación final se obtiene haciendo la media de los resultados individuales. Evidentemente, contiene un error, pero es tanto menor cuanto mayor es el número de medidas. Los científicos han elaborado un aparato teórico probabilista que permite evaluar en cada caso este error llamado «estadístico». En cualquier experimento, para el físico resulta crucial evaluar y comparar los errores sistemáticos y estadísticos que contienen sus resultados, para poder detectar los aspectos que se pueden mejorar, o para renunciar a mejorar la precisión. Sería estúpido multiplicar el número de medidas si el error estadístico es muy inferior al error sistemático, o mejorar el instrumental en el caso opuesto.

151

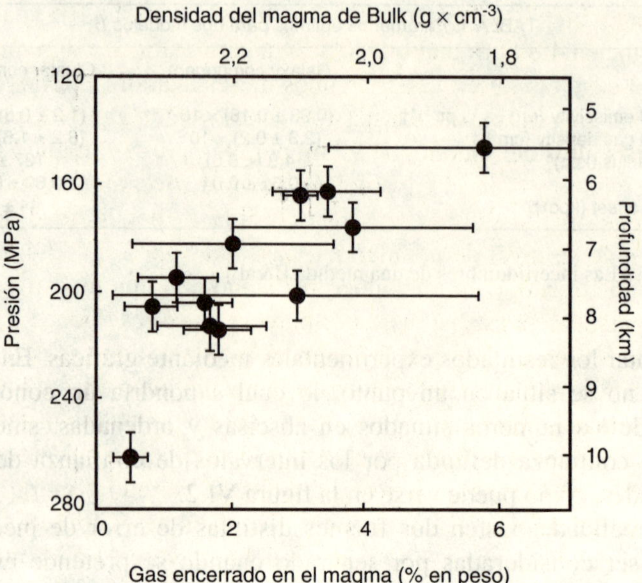

Figura VI.2 Barras de error [W&al.]

Para precisar el margen de fiabilidad de un valor numérico, también es necesario que la magnitud a la que se refiere esté *definida* con una precisión suficiente, ya que la propia naturaleza de las magnitudes físicas limita la precisión con la que pueden fijarse. Es absurdo, por tanto, pretender medir hasta el micrómetro una longitud que sólo está definida, como mucho, con una precisión de unos milímetros. Así ocurre, por ejemplo, con la estatura de las personas. El espesor de la cabellera, que varía según el tipo de peinado, el arco de la bóveda plantar, que depende de la postura y de los zapatos o el grado de aplastamiento de la columna vertebral (todos medimos casi un centímetro más por la mañana que por la noche;[1] ¿a qué hora tenemos nuestra estatura «verdadera»?) hacen imposible especificar nuestra estatura con una precisión superior, digamos, al medio centímetro. Nos gustaría creer que esta evidencia se ajusta al sentido común, sin embargo, no está bien integrada en la cultura corriente. Posiblemente uno de los principales papeles culturales de la física consiste en recordarla y explicarla sin desmayo. No, no tiene ningún

---

1. Lo que puede asegurarse es que uno es «más alto muerto que vivo».

152

sentido preguntarse qué libro de texto es mejor, si el que fija la altura del Mont Blanc en 4.807 m o el que le atribuye un valor de 4.810 m (las nevadas y el deshielo hacen variar en unos meses la altura en unos metros); no, no tiene ningún sentido dar hasta el centímetro la altura de uno de los árboles más altos del mundo, 84,75 m, por ejemplo —¿en qué estación?, ¿con qué viento?— en el caso del *Eucalyptus diversicolor* australiano; no, no tiene ningún sentido glosar la pérdida de popularidad del Presidente cuando su nivel de popularidad pasa del 53,6 % al 53,4 % en una semana, mientras que en un sondeo realizado con una muestra de dos a tres mil personas la precisión de ese porcentaje sólo se puede fijar aproximadamente[2] en el 1% o el 2 %, en el mejor de los casos (evidentemente, una disminución sistemática de la misma intensidad a lo largo de diversas semanas sería más significativa); no, no tiene ningún sentido hablar de enfriamiento o calentamiento en todo el planeta porque la temperatura media en el mes de julio en Francia ha variado 1 grado con respecto a la del año anterior, pues las fluctuaciones climáticas anuales normales pueden alcanzar amplitudes mucho mayores. En las marcas logradas por los deportistas es fácil encontrar ejemplos interesantes de precisión redundante. La mejora de las técnicas de cronometraje permite conocer los tiempos hasta la centésima de segundo. En ese tiempo, un corredor de fondo de diez mil metros recorre unos 6 cm y es muy difícil, por no decir imposible, definir la longitud de una carrera de diez mil metros con una precisión de unos centímetros. En una pista de 400 m que se recorre 25 veces seguidas, la longitud de la pista tiene que estar definida con una precisión de 2 mm; las variaciones normales de temperatura provocan por sí solas dilataciones térmicas de las pistas que dan lugar a variaciones de ese orden. A eso hay que añadir que el estampido de la pistola que se utiliza para dar la salida llega a la octava calle unas tres centésimas de segundo más tarde que a la primera calle (por eso ya empiezan a utilizarse *starters* individuales). Un análisis más detallado [Wy] muestra que carece de sentido atribuir significado alguno a precisiones superiores a la décima de segundo en las carreras cortas y al segundo en las carreras largas —a riesgo de encontrarse en una situación de incertidumbre tanto más intensa cuanto mayor sea la precisión.

Por «incertidumbre» del resultado de una medida o de la evaluación de una magnitud se suele entender aquella zona numérica en la que se

---

2. Una regla sencilla y válida en general permite hacerse una idea de la fiabilidad de las cifras de un sondeo: su precisión relativa es aproximadamente el del inverso de la raíz cuadrada del tamaño de la muestra N, es decir $1/\sqrt{N}$. Así, para contar con una precisión del 1 %, el tamaño del sondeo ha de ser de diez mil personas, una cifra que casi nunca se alcanza.

cree que se sitúa el valor verdadero. Se trata más bien de un margen de *certeza* o, mejor aún, de seguridad o fiabilidad. Lo destacable no es la imposibilidad trivial de que el físico logre una exactitud total inalcanzable, sino su capacidad de gestionar la inexactitud, de limitarla, de lograr un segundo grado de seguridad en cuanto al valor (esta vez en sentido cualitativo, no numérico) de su resultado. Otra denominación aceptada es la de «intervalo de confianza», que en este caso es mucho más adecuada. Lo importante, en efecto, es saber hasta qué punto se puede garantizar el número, puesto que la exactitud absoluta, además de ser imposible, es inútil. Basta garantizar que se conocen los valores de las magnitudes pertinentes con un margen inferior a la tolerancia intrínseca de la situación estudiada. No es necesario que las graduaciones de las balanzas comerciales en las que el vendedor pesa la fruta y la verdura tengan una precisión superior al gramo; tampoco se les pide a las cintas métricas de costurera que midan los atavíos de las personas elegantes más allá del milímetro. Por esa razón, el «cálculo de errores» o de «incertidumbres» es una de las técnicas teóricas de base de la física; sin embargo, el nombre ha sido muy mal escogido porque se trata más bien de una evaluación de los márgenes de seguridad, y resultaría más adecuado hablar de «cálculo de fiabilidad».

El problema fundamental es el siguiente: nos interesa una magnitud x, desconocida *a priori*, pero de la que sabemos que es una función de otras magnitudes a, b, c... que se están midiendo o que ya son conocidas. Esta dependencia funcional, $x = f(a, b, c...)$, permite calcular un valor numérico de x a partir de los valores de a, b, c... Ahora bien, dichos valores, como ya se ha dicho, sólo se conocen con ciertos márgenes de confianza, que normalmente se designan por δa, δb, δc... El resultado es que «el» valor de x sólo se conoce con un margen de confianza δx que depende de δa, δb, δc... El procedimiento de evaluación de δx se basa en el cálculo de fiabilidad, que constituye una de las herramientas más esenciales y específicas de los físicos. Su aplicación más elemental, la misma que despreciaba el ingenuo y obsesivo alumno, consiste en ajustar la precisión de los resultados a la de los datos, reflejada en el número de cifras significativas de su expresión numérica. Por regla general, si la dependencia funcional de los resultados con respecto a los datos es «razonable», se considera que se mantiene la precisión relativa; entonces, a partir de datos conocidos, por ejemplo, hasta la centésima, se obtendrán resultados con el mismo grado de fiabilidad y, por tanto, con el mismo número de cifras significativas. Evidentemente, cuando se dispone de datos con precisiones muy diversas, al igual que una cadena sólo aguanta lo que su eslabón más débil permite, el dato menos preciso impone su imprecisión a los resultados.

Por consiguiente, al renunciar explícitamente a la exactitud numérica absoluta y abstracta, la física se convierte en una «ciencia exacta» y, sacando fuerzas de sus debilidades, acepta y reconoce sus límites, para poder gestionar y controlar la fiabilidad de sus cifras.

Las ¿incertidumbres? de Heisenberg

La considerable conquista conceptual, y propia de la física, que supone la noción de incertidumbre se ha transformado irónicamente, en cierto contexto, en un obstáculo epistemológico. Está claro que nos estamos refiriendo a las famosas ¿relaciones de incertidumbre? de la teoría cuántica introducidas por Heisenberg en 1927. Al estudiar el comportamiento de los objetos cuánticos en su doble aspecto clásico, ondulatorio y corpuscular, demostró que la necesidad de hacer coherentes entre sí estas dos representaciones aproximadas de carácter heterogéneo tenía unas consecuencias inesperadas, aunque con la ventaja de la perspectiva temporal, no resultan tan sorprendentes. De hecho, la conjunción de dos representaciones incompatibles implica *ipso facto* que ninguna de las dos puede pretender dar una representación fiel, y que sólo deben utilizarse con grandes precauciones, a sabiendas de que algunos de sus rasgos esenciales quedarán superados. No cabría esperar por tanto que los cuantones fuesen capaces de conjugar las propiedades físicas de las partículas y las ondas, por lo demás contradictorias. Para que no entren en conflicto, a las representaciones parciales se tendrán que imponer forzosamente ciertas limitaciones.

Más concretamente, la limitación principal se refiere a la posibilidad de localizar los cuantones. Heisenberg demostró que, en general, la localización espacial de un cuantón sólo se podía precisar hasta cierto punto: su posición x sólo puede darse con cierta imprecisión, que se suele designar por Δx. Igualmente, su velocidad v lleva asociada una imprecisión análoga Δv. El resultado fundamental de Heisenberg consiste en decir que estas dos imprecisiones están ligadas entre sí y que su producto es siempre superior a cierta expresión en la que interviene la constante de Planck, con lo cual se obtiene un resultado específicamente cuántico. Dicho de otro modo, si se intenta localizar lo más posible un cuantón, de forma que la imprecisión Δx sobre la posición sea muy pequeña, entonces la imprecisión Δv sobre la velocidad crece indefinidamente, y viceversa. No es posible, por lo tanto, atribuir a un cuantón una posición y una velocidad bien definidas al mismo tiempo. En el contexto filosófico del nacimiento de la teoría cuántica, de inspiración esencialmente neopositivista, este resultado enseguida se formuló en términos empiristas, en relación con el conocimiento del objeto y las medidas que lo hacen posible, más que con la naturaleza de dicho objeto. De ahí que se produjeran enunciados tales como «¿No se puede conocer al mismo tiempo la posición y la velocidad de una partícula (cuántica)?» o bien «¿No se puede medir simultáneamente la posición y la velocidad de una partícula (cuántica)?». Pero cuando se trata de un procedimiento de medida, automáticamente aparece la noción clásica de incertidumbre (experimental) y de ahí que las imprecisiones Δx y Δv sobre la posición y la velocidad se hayan llamado ¿incertidumbres?. En efecto, la propuesta inicial de Heisenberg se basaba en el análisis de un proceso de medida —un proceso abstracto, pues se trataba de un experimento mental— y dicho análisis dio lugar a la idea de ¿límites de las posibilidades de medida? y de ¿perturbaciones incontrolables del objeto observado debidas al propio acto de observación?.

De esta forma, el resultado de Heisenberg quedó elevado al rango de ¿principio de incertidumbre? y desde entonces se considera que impone una ¿limitación fundamental al conocimiento?. Resulta interesante citar aquí algunas de las perlas del largo collar de referencias sobre el mencionado ¿principio? que jalonan una carrera repleta de metáforas y exégesis. Algunas, por muy criticables que sean, como veremos a continuación, se mantienen en el ámbito de una discusión básicamente epistemológica:

> «Según este principio es imposible especificar o determinar simultáneamente la posición y la velocidad de una partícula con tanta precisión como se desee (…) La existencia de limitaciones intrínsecas a la precisión de la experimentación tiene profundas implicaciones filosóficas (…) La conclusión más segura es que el hombre debería mantener su humildad ante la naturaleza, dado que la precisión con la que puede realizar observaciones tiene unas limitaciones intrínsecas» *Encyclopaedia Britannica* [Va].[3]

> «Las admirables interpretaciones del profesor Heisenberg han mostrado que [esta] incapacidad de previsión procede de una limitación de nuestro conocimiento, limitación que por lo demás es imposible superar, debido a las condiciones de la experiencia» Jean Ullmo [U].

3. Hay que reconocer que las ediciones recientes de la *Britannica* (la que hemos utilizado es de 1947) proponen unas formulaciones más neutras.

Más inquietantes son las frecuentes desviaciones que se producen al citar a Heisenberg en el contexto de otras ciencias:

«Por un fenómeno físico análogo al que Dirac [*sic*] ha comprobado en la microfísica, la observación de los fenómenos humanos y animales perturba gravemente el desarrollo del acontecimiento» Jean Fourastié [Fou].

«El procedimiento de medida perturba, por tanto, el objeto de estudio. (…) Al parecer, a medida que nos alejamos de la física hacia la biología y la psicología, la medida trastorna cada vez más el objeto» Émile Simard [S].

Otros comentarios muestran la rapidez con la que algunos se han adentrado en la brecha que creían abierta, dando lugar a exégesis espiritualistas, y hasta antirracionalistas.

«Heisenberg demuestra que la precisión y la certeza es lo que más aborrece la naturaleza (…). La imagen del universo que nos ofrece la nueva física amplía el espacio que dejaba la vieja imagen mecanicista a la vida y la conciencia, así como a los atributos que le solemos asociar, como el libre albedrío y la capacidad de modificar el universo, aunque sea un poco, debido a nuestra presencia. Por lo que conocemos de esta nueva ciencia, los dioses que rigen el destino de los átomos de nuestros cerebros podrían perfectamente ser nuestros propios cerebros» Sir James Jeans [Je].

«Un átomo es "libre" dentro de los límites del principio de indeterminación de Heisenberg (…). Así, cuando un mensaje de percepción extrasensorial, en forma de mindones, psitrones, o lo que sea, llega a una neurona en equilibrio inestable, se desenvuelve en el ámbito de la incertidumbre cuántica y puede operar milagros, si se me permite la expresión» Arthur Koestler [Ko].

Explotaciones literarias y estéticas:

«Por otra parte, las incertidumbres de Heisenberg demuestran que la materia física, al *igual* que la materia lingüística, es discreta» Georges Kutukdjian, ¡a propósito de Antonin Artaud! [Kut].

«Cuando el autor norteamericano James Crichton estudia a Jasper Johns [el pintor norteamericano contemporáneo], se refiere al "principio de la incertidumbre" [*sic*] de Walter [*sic*] Heisenberg. En 1927, éste descubrió que era imposible medir al mismo tiempo la masa [*sic*] y la dirección de una partícula atómica (...). Desde el punto de vista filosófico, el hecho de saber que no pueden conocerse ciertos aspectos del mundo físico —que supondrían un dilema insoluble [*sic*]— tuvo un gran impacto. La ambigüedad de las obras de Jasper Johns pertenece a esta corriente de pensamiento» [Jo].

«A mí, como paroxista fanático de precisiones imperialistas, nada existente me parece más dulce, agradable y tranquilizador e incluso gracioso que la ironía trascendental que supone el principio de incertidumbre de Heisenberg» Salvador Dalí [Da].

La última cita tiene, al menos, el mérito de no ser seria. Y, por descontado, hay también alusiones políticas o ideológicas:

«En una época en que la física eleva la incertidumbre al rango de principio y en que el "sí" y el "no" totalitarios se han puesto de moda en la filosofía y en la política, [esta película] tiene además la honestidad de concluir con un "tal vez"». Publicidad aparecida en diciembre de 1975 en *Le Monde* acerca de la película *Les voyants*, dirigida por Roger Derouillet «con la participación de treinta y dos videntes y personalidades científicas».

«El principio de incertidumbre o, como yo lo llamo, el principio de tolerancia impuso para siempre la idea de que todo conocimiento es limitado. Resulta una ironía de la historia constatar que en la época en que se acuñó, en la Alemania de Hitler y en otras tiranías nacía la idea opuesta: un principio de monstruosa certeza» Jacob Bronowski [Bro].

«El principio de incertidumbre de Heisenberg ya nos había sugerido que la información puede modificar el estado, y que el conocimiento no es neutro (...). Me parece, en efecto, que también el sistema social debe analizarse con un enfoque nuevo» Valéry Giscard d'Estaing [GE].

En realidad, ya se trate de poner de manifiesto el carácter limitado del conocimiento científico (una perogrullada), ya de argumentar en favor de la metáfora idealista (una tesis), el recurso a la autoridad de Heisenberg no es sino un moderno disfraz de una antigua argumentación. Más de dos siglos antes de Heisenberg ya se hablaba de las «incertidumbres de las ciencias».

«Toda la naturaleza es el objeto de la Física, y su extensión supera los límites del espíritu humano. Es una fuente inagotable en la que bebemos continuamente sin llegar nunca al fondo. Aun cuando esta ciencia se ocupe de una materia sensible y, por decirlo así, palpable, cuando deseamos profundizar en ella y razonar de forma filosófica, se escapa a nuestros sentidos. Se presentan dificultades tan grandes como en la contemplación de las cosas más sublimes. Nada es más común, nada puede distinguirse más fácilmente que la materia gruesa y el movimiento exterior, pero nuestros sentidos dedican grandes y vanos esfuerzos a descubrir la material sutil y el movimiento interno. Y sin embargo, éstos son los que hay que conocer para explicar la mayoría de las operaciones de la naturaleza (...). Aquellos que más se han aplicado a este estudio saben bien cuán profunda es. Cuanto más la penetran, más laberintos y recodos descubren. Su curiosidad no culmina en éxito, su trabajo sólo se traduce en admiración. Tienen que contentarse con adorar la Sabiduría Divina y se ven obligados a reconocer que los secretos de la naturaleza, así como los de Dios, son impenetrables para el Hombre» Thomas Baker [Bak].

Ya en 1929, un gran físico denunciaba los primeros avales que el pensamiento paracientífico o metacientífico buscaba en el ¿principio de incertidumbre?:

«El efecto inmediato [del ¿principio de incertidumbre?] consistirá en abrir las compuertas a una verdadera inundación de licencia y desenfreno intelectual (...). [Se hará de él] la base de una orgía de racionalización. [Se encontrará en él] la sustancia del alma, el principio de los procesos vitales, el agente de las comunicaciones telepáticas. Mientras algunos encontrarán en el fracaso de la ley física de las causas y los efectos la solución al viejo problema del libre albedrío, otros como los ateos, por el contrario, verán la justificación de su idea de un mundo dominado por el azar» P. W. Bridgman [Bri].

Esta advertencia profética es especialmente interesante porque Bridgman, que era un decidido defensor de un enfoque puramente opera-

tivo de la teoría física, sólo la justificaba mediante una renuncia epistemológica un tanto resignada:

> «[Estos desbordamientos] serán la consecuencia de la negativa a to-
> marse en serio la afirmación de que carece de sentido penetrar [la
> materia] más allá del electrón y, en cambio, proponer que existe *real-*
> *mente* un ámbito más allá, pero al que el hombre, dadas sus limita-
> ciones, es incapaz de acceder» [Bri].

Las décadas pasadas desde entonces han tratado como se merece el
escepticismo de Bridgman: en efecto, existe todavía materia más allá (¿o
más acá?) del electrón y ese ámbito no es impermeable para el pensamiento humano. La exploración de ese mundo y la experiencia acumu-
lada serán los elementos que nos permitirán rechazar las interpretaciones
tradicionales del ¿principio de incertidumbre?.

Cierta imprecisión

#Sin embargo, todos los grandes físicos que han avanzado en su tra-
bajo y han utilizado lo que usted se niega a llamar principio de incertidumbre no pueden ser descalificados simplemente con la excusa de que
otras personas menos sutiles o prudentes han explotado este tema en direcciones aberrantes.

—¡Habría que saber primero quién explota a quién en este asunto!
No estoy seguro de poder considerar a los físicos como unos cándidos
descubridores cuyos éxitos intelectuales son inmediatamente explotados
por peligrosos individuos. En definitiva, son ellos quienes han introdu-
cido la terminología de las ¿incertidumbres?.

—Pero ¿no es una terminología muy natural en esta disciplina en la
que uno de sus rasgos principales es precisamente, si me permite la expresión, tener en cuenta las incertidumbres experimentales?

—Puede que sea natural, pero no es inocente. En efecto, hablar de
incertidumbre sobre la posición de un electrón, por ejemplo, implica necesariamente una limitación de nuestro conocimiento: no sabríamos decir exactamente dónde se encuentra el electrón.

—¿Y no es así?

—En general sí, pero por razones mucho más profundas que el desconocimiento subjetivo o una limitación de nuestro conocimiento, como
sugiere la formulación habitual.

—¿Qué quiere decir?

—Pues que si no sabemos dónde se encuentra el electrón es por la sencilla razón de que… ¡no se encuentra en «algún sitio»!

—Me sorprende usted. ¿No estará diciéndome que no está en ningún sitio? Se encuentra en el espacio y, por tanto, tendrá una localización.

—En cualquier caso, no tiene una localización propia. Es verdad que posee una espacialidad, pero no es puntual. Además, esta extensión temporal es contingente, variable según las circunstancias que definen el estado del electrón.

—¿Habría que caracterizarlo por su extensión espacial?

—Sí, pero a condición de entenderla como algo dado y fijo. No se trata en absoluto de una dimensión geométrica, sino del tamaño del espacio en que se manifiesta la presencia física del electrón. Digamos, pues, que el electrón es «extensible».

—¿Por qué no podría entonces llamarse «extensión» a la amplitud de ese dominio de localización?

—Parece una sugerencia excelente.

—¿Y cómo llamaríamos a las «relaciones de Heisenberg»?

—Pues, como acaba de hacerlo. No es necesario introducir palabras problemáticas, como incertidumbre, indeterminación o incluso extensión para saber de qué hablamos. En cambio, una formulación más precisa sería: *desigualdades* de Heisenberg.

—¿Cómo enunciaría entonces la más conocida de esas desigualdades para evitar interpretaciones erróneas y abusivas?

—Podría decirse algo así como: «El producto de la extensión espacial de un cuantón por la longitud de su espectro de velocidad posee una cota inferior».

—Sigue sonando un poco esotérico, y menos convincente que las fórmulas tradicionales.

—Entonces, siendo algo menos precisos, diríamos: «Cuanto menor es la localización de un cuantón, mayor es su espectro de velocidad». Tal vez el enunciado más compacto siga siendo la elegante fórmula de Bachelard: «Encerrar es agitar» [Ba2].#

Siempre es arriesgado, y a veces abusivo, extrapolar un enunciado válido en el marco específico y restringido de una teoría física —cuántica en este caso— a situaciones de naturaleza bien distinta. El abuso se parece mucho a una estafa cuando, como aquí, el enunciado inicial es asimismo más que dudoso. En efecto, hay que rechazar por completo la designación habitual de ¿incertidumbres? aplicada a lo que hemos llamado, con una palabra voluntariamente vaga, la «imprecisión» de las magnitudes físicas de posición y velocidad. Si no se pueden determinar simultáneamente la posición y la velocidad de un objeto cuántico, es porque estas magnitudes no están determinadas, en el sentido clásico por lo menos, por unos valores únicos bien especificados (ya sean conocidos o no). Ésta es la lección que proporciona la teoría cuántica cuando la tomamos en serio: las magnitudes físicas no están representadas por números sino por entidades matemáticas más elaboradas (los operadores). En un estado físico cualquiera, una magnitud física se caracteriza por un conjunto de valores numéricos, un *espectro*. Éste tiene cierta extensión, una dispersión de sus valores numéricos. La imprecisión de una magnitud numérica no es, por tanto, una ¿incertidumbre? que reflejaría nuestro desconocimiento de su valor preciso, sino más bien una indeterminación esencial que traduce la inexistencia de un valor preciso, y nada tiene que ver con la forma con que medimos o no dicha magnitud.[4] Esta situación ya se planteó en la teoría ondulatoria clásica: en general, una onda no se caracteriza por un valor bien determinado de su frecuencia sino por un espectro de valores de la frecuencia, que se distribuyen a lo largo de cierta extensión. La luz blanca, la del Sol, por ejemplo, puede entenderse como la superposición de ondas luminosas de frecuencias muy determinadas que presenta el espectro de color obtenido a través de un prisma; un ruido cualquiera no posee una frecuencia única sino un espectro sonoro (incluso una nota musical emitida por un instrumento corresponde a un espectro sonoro complejo formado por los armónicos del fundamental —es lo que caracteriza el timbre del instrumento).

↑Conviene precisar esta idea en un caso concreto representativo. Un sonido se caracteriza por una frecuencia muy determinada si la amplitud sonora (la presión acústica) varía de forma regular, sinusoidal —es decir, armónica— y con una periodicidad absoluta (figura VI.3). Esta periodicidad absoluta, es decir, la repetición ilimitada de la oscilación sonora,

4. ↑A decir verdad, existe un punto de vista epistemológico sobre la teoría cuántica que justificaría la utilización del término «incertidumbre». Se trata de las interpretaciones neoclásicas según las cuales la forma actual de la teoría cuántica sería una descripción puramente fenomenológica que ocultaría parcialmente una teoría más profunda en la que reaparecerían los conceptos esenciales del nivel clásico (magnitudes físicas numéricamente determinadas, etc.). La teoría cuántica sería para esa teoría subyacente lo que la termodinámica, entendida como mecánica estadística, es a la mecánica clásica. De hecho, la analogía es el punto de partida de ese enfoque. En esa concepción, las partículas cuánticas tendrían *una* posición, única y bien determinada, y *una* velocidad, pero no las conoceríamos. Por tanto, también aquí, una limitación de nuestros conocimientos o de las medidas sería el factor responsable de esa imprecisión en las magnitudes físicas, lo cual nos permitiría considerarlas como una incertidumbre, en el sentido tradicional. Este punto de vista neoclásico, defendido en particular por De Broglie y sus alumnos, y más tarde por D. Bohm, plantea tantos problemas como los que pretende resolver, y sigue siendo muy minoritario.↓

requiere que el sonido sea permanente, eterno, sin principio y fin. Se trata, por tanto, de una idealización. Consideremos ahora un caso algo más realista, el de un sonido que coincide con el sonido sinusoidal perfecto, pero sólo durante un tiempo finito, que designaremos por ΔT, entre el principio y el fin del sonido. Esta señal no es verdaderamente armónica y no puede caracterizarse por una frecuencia única. De hecho, si se desea calcular su frecuencia v, o sea, el número de oscilaciones por unidad de tiempo, hay que dividir el número total de oscilaciones N por su duración ΔT. Ahora bien, el número total de oscilaciones no está definido con todo rigor, debido a la irregularidad inicial y final. Por tanto, la frecuencia obtenida mediante la fórmula

$$v = N/\Delta T \qquad (6.1)$$

es una frecuencia media. Dado que el número N de oscilaciones, como puede verse, sólo está definido con una precisión de una unidad, la frecuencia v sólo puede definirse a su vez, según (6.1), con una imprecisión Δv tal que

$$\Delta v > 1/\Delta T \qquad (6.2)$$

Conviene advertir que la imprecisión Δv así definida no refleja una incertidumbre sobre la frecuencia, un desconocimiento de su «verdadero» valor. Es más, desde los tiempos de Fourier sabemos que cualquier variación temporal puede considerarse como el resultado de la suma de funciones sinusoidales de frecuencias diversas.

El conjunto de las frecuencias que permiten reconstruir la evolución temporal de un fenómeno constituye lo que se llama habitualmente el «espectro» del fenómeno. Dicho espectro puede caracterizarse por su frecuencia media y por su anchura, el tamaño de la gama de frecuencias contenidas en él (figura VI.4). En el caso del armónico truncado, son las dos magnitudes v y Δv. La desigualdad (6.2) también puede entenderse como una relación entre la anchura del espectro y la duración de su sonido:

$$\Delta v\, \Delta T > 1 \qquad (6.3)$$

Esta desigualdad espectral tiene un alcance que supera muy ampliamente nuestro ejemplo. En realidad, constituye un resultado general y profundo del análisis de Fourier y se aplica, de forma más precisa y más rigurosa, a cualquier tipo de dependencia temporal, pero sobre todo a cualquier

163

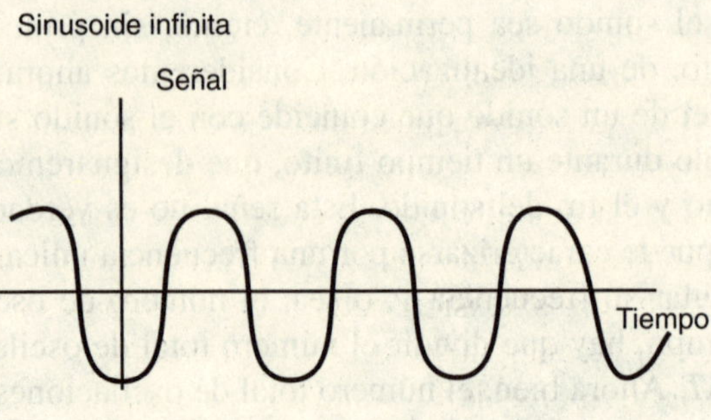

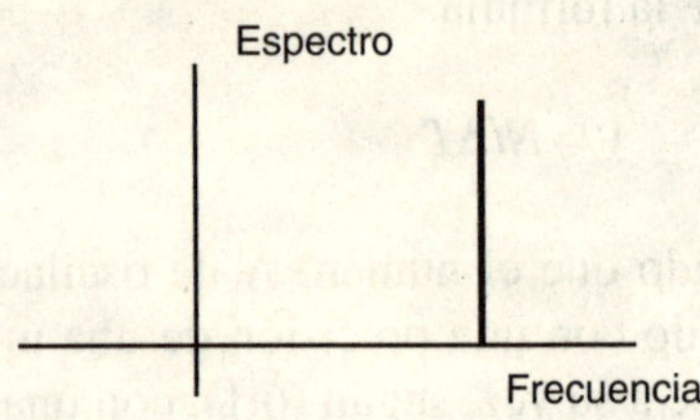

Figura VI.3 Una señal sinusoidal

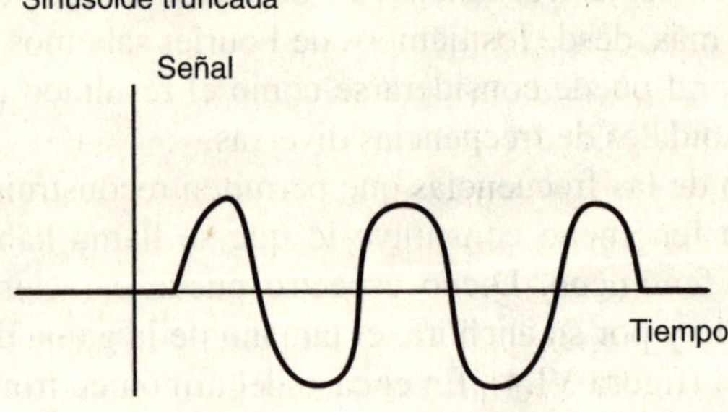

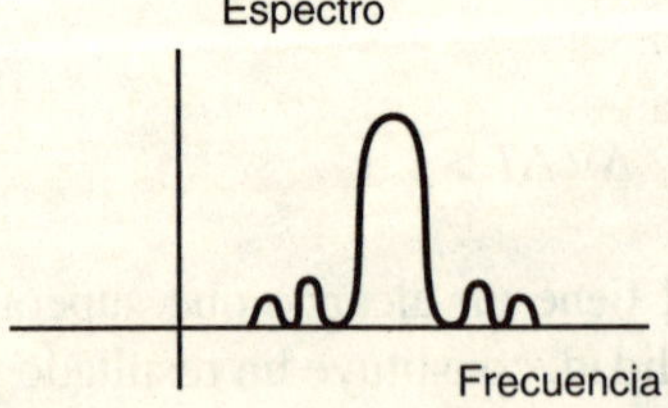

Figura VI.4 Una señal sinusoidal truncada

164

fenómeno físico, independientemente de su naturaleza: ondas sonoras, hidrodinámicas, luminosas, etc. En el marco espacial se cumple también una desigualdad espectral temporal que relaciona el tamaño medio de un fenómeno con la anchura de su espectro de frecuencias espaciales.

En la medida en que el concepto cuántico de magnitud física utilice ciertas características ondulatorias clásicas, las desigualdades espectrales (clásicas) tendrán una extensión natural en el ámbito cuántico. Así, el concepto cuántico de energía se construye sobre una síntesis de los conceptos, independientes desde el punto de vista clásico, de frecuencia y energía (mecánica). La ecuación de Planck-Einstein, que cabe entender más como una definición constitutiva que como una ley física, se escribe:

$$E = h \cdot v \tag{6.4}$$

La constante de Planck h desempeña un papel sintetizador clave puesto que permite unificar las magnitudes E y v, antes separadas. Entonces, el concepto de espectro elaborado a partir de la frecuencia (clásica) se extiende a la energía / frecuencia (cuántica). De la desigualdad espectral (6.3) y la identidad (6.4) se deduce la desigualdad:

$$\Delta E \cdot \Delta T > h \tag{6.5}$$

Se trata precisamente de la desigualdad temporal de Heisenberg. Una vez superada la fase inevitablemente confusa de sus inicios, y más allá de la evitable confusión de las interpretaciones abusivas, su significado es claro: cualquier fenómeno cuántico no puede caracterizarse en general por un valor numérico determinado de su energía, sino por un espectro (una pluralidad) de valores de la energía. Además, la anchura Δv de dicho espectro está relacionada con la temporalidad del fenómeno, especificada por una duración característica ΔT, y en esta relación interviene la constante de Planck, lo cual pone de manifiesto su naturaleza cuántica.[5] Unos argumentos totalmente análogos permitirían justificar la desigualdad espacial de Heisenberg entre la extensión espacial de un cuantón, Δl, y la anchura de su espectro en cantidad de movimiento Δp (o en velocidad, Δv, puesto que la cantidad de movimiento y la velocidad están relacionadas a través de la expresión $p = mv$, siendo m la masa):

5. La desigualdad de Heisenberg en (6.5) sólo es válida en cuanto al orden de magnitud. Su demostración rigurosa deriva de la desigualdad clásica (6.3) y, después de definir formalmente con precisión las anchuras de la energía y el tiempo característico, permite precisar un coeficiente numérico que está implícito en (6.5).

$$\Delta p \cdot \Delta l > h \qquad (6.6)$$

Dicho de otro modo, cuanto más localizado está un cuantón (Δl pequeño), mayor es su espectro de velocidad (Δv grande).$\downarrow$

La aportación de Heisenberg fue mostrar que las desigualdades espectrales de la física ondulatoria clásica tenían un equivalente en la teoría cuántica. La única, pero radical, novedad de la teoría cuántica consiste en hacer extensivas estas consideraciones a *cualquier* magnitud física, que ya no es posible especificar mediante un valor numérico único sino mediante un espectro de valores, que a su vez puede caracterizarse por su anchura. Así, para ser más precisos, a la hora de referirse a las magnitudes físicas de la teoría cuántica, en lugar de hablar de ¿incertidumbres?, habrá que pensar en función de «extensiones espectrales» o «anchuras espectrales» (de la misma manera que en física ondulatoria clásica se habla de «anchura de banda» cuando se trata de la frecuencia).

#¿Recuerda usted nuestra conversación acerca del término ¿incertidumbre?, que en su opinión es inadecuado?

—En efecto.

—Me he dedicado a buscar las fuentes históricas del término. Parecen mucho más complejas y no son sólo un error epistemológico, como usted señala.

—Explíquemelo todo.

—En el primer artículo en el que Heisenberg introdujo, en 1927, el principio que posteriormente llevaría su nombre, artículo evidentemente escrito en alemán…

—¿Por qué «evidentemente»?

—Sí, tiene razón, en la actualidad ya no es evidente que en esa época, en resumidas cuentas no tan lejana, los científicos publicasen sus artículos en su propia lengua.

—Perdone la interrupción, prosiga, por favor.

—En su artículo inaugural, Heisenberg utilizó treinta veces la palabra *Ungenauigkeit*, que se puede traducir por «imprecisión» o «inexactitud» y que es el término alemán que corresponde a lo que acostumbramos a llamar «incertidumbres» (experimentales),[6] de forma harto dudosa por lo demás.

—¿No es lo mismo que yo había sugerido?

6. Agradezco estas precisiones terminológicas de la lengua alemana a Charles Alunni, Françoise Balibar y Catherine Chevalley.

—Espere un momento, lo más interesante viene ahora. En ese mismo artículo, sin embargo, aparece dos veces un nuevo término en ese contexto, tomado de la tradición filosófica hegeliana: *Unbestimmtheit*. La palabra corresponde más bien al término «indeterminación» (en su acepción más abstracta; los traductores de Hegel suelen utilizar la palabra «indeterminidad»).

—«Indeterminación» es una palabra utilizada corrientemente en los años treinta y preferible a ¿incertidumbre? No es la palabra ideal, pues la negación que contiene sugiere más bien una idea de fracaso o una limitación de la teoría, cuando no es en absoluto así, pero permite caracterizar eficazmente el concepto: en general, no se puede determinar la posición del electrón, por lo menos en el sentido corriente de una determinación puntual.

—¿No tiene también el interés de hacer alusión al «indeterminismo» cuántico?

—¡Desgraciadamente, sí! En efecto, esa palabra sigue siendo uno de los males que más repercuten sobre la salud epistemológica de la teoría cuántica. Volveremos sobre ella más adelante, pero no se trata exactamente del mismo problema.

—En cualquier caso, a partir de 1929 el término que se impuso en general fue *Unbestimmtheit*, a pesar de la fugaz aparición, tanto en los escritos de Heisenberg como en los de Weyl, de la palabra *Unsicherheit*, que corresponde justamente a «incertidumbre».

—Y dígame, ¿ha conseguido comprender por qué se ha impuesto la palabra ¿incertidumbre??

—Posiblemente la culpa la tenga ¡una traducción perezosa de una traducción laxa a partir del inglés! En inglés, enseguida se generalizó *uncertainty* en lugar de *indeterminacy* y, desgraciadamente, su equivalente se impuso en nuestra lengua.[*]

—Curiosamente, el término alemán utilizado habitualmente en nuestros días para referirse a la localización indeterminada de los cuantones es el adjetivo *unschärfen*, en sentido de «vago» o «impreciso».

—En definitiva, ¡los físicos cuánticos son unos sabios imprecisos! Ya me parecía a mí… Pues, en el fondo, al margen de sus argucias terminológicas, lo cierto es que no saben dónde se encuentra el electrón. Ya sea a causa de nuestras propias limitaciones, como lo creen todavía algunos, ya sea a causa del electrón, incapaz de situarse en una posición bien determinada, según el punto de vista moderno, si he entendido correcta-

---

[*] La explicación es válida no sólo para el francés, sino también para el castellano. *(N. del T.)*

mente su razonamiento, el resultado es una derrota para el pensamiento científico, una renuncia al conocimiento.

—No puedo estar menos de acuerdo, y estoy dispuesto a argumentar todo lo contrario. Dígame, ¿cuál es el peso de los sueños que ha tenido esta noche?

—¡Qué pregunta tan estúpida!

—Es usted quien lo dice. El hecho de que una pregunta mal planteada no obtenga una respuesta comprensible no implica que nuestra comprensión sea limitada. En inglés se suele decir: *«when you ask a stupid question, you get a stupid answer»*. Es exactamente lo que ocurre cuando se obliga a un electrón a explicar dónde se encuentra exactamente. Como máximo, acaba diciendo cualquier cosa. La única diferencia con respecto a mi pregunta provocadora es que en el caso de los objetos materiales, la cosificación de sus propiedades ha alcanzado un grado tal que nos resulta difícil concebir la incapacidad de las ideas elaboradas en cierto ámbito práctico para reflejar la realidad en un ámbito radicalmente nuevo.

—Me convencería más fácilmente si en lugar de criticar las descripciones negativas de los objetos cuánticos me mostrase los efectos positivos de sus nuevas caracterizaciones. Pero supongo que va usted a parapetarse detrás de los formalismos matemáticos de la teoría cuántica. ¿Me equivoco?

—La tarea es difícil, pero tal vez no sea imposible. En cualquier caso, es indudable que las pretendidas ¿incertidumbres?, una vez reinterpretadas adecuadamente, son, por el contrario, fuentes de nuevas certezas sobre el mundo cuántico.#

Lejos de constituir un límite a nuestro conocimiento, como tantos comentarios infundados pueden hacer creer, las desigualdades de Heisenberg proporcionan un conocimiento más adecuado de los objetos cuánticos [LL1], [LL&B]. Sin entrar en todos los detalles del formalismo, a un nivel básicamente heurístico se puede comprender la fecundidad de los conceptos propios de la física cuántica. Consideremos ahora uno de los principales escollos de la física de principios del siglo XX. En esa época ya se conocía la existencia de los átomos y se comprendía su cohesión, debida a la atracción electrostática ejercida por un núcleo central cargado positivamente sobre los electrones negativos. De forma parecida, la mecánica clásica explicaba perfectamente las órbitas de los planetas alrededor del Sol por el juego de la atracción gravitatoria. Sin embargo, el modelo planetario presentaba un grave problema, ya que en él las órbitas electrónicas podían estar tan cerca como se quisiera del núcleo, donde los electrones estarían sometidos a una atracción ilimitada.

Con otras palabras, en dicho modelo la energía de cohesión que mantiene un electrón alrededor del núcleo no puede estar sujeta a un límite, y todo electrón tiene una tendencia espontánea a caer sobre el núcleo, dando lugar a una cantidad infinita de energía por radiación.

Dicho de otro modo, la física clásica es incapaz de garantizar la estabilidad de los átomos, así como la notable uniformidad de sus configuraciones (todos los átomos de un mismo tipo tienen las mismas dimensiones y la misma energía en su estado fundamental). La paradoja consiste en creer que el electrón puede aproximarse indefinidamente al núcleo, lo cual implica que su extensión propia sea tan pequeña como se quiera, incluso nula. Si no puede reducirse dicha extensión más allá de cierto límite, el valor de éste fijará *ipso facto* la distancia mínima a la que el electrón podrá aproximarse al núcleo: el centro de una bola de petanca no puede aproximarse a la del boliche a menos de cinco centímetros.[7] Sin embargo, el electrón, a diferencia de la bola de petanca, no posee una extensión fija, como ya se ha repetido antes. Esta extensión depende de su estado y está en relación inversa, debido a las desigualdades de Heisenberg, con la anchura de su espectro de velocidades. Una mejor localización del electrón hace que se gane en energía potencial, pero se pierde en energía cinética, e inversamente. Por consiguiente, los casos límites corresponden a un electrón o bien claramente localizado en el espacio pero con un espectro de velocidades (y, por tanto, de energía cinética) muy amplio o bien, por el contrario, con poca energía cinética media y, consecuentemente, con un espectro de velocidades muy reducido y una extensión espacial considerable. En el primer caso, el electrón podrá localizarse muy cerca del núcleo, pero lo que ganará en energía potencial (debida a la atracción electrostática), lo perderá en energía cinética. En el segundo caso, podría minimizarse la energía cinética, pero la atracción eléctrica no podrá ejercerse eficazmente. Se puede pensar en una situación intermedia óptima. Este compromiso define el estado de energía mínima del electrón, por tanto su estado más estable, de forma absoluta: es el mismo para todos los átomos (del mismo tipo). El hecho de que en la física cuántica los electrones posean extensión no sólo no nos condena a renunciar a conocer su estado, sino que lo define de forma muy precisa y nos proporciona la clave para comprender la estabilidad y la uniformidad de los átomos.

*

7. Según el reglamento de la petanca, el diámetro de las bolas está comprendido entre 71 mm y 80 mm y el del boliche es de 30 mm.

Así pues, las pretendidas ¿incertidumbres? cuánticas ponen de manifiesto, no tanto una debilidad o una limitación de la teoría, sino el carácter pusilánime de su interpretación epistemológica tradicional. La indeterminación aparente de las descripciones físicas no refleja una esencia propia de la realidad; es el resultado, en cambio, del lenguaje inadecuado con el que han sido formuladas. Incluso puede afirmarse que esta indeterminación es un signo (así como una guía) de otra determinación más profunda. Hace ya más de medio siglo, Bachelard, en un texto corto que no ha perdido vigencia, alertaba contra la tentación de dar una interpretación negativa, en cuanto a limitaciones del pensamiento científico, a las dificultades que aparecen en la exploración de un campo nuevo e insistía precisamente en las «trascendencias experimentales», según su elegante expresión, que permiten superar unas fronteras muy fácilmente aceptadas con resignación. Concretamente, decía:

«Tenemos, pues, que admitir que ha quedado demostrado que la experiencia trasciende la observación. Y cuando se trascienden las fronteras de la observación inmediata, se descubre la profundidad metafísica del mundo objetivo. Se levanta el velo de Maya. La intuición criticada se hace ilusión. He aquí una confirmación de mi optimismo racionalista: *El mundo escondido debajo de los fenómenos es más claro que el mundo aparente. Las primeras constituciones de los noúmenos son más sólidas que las primeras aglomeraciones de los fenómenos* [el subrayado es del propio autor]. Por lo demás, las fronteras de la experimentación son en cierto sentido menos opacas, menos opresivas que las fronteras naturales de la observación primera» [Ba1].

Ésa es la razón de que la gran extensión de nuestras prácticas experimentales en el ámbito de la física cuántica nos permita mirar hoy con nuevos ojos nuestras concepciones teóricas.

VII
Finito / infinito

Cuando G. W. Leibniz quiso explicar lo infinitamente pequeño a la reina Sofía-Carlota, ella respondió que no era necesario, pues conocía a fondo el comportamiento de sus cortesanos.

E. Knobloch [Kn]

Samuel y Tomás tienen diez años y, como regalo de Navidad, ambos han recibido un vehículo todoterreno con mando a distancia. Comparan sus respectivos vehículos.

Tomás: Tendrías que ver el mío, se agarra fenómeno, y va por todo el jardín.

Samuel: Pues el mío, ¡sube pendientes del 60%!

Tomás: Eso no es nada, al mío le he hecho subir pendientes del 80%.

Samuel: Vaya, estás loco, ¡el 80%! ¿Y por qué no del 100%, ya puestos?

Tomás: ¿Apostamos algo? Lo he medido con mi padre, que es arquitecto, y sabe lo que dice.

Samuel: Pues el mío es ingeniero y trabaja en el Ministerio.

Poco después, en el jardín, los dos niños se dan cuenta de que sus vehículos son idénticos y que tienen las mismas prestaciones. ¿Cuál de los dos mentía o se equivocaba? Preguntemos a los expertos, a sus respectivos padres, qué es una pendiente, cómo la definen. Ambos coincidirán en que la pendiente de una carretera es una medida de la altura a la que llega una carretera en una distancia dada: una pendiente del 15% puede querer decir que la carretera asciende 15 m en una longitud de 100 m. Es decir, ¿15 m en vertical por 100 m en horizontal? «Así es» —responde el padre de Tomás, que es arquitecto y topógrafo. «No —interviene el padre de Samuel, que trabaja como ingeniero en el Ministerio de Obras Públicas—, para mí se trata de 100 m en oblicuo, a lo largo de la carretera: es la única distancia que se puede medir directamente.» «Usted perdone —insiste el topógrafo—, es la distancia que mido sobre el mapa...» «Pero ¡no tiene sentido! —responde el ingeniero—. Con una pared vertical, tendría una distancia nula y, por tanto, ¡una pendiente infinita!» «Y, ¿por qué no una pendiente infinita? A fin de cuentas, nada puede ser más vertical que la vertical.» «Pero si mido la pendiente con un ángulo, en la vertical es de 90º y nada me impide ir más allá.»

Una pendiente peligrosa

Todo depende del convenio escogido. Son posibles varios y cada uno de ellos se utiliza en situaciones distintas, en función de la práctica (figura VII.1). En este caso tenemos *dos* definiciones:

Pendiente de topógrafo = Altura / Distancia horizontal
Pendiente de ingeniero = Altura / Distancia oblicua

La diferencia entre las dos no tiene demasiada importancia para pendientes poco pronunciadas, como las de las carreteras más habituales. Un desnivel de 6 m en una distancia horizontal de 100 m, es decir una pendiente de topógrafo del 6%, corresponde a una distancia oblicua (la real a lo largo de la carretera) de 100 m y sólo 18 cm más, lo que equivale a una pendiente de ingeniero del 5,99%. Por muy precisos que sean los ingenieros de obras públicas, la diferencia es desdeñable. La situación cambia cuando la pendiente se hace más pronunciada. En un plano muy inclinado, como aquel al que se refieren Samuel y Tomás, con una inclinación de unos 40º, la pendiente es del 80% para el topógrafo y del 60% para el ingeniero, aproximadamente (figura VII.2).

Este desacuerdo numérico y cuantitativo se traducirá en una diferencia cualitativa. En efecto, para inclinaciones mayores, sigue creciendo la separación entre las dos pendientes: a 45º, la pendiente de topógrafo alcanza el 100%, pero la pendiente de ingeniero se sitúa en el 70,7%; a 60º, los valores son respectivamente 173,2% y 86,6%. Cerca de la vertical, la pendiente «cartográfica» crece indefinidamente, mientras que la pendiente «sobre el terreno» no supera el 100%, como es lógico. En la vertical, la segunda es del 100%, mientras que la primera es efectivamente infinita (figura VII.3).

Es éste un ejemplo de situación física en la que una noción común, la de la pendiente, puede representarse, una vez formalizada, por dos valores numéricos, uno de los cuales tiende hacia el infinito, mientras que el otro permanece por debajo de un límite finito. Se puede definir la pendiente de muchas otras maneras, algunas de las cuales son preferibles a veces a la hora de caracterizar la oblicuidad relativa de dos direcciones. La menos útil y la menos natural no es precisamente la que consiste en utilizar el ángulo que forman las dos direcciones. Esta magnitud posee,

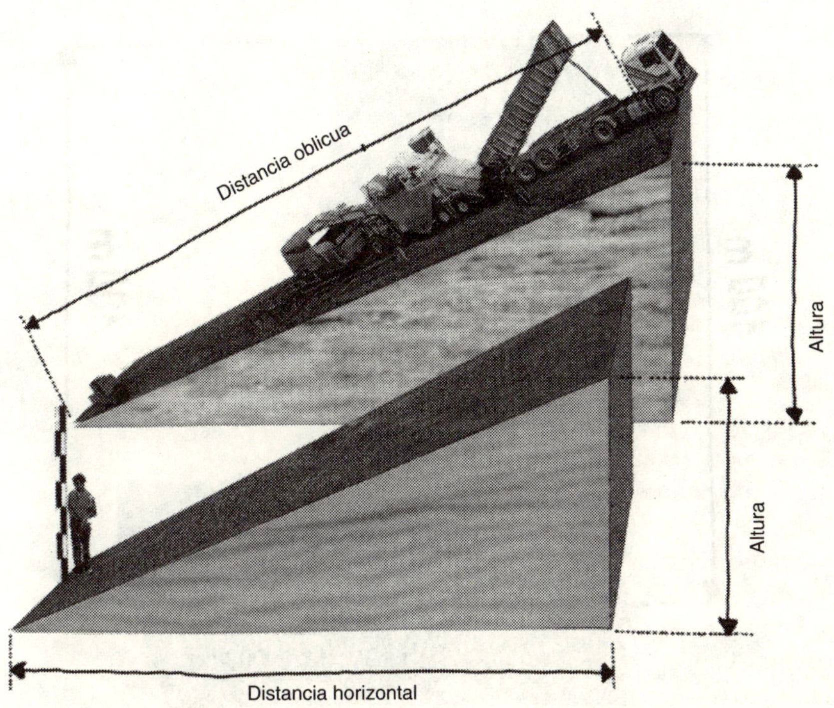

Figura VII.1 Obras públicas y topografía

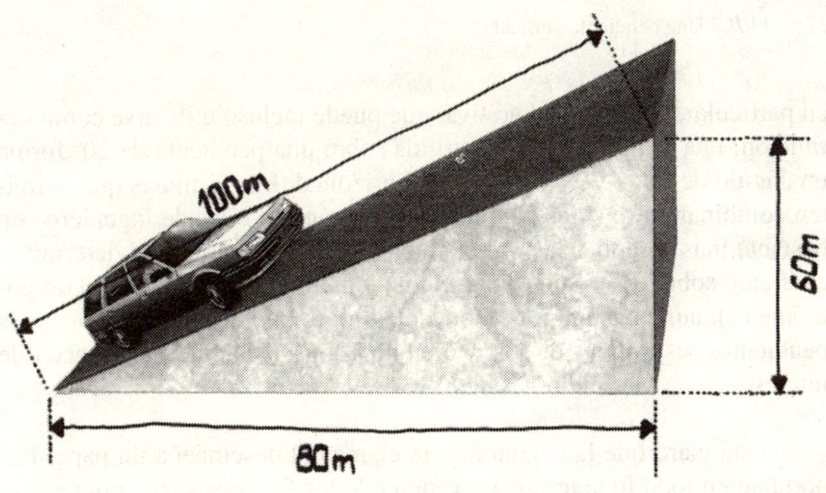

Figura VII.2 Pendientes

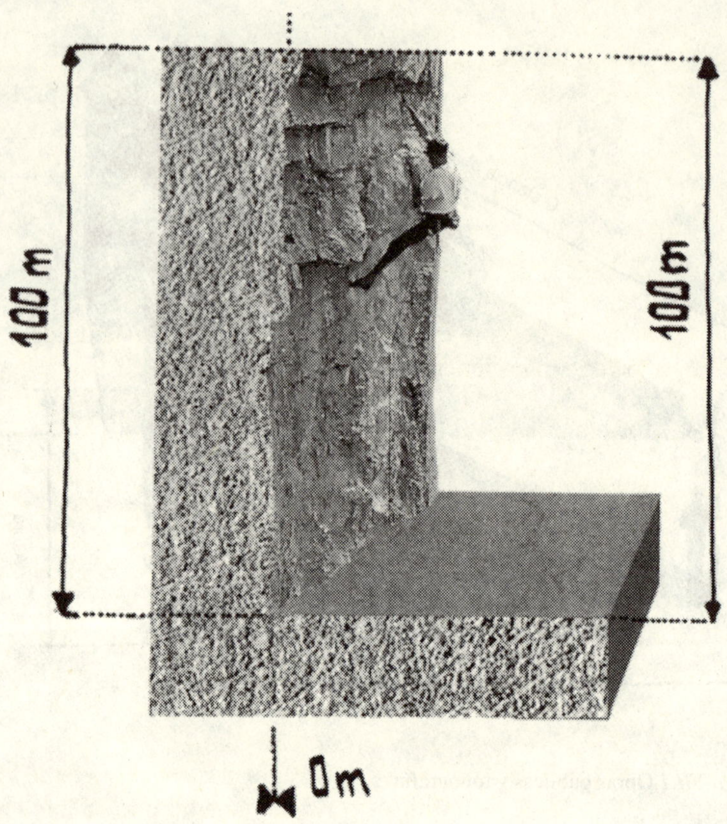

Figura VII.3 Una pendiente vertical

en particular, la propiedad aditiva, que puede incluso utilizarse como definición: una rampa de 30° construida sobre una pendiente de 20° forma un ángulo de 30° + 20° = 50° con la horizontal. Las fórmulas que permiten combinar entre sí las pendientes de topógrafo o las de ingeniero son bastante más complicadas. A esto hay que añadir que es fácil determinar el ángulo sobre el terreno (por ejemplo, con un nivel de burbuja y un goniómetro), aun cuando, por ser medidas sobre un mapa o a distancia, las pendientes respectivas de los padres de Tomás y Samuel no carecen de interés.

↑Está claro que la trigonometría elemental desempeña un papel importante en todo lo anterior. La ventaja de las funciones trigonométricas corrientes consiste en que permiten una gran diversidad de caracterizaciones de la noción de orientación relativa de dos direcciones. Si bien el

176

ángulo entre las dos direcciones proporciona la definición más intrínseca, utilizaremos aquí su *tangente* (es decir, la pendiente de topógrafo) o su *seno* (es decir, la pendiente de ingeniero) o su *coseno*. La observación anterior acerca de la combinación de oblicuidades puede comprobarse fácilmente comparando la fórmula simplemente aditiva de composición de ángulos,

$$\alpha \circ \alpha = \alpha + \alpha'$$

(donde el símbolo o representa la composición de magnitudes), con aquellas en las que intervienen senos (s) y cosenos (c):

$$s \circ s' = s \times c' + c \times s'$$

o tangentes (t):

$$t \circ t' = \frac{t + t'}{1 - t \times t'}$$

Por muy equivalentes que parezcan en principio estas fórmulas, en la práctica dejan de serlo.↓

#He tenido la sensación de que lo que pretendía es darse miedo a sí mismo: usted introduce el infinito a través de una definición cuya pertinencia rechaza inmediatamente. ¿Es una broma?

—No rechazo la definición de la pendiente según el topógrafo, sólo la relativizo.

—Pero lo hace para desembarazarse del infinito o, a lo sumo, para reducir su peso conceptual.

—En absoluto, y pronto se dará cuenta de que en una operación totalmente simétrica pondremos en primer plano el infinito cuando lo que nos molesta es el carácter finito. Lo que pretendo es flexibilizar o, por lo menos, matizar la oposición finito / infinito. En efecto, esta oposición presenta distintos aspectos en una misma situación, y no se percibe de la misma manera cuando se trata de números o de conceptos, por ejemplo.

—Un momento. ¿Pretende decirme que el infinito numérico tiene su lugar en la física?

—¿Por qué no?

—Pues simplemente porque la física es primero una ciencia experimental, basada en las medidas, y nadie ha conseguido medir el infinito.

—Nadie pone en duda que la física sea una ciencia experimental. Sin embargo, como usted mismo dice, es una ciencia y, por tanto, se basa en conceptos: los números que utiliza no son sólo aquellos con los que se mide.

—Ya veo, quiere decirme que los resultados de las medidas son números racionales…

—Ni siquiera eso, son números decimales.

—… y que los físicos también recurren a números algebraicos, incluso trascendentes.

—Evidentemente. Intente escribir un manual de física en el que no aparezca la raíz cuadrada de 2 o el número *pi*.

—Pero de ahí a aceptar el infinito numérico…

—… ¡hay sólo un paso! En resumidas cuentas, hay un infinito implícito en la utilización de los números irracionales, ya que éstos se caracterizan por tener un número infinito (no periódico) de cifras decimales.

—No es lo mismo. La infinitud del desarrollo decimal de *pi* es potencial y, en tanto que físico, ¡poco le importan los decimales más allá del vigésimo lugar!

—De acuerdo, no es lo mismo, pero sólo quería señalar que el infinito no tiene por qué darnos miedo y que se encuentra implícito en casi todas las idealizaciones matemáticas en las que intervienen números reales u objetos geométricos sencillos, empezando por la recta ordinaria.

—En cualquier caso, permítame que insista, nunca se mide el infinito.

—Pues no es así, ya verá. Concretamente, son muchos los instrumentos en cuya graduación se puede ver «∞» y que hacen, por tanto, del infinito un concepto empírico.

—Me parece que se pasa un poco, pero reconozco que en las escalas graduadas de los ohmiómetros aparece con frecuencia el símbolo del infinito.

—También lo encontrará en el telémetro de su cámara fotográfica.

—Pero sabemos que sólo se trata de una aproximación, que designa aquellos valores de la resistencia o de la distancia que son demasiado grandes como para poder ser medidos con precisión. Este infinito es una pura idealización de la realidad.

—¡Que conste en acta! Sin embargo, cuando el ohmiómetro indica 3 ohmios o el telémetro indica 3 metros, ese «3» tampoco describe la realidad física, como muy bien sabe, y constituye una idealización numérica que no difiere sustancialmente de la que recurre a un valor físico infinito.

—No logra usted vencer mi escepticismo.

—Y sin embargo, estas dos idealizaciones son concomitantes, por lo menos en ciertas situaciones, y no puede aceptar una, quiero decir un valor numérico finito preciso, sin aceptar la otra, es decir, un valor numérico infinito.

—¿Qué situaciones?

—Considere el análisis armónico de Fourier de un sonido y la relación existente entre su espectro de frecuencias y su tiempo de evolución característico.

—¿Está pensando en la desigualdad espectral $\Delta v \cdot \Delta t > 1$?

—En efecto. Como puede comprobar, una dispersión de frecuencias cero implica *ipso facto* la infinitud del tiempo. En otras palabras, si acepta utilizar un valor numérico (finito) preciso para caracterizar la frecuencia de un sonido, está obligado a asignar un valor numérico infinito a su duración. La idealización no es mayor en este caso que en el otro.#

En los límites de la física

En diversas ocasiones, la teoría física ha tenido que hacer frente a situaciones verdaderamente escandalosas para el pensamiento, como en el caso de aquellas magnitudes físicas a las que alguna ley (física) no permitía que superasen ciertos valores absolutos. Cuando la intuición inmediata o la experimentación más sofisticada apuntaban la posibilidad, entendida como una evidencia natural, de que una magnitud determinada, como la velocidad o la temperatura, creciese indefinidamente, un nuevo descubrimiento teórico le imponía una cota insuperable. Así, la termodinámica del siglo XIX se encontró con el «cero absoluto», es decir, la imposibilidad de alcanzar temperaturas por debajo de -273,15° C. Más tarde, la mecánica relativista posterior a Einstein impidió que un cuerpo superase una velocidad límite, la llamada velocidad de la luz, de unos 300.000 km/s. Por último, al tiempo contado hacia atrás la cosmología le atribuyó un origen tal que imponía un límite superior a la edad de todo objeto físico y, por tanto, también a la del universo, del orden de unas decenas de miles de millones de años. Desde su descubrimiento, estas barreras infranqueables fueron, cada una a su manera, objeto de innumerables exégesis filosóficas: indignación por parte de aquellos a quienes los límites imponían intolerables limitaciones al conocimiento, satisfacción en aquellos que creían ver en ellas una prueba de las limitaciones al saber científico; se podría hacer una antología completa de las reacciones opuestas, aunque basadas en la misma interpretación, al pie de la letra, y en la misma ignorancia de los distintos análisis clásicos de la insuperable antinomia entre finito e infinito [Ka].

El hecho de que estas cuestiones hayan quedado de nuevo envueltas en el silencio no indica que se haya superado el obstáculo epistemológico, antes al contrario. Como máximo, se ha evitado el obstáculo, en el sentido de que el formalismo de la teoría física ha integrado la finitud de sus limitaciones, aun cuando los especialistas siguen sin comprender a fondo los conceptos, y el pensamiento filosófico, una vez amortiguado el primer escándalo intelectual, no se ha molestado en profundizar en ellos. Algunos han permanecido a la expectativa, convencidos del carácter necesariamente provisional del saber científico y de que basta esperar a que aparezcan nuevas teorías que hagan desaparecer los límites actuales. Se trata pura y simplemente de un acto de fe, que es difícil compatibilizar con el pretendido realismo de esa posición. En cualquier caso, la cuestión no queda tampoco resuelta, pues esta sustitución brutal del infinito por lo finito debe operarse a nivel del pensamiento, al margen incluso de su referente empírico. El problema es de índole esencialmente teórico. No se trata de obstáculos materiales que han aparecido en la experimentación o la observación a medida que se han alcanzado niveles tecnológicos más elevados, sino de límites conceptuales. En efecto, en la actualidad no se puede lograr que un vehículo avance a más de algunas decenas de kilómetros por segundo, ni que un plasma gaseoso alcance temperaturas superiores a algunos millones de grados centígrados. Éstas son limitaciones técnicas, más o menos difíciles, largas o caras de superar, pero que nada tienen que ver con los principios. De índole muy distinta son el cero absoluto y la velocidad límite, que según nuestras teorías más seguras constituyen límites absolutos, generales y universales. Si no existe ningún sistema de refrigeración que permita alcanzar temperaturas de -300º C o no existe ningún mecanismo de propulsión que pueda acelerar un móvil hasta 500.000 km/s es porque no son sólo irrealizables, sino también inconcebibles. Vuelve a plantearse la irritante cuestión de lo finito. No es que la cuestión del infinito haya quedado resuelta; este debate, ya sea potencial o no, dista mucho de haber finalizado, y los transfinitos de Cantor han contribuido a enriquecerlo. En el infinito, por lo menos, el pensamiento tiene espacio suficiente para moverse, ¡incluso para perderse! y, en definitiva, en la práctica (de la física, por lo menos) es suficiente pensar, por lo general, en términos indefinidos. Así, el hecho de que una magnitud pueda variar arbitrariamente, hacerse «tan grande como se quiera», permite representarla numéricamente tomando sus valores en los cómodos conjuntos infinitos que tan oportunamente nos ofrecen las matemáticas: números «enteros», «racionales» o «reales» (pasemos púdicamente sobre la terminología utilizada), por ejemplo.

Ante los límites impuestos por la teoría a magnitudes físicas como la temperatura y la velocidad, ¿cómo no experimentar ese doble sentimiento de arbitrariedad e incoherencia? ¿Y qué decir cuando se trata del tiempo? Las leyes de la naturaleza parecen muy represivas. Nos vienen ganas de gritarle, también a ella, «está prohibido prohibir».[1] Vuelve a imponerse el viejo razonamiento griego: si el espacio es limitado, ¿adónde irá la flecha que disparo desde la frontera? Si la velocidad es limitada, ¿en qué se convertirá su movimiento cuando acelere después de haber alcanzado ese máximo? Si la temperatura es limitada, ¿qué pasará con el cuerpo que enfriaré por debajo del cero absoluto? Si el tiempo es limitado, ¿qué sucedió antes del Big Bang? La única forma de evitar la paradoja consiste en afirmar que esas cotas no pueden superarse porque no pueden alcanzarse.[2] No se trata de fronteras en las que hay un aquí y un allá, sino de límites «asintóticos» a los que nos podemos acercar sin llegar nunca a ellos. Así se presentan en el marco formal de las teorías físicas en las que aparecen; dichos límites constituyen *singularidades* de las ecuaciones, en el sentido matemático del término, es decir, valores a partir de los cuales las ecuaciones dejan de tener sentido. Por lo demás, estas teorías son del todo coherentes, pues demuestran la imposibilidad de alcanzar los límites impuestos. Así, la mecánica relativista muestra que todo cuerpo material, a medida que se va acercando a la velocidad de la luz, experimenta un aumento progresivo de su inercia, o sea, de su resistencia a modificar su estado de movimiento y, en concreto, su resistencia a la aceleración. Cuanto menos difiere su velocidad de la de la luz, más difícil resulta aumentarla. Se necesita la misma energía para hacer pasar un cuerpo del reposo (0 km/s) a 240.000 km/s que de 240.000 km/s a 271.000 km/s y de 271.000 km/s a 283.000 km/s, etc. La situación es del todo análoga en termodinámica, en la que se encuentra una dificultad progresivamente creciente al acercarnos al cero absoluto; cuanto más disminuye la temperatura de un cuerpo, más difícil (y costoso) resulta disminuirla un poco más.

Estos límites finitos sólo son finitos en apariencia y de forma superficial. En el fondo ponen de manifiesto una de las características del infi-

---

1. Un crítico de la teoría de la relatividad (y antiguo estudiante de la Escuela Politécnica) escribe: «No es posible realizar progreso alguno con esta muralla de China, este muro de la vergüenza de Berlín que es la infranqueabilidad de *c* [la velocidad de la luz]» [Bn].

2. Merece la pena recordar aquí las palabras de Pierre Dac: «Cuando se superan las cotas, ya no hay más límites».

nito, la imposibilidad de alcanzarlo. El carácter finito, o no, del valor numérico extremo de una magnitud física es un mal exponente de la naturaleza conceptual de dicha magnitud; siempre es posible hacer algún cambio de escala, alguna conversión numérica que transforme lo finito en infinito, y viceversa. Es la situación inversa de las circunstancias que se mencionaban al comienzo del capítulo, en la que un determinado convenio de medida de la pendiente permitía caracterizarla mediante un valor numérico infinito, cuando la situación (la vertical, es decir, un ángulo de 90º) no daba pie a que apareciese ningún infinito. En los ámbitos de la física teórica a los que pertenecen nuestros ejemplos, la situación inversa es la más frecuente. Así, en termodinámica la temperatura se representa a menudo mediante una magnitud nueva, β, en lugar de la temperatura absoluta T (cuyo origen es el cero absoluto y no es más que la temperatura decimal a la que estamos acostumbrados, pero desplazada 273,15º C). En la escala de la magnitud β, el «cero absoluto» de T queda relegado al infinito negativo.[3]

De igual manera, los físicos que estudian la teoría de la relatividad tienen que introducir, además de la magnitud de la velocidad normal v, otra magnitud, llamada «rapidez» y relacionada con v de la siguiente manera: si la velocidad permanece en el intervalo finito $(-c, +c)$, entonces la rapidez toma todos los valores posibles, y es infinita cuando la velocidad tiende hacia su valor límite c (figura VII.4).[4] Para velocidades pequeñas comparadas con la de la luz, la rapidez y la velocidad se confunden en la práctica, es decir, en las situaciones más frecuentes no tiene interés establecer una distinción entre ambas magnitudes. Sólo tiene sentido esa distinción cuando se estudian las leyes de la naturaleza a una escala muy distinta de la habitual para nuestra intuición. Tanto la rapidez como la velocidad son conceptos teóricos muy formalizados y no hay que sorprenderse de que sólo se ajusten parcialmente a nuestra intuición. En el fondo, el hecho de que los conceptos científicos se designen mediante términos del lenguaje común constituye un abuso de lenguaje (inevitable). Para ser más rigurosos, en el campo de la cinemática einsteiniana se hubiera podido inventar un nuevo término para esa magnitud que se acostumbra a llamar «velocidad», a pesar de no poseer todas las

---

3. ↑El parámetro β se relaciona con la temperatura a través de $\beta = -1/T$. Se observa que, inversamente, a una temperatura T infinita le corresponde un valor máximo nulo del parámetro β. En ese caso, la escala de β es conceptualmente más razonable para las temperaturas bajas y la de T lo es para las altas.↓

4. ↑La relación entre la rapidez φ y la velocidad v es:

$$v = c \cdot \tan (\varphi/c)↓$$

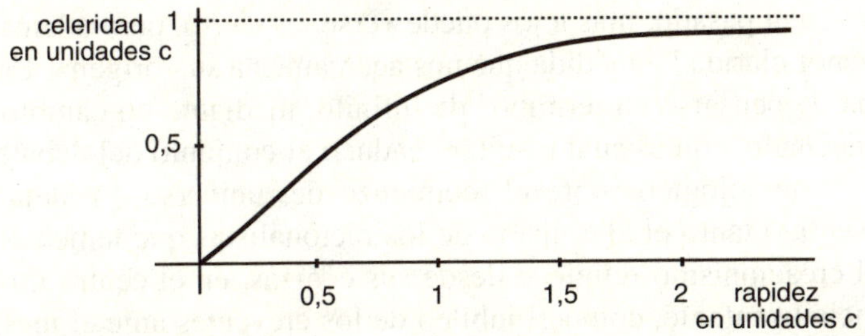

Figura VII.4 Rapidez y celeridad

características del concepto galileano de velocidad, de la misma manera que hemos asignado un nombre nuevo, «rapidez», a la otra magnitud que generaliza este concepto habitual.[5] Pero los abusos de lenguaje son inevitables y, a pesar de los fantasmas de tipo lógico y axiomático, la ciencia más formalizada no puede prescindir de un metalenguaje que permite establecer un nexo con el lenguaje común.[6] Sin embargo, conviene limitar los efectos negativos de dichos abusos explicitándolos.

En la noche de los tiempos

En la cosmología estándar llamada del Big Bang, el tiempo presenta una finitud falsa. Su «cero absoluto» es del mismo tipo que el de la temperatura, e igualmente inalcanzable. Es verdad que cuando se observan galaxias cada vez más alejadas, éstas nos parecen cada vez más jóvenes, ya que la luz que emiten tarda más tiempo en llegar hasta nosotros. Pero como su velocidad de alejamiento también aumenta (nos referimos aquí a la famosa expansión del universo), las vibraciones luminosas de sus señales nos llegan cada vez más lentamente: el conocido efecto Doppler hace que disminuya su frecuencia, tanto más cuanto mayor es su velocidad y, por tanto, cuanto más alejadas están. Así, las galaxias más alejadas son las que menos señales son capaces de enviar en un tiempo dado, y aquellas cuya radiación contiene menos información. Cuanto más allá

---

5. Por ejemplo, la velocidad einsteiniana, a partir del griego ταχυζ (rápido), podría haberse llamado «taquine».

6. De ahí que la tasa de neologismos y de creaciones terminológicas sea relativamente baja en las ciencias adultas. Los matemáticos, por ejemplo, fuerzan con más facilidad la lengua vernácula y utilizan términos como «conjuntos», «grupos», «cuerpos», «anillos», etc., mientras que la innovación lingüística culta es desbordante en medicina: «tricoleucocitosis», «amniocentesis».

se mira en el pasado, más lejos puede verse, es cierto, pero además se ve con menor claridad a medida que nos acercamos a su «origen». Este ¿origen? ha de pensarse en términos de infinito, mediante un cambio de escala adecuado, con lo cual resultará caduco el conjunto del debate metafísico-epistemológico sobre el ¿comienzo del universo?. Y dejarían de tener sentido tanto el alarmismo de los racionalistas que temen el resurgir del creacionismo religioso desde sus cenizas, en el centro mismo de la ciencia triunfante, como el jubileo de los creyentes ante el inesperado refuerzo a su fe que proporciona su vieja enemiga. Unos y otros, víctimas de la misma ingenuidad, acabarían discutiendo entre sí en un escenario vacío. La reflexión filosófica sobre las perspectivas de la cosmología moderna requiere una profundidad muy distinta. En cualquier caso, nadie exige que se tome al pie de la letra la «edad del universo» tal como la entienden los físicos, ya que la teoría del Big Bang describe correctamente la cosmogénesis, pero no implica necesariamente la existencia de un instante inicial. De las ecuaciones de la cosmología se desprende una refundición de la noción de tiempo, en la que el llamado «origen del tiempo», considerado como el momento de un Big Bang instantáneo, no es más que una singularidad. El dominio de validez de la teoría se extiende desde un instante tan próximo como se quiera a ese «momento», pero no lo contiene, lo cual equivale a decir que ese «instante» no es tal, en el sentido de que no pertenece a la extensión temporal del universo. Por tanto, es de esperar que se produzca una redefinición de la escala del tiempo sobre esta base, una redefinición en la que ese ¿origen? se sitúe en un pasado infinito. Desde el punto de vista de esta cronología reformada, la edad del universo sería infinita y el Big Bang siempre/ya habría tenido lugar. Mejor dicho, se dejaría de hablar de un fenómeno instantáneo, para hacerlo de procesos temporales, de duración infinita en nuestra nueva escala.

Se puede pensar que redefinir sistemáticamente la escala de la magnitud física para hacer aparecer o desaparecer el infinito es algo puramente convencional. Este objetivo puede lograrse, como ha podido verse en los ejemplos ya citados, mediante manipulaciones numéricas muy diversas. Existen muchas funciones, algunas de ellas muy sencillas, tales que a un valor finito de la variable le hacen corresponder un valor infinito, y viceversa. Sin embargo, las situaciones planteadas aquí carecen de esa arbitrariedad que haría trivial el problema planteado sobre la redefinición de escalas. La razón es que las magnitudes introducidas por los físicos no lo son en virtud de consideraciones exclusivamente numéricas. La magnitud ha de ser la manifestación de un concepto. Así, la rapidez permite comprender la naturaleza profunda de la relatividad del movimiento, al restablecer una sencilla propiedad de aditividad cuando se combinan dos movimientos a velocidad constante. Un viajero que, en un tren que se desplaza a 100 km/h, anda por el pasillo a 5 km/h, «evidentemente» avanza a 105 km/h con respecto a los raíles. Precisamente la relatividad einsteiniana demuestra que esta afirmación no es cierta para velocidades próximas a la de la luz. Sin embargo, queda restablecida la propiedad gracias a la rapidez que, en este sentido, generaliza de forma más directa la noción elemental de velocidad. De la miríada de funciones arbitrarias de la velocidad capaces de eliminar su finitud relativista, la rapidez es la única que posee esta propiedad y sólo unas pocas magnitudes presentan alguna propiedad digna de interés.

Este valor conceptual se añade a un significado operativo. Una medida directa de la «velocidad», en sentido amplio, puede proporcionar según los casos una u otra magnitud. Así, una medida externa, como la que se produce en las carreras de coches en las que el observador exterior al móvil mide el tiempo que tarda éste en recorrer una distancia dada, proporciona, al hacer el cociente, la velocidad en sentido estricto, esa velocidad que no puede superar la fatídica velocidad límite. Por el contrario, un experimentador situado a bordo del móvil y que midiese en todo momento la aceleración mediante un acelerómetro, por ejemplo, como los que utilizan los misiles intercontinentales, deduciría, al hacer la integral con respecto al tiempo, una medida directa de su velocidad que no coincidiría con la anterior. De hecho, esta velocidad intrínsecamente determinada (puesto que se efectúa solamente con medidas internas al móvil) es idéntica a la rapidez. Si mantiene su aceleración, el experimentador constata que su rapidez aumenta sin límite, mientras que la velocidad (medida desde el exterior) tenderá, sin alcanzarla, hacia una velocidad límite [LL5].

En el caso del tiempo a escala cosmológica una pluralidad similar de convenios de medida conduce a la diversificación de las nociones formalizadas. En general se utiliza un «tiempo cosmológico estándar», el de la cronología habitual, que atribuye al Big Bang una fecha aproximada de una decena de miles de millones de años. Se trata de un «tiempo propio», que se especifica en todo punto por una evolución absolutamente local y excluye toda extensión temporal. Como puede verse, es un tiempo muy idealizado, pues por poco realista que sea un «reloj», es decir, un sistema físico de evolución regular, ya sea un cucú suizo o un átomo de hidrógeno, forzosamente ocupa cierto ámbito espacial. En este sentido, el tiempo que marca no puede coincidir con el tiempo propio (definido puntualmente), pero ambos están relacionados entre sí a través de una fórmula que puede llegar a ser bastante alambicada. Además, la aditividad, una de las propiedades del tiempo ordinario a nuestra escala, se pierde en el caso del tiempo cosmológico estándar. En efecto, al tratarse de éste, la adición de intervalos de tiempo carece de sentido, lo cual no es sorprendente si se tiene en cuenta que, debido a la expansión espacial, la densidad temporal de los acontecimientos disminuye con la densidad espacial de la materia. Dicho con otras palabras, para ese tiempo estándar, los «tres primeros minutos» no son idénticos a los tres siguientes y, en conjunto, no equivalen a seis minutos. Pero pueden proponerse diversos procedimientos de medida razonables y generales que den lugar a otros tantos tiempos distintos. Uno de ellos posee la interesante propiedad de que, a diferencia del tiempo cosmológico, permite restablecer la propiedad de la aditividad —como ocurría con la rapidez, al hablar del concepto de velocidad—. Este «tiempo lineal» tiene la ventaja de «repartir» la evolución del universo en sus fases primordiales, de forma que puedan compararse y añadirse intervalos de tiempo sucesivos. En esta nueva cronología es fácil comprobar que el instante (singular) inicial de la cronología estándar sucede en un pasado indefinidamente alejado, lo cual pone de manifiesto explícitamente el carácter infinito de la temporalidad en la cosmología clásica [LL6], [LL11].

No son pues razones filosóficas *a priori* las que hacen que el físico teórico decida situar en el infinito toda cota finita, utilizando para ello un nuevo convenio de localización de una magnitud física. En general, además, no se trata tanto de una sustitución sino de la incorporación de una nueva definición. La rapidez tiene grandes ventajas, pero éstas no impiden que la velocidad ordinaria conserve su propia utilidad; los termómetros corrientes conservan, acertadamente, la escala de temperaturas habituales y no adoptan la escala definida por el parámetro β; tanto la definición como la utilización de una cosmología infinita basada en el tiempo lineal no restan ningún interés al tiempo estándar. En cada caso, alrededor de un concepto intuitivo se despliega una gran diversidad de conceptos formalizados. El hecho de que en esta constelación de magnitudes que derivan de una misma intuición inicial y teorizan el mismo dato del sentido común haya al mismo tiempo algunas que tienden hacia el infinito y otras que se paran en lo finito es algo que debería ponernos en guardia contra una concepción demasiado ingenua de la dicotomía finito / infinito.

#Me cuesta imaginar que la escala de tiempo no sea única e incluso, si he entendido bien, que sea en parte el resultado de un acuerdo.

—Permítame primero una observación, para flexibilizar su imaginación temporal. Medimos el tiempo en años, incluso en el caso de los eones de los que se ocupa la cosmología. Pero ¿qué es un año?

—Sí, ya sé, la metrología moderna lo ha cambiado todo y ahora toda medida del tiempo ha de referirse a una vibración atómica que ya no recuerdo...

—No, no se trata de eso. Es más sencillo. ¿Qué es un año?

—Pues trescientos sesenta y cinco días y un poco más de un cuarto de día.

—Al definir el año en función del día, lo único que se consigue es desplazar el problema. ¿Cómo definiría un año, en sí?

—Bien, es el tiempo que dura una revolución de la Tierra alrededor del Sol.

—¡Muy bien! ¿Conoce la edad de la Tierra?

—Me parece que es del orden de 4 a 5 mil millones de años.

—Sí ¿y la de la galaxia?

—Unos 10 mil millones de años, ¿no?

—Estupendo, pero ¿cómo puede contarse en años cuando no hay una Tierra que gire alrededor del Sol y permita medir el paso del tiempo?

—Tiene usted razón, ¿cómo se hace?

—Se utilizan marcadores temporales, desintegraciones radiactivas, movimientos astronómicos, etc., que proporcionan diversas escalas sucesivas, que a su vez se enlazan entre sí de la mejor manera posible.

—En el fondo, lo mismo ocurre con las medidas de las distancias, de las que sólo se miden directamente las más próximas. Las demás (tamaño de los átomos, distancia de la Luna, etc.) se obtienen a partir de estimaciones indirectas muy complejas.

—¡Exacto! Con el tiempo sucede lo mismo. Como puede comprobar, su evaluación numérica no es en absoluto evidente.

—De ahí a que el carácter finito o no de la duración del universo sea cuestión de un acuerdo...

—Le voy a proponer una parábola espacial. Imagine un prisionero, encerrado desde su nacimiento en una fortaleza en medio de un desierto desesperadamente llano, que sólo conozca el mundo exterior a través de las rejas de la ventana de su celda.

—Por lo menos puede ver el mundo «verdadero» y seguramente es más feliz que los prisioneros de la caverna de Platón.

—Sí, aquí no se trata de ilusión, sino de percepción limitada. Nuestro prisionero observa la carretera recta que enlaza la prisión con el resto del mundo y que llega justo a su ventana. Ve que la carretera se estrecha a medida que se aleja, y se pierde en la niebla permanente que impide ver a lo lejos (figura VII.5).

—*Cree* que se estrecha.

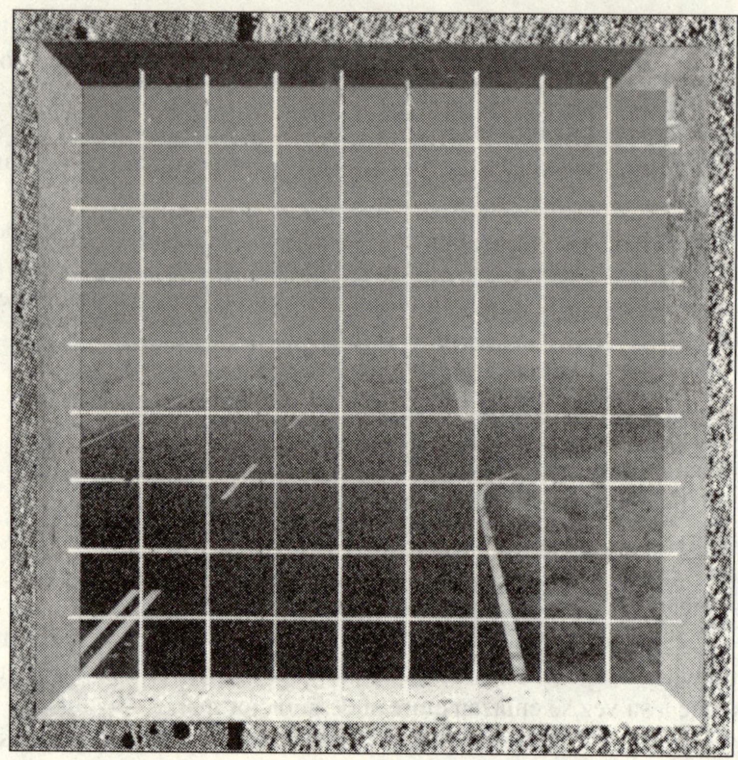

Figura VII.5 El prisionero de la torre en la niebla

—Tiene razón, y ése es precisamente el punto esencial de la parábola, pero tenga en cuenta que, al no haber salido nunca de la celda y no tener ninguna aprehensión autónoma del espacio, sólo puede utilizar la vista para captarlo. Como no tiene gran cosa que hacer, observa los árboles a lo largo de la carretera, las personas, más pequeñas cuanto más alejadas están, e incluso tiene tiempo para hacer algunas medidas.

—¿Cómo podría hacerlo si no puede salir?

—Muy sencillo, las rejas pueden constituir su sistema de referencia. Puede determinar, sin ambigüedad alguna, todos los puntos de la carretera mediante su posición sobre las rejas, a base de contar cuadrados.

—¡Pero eso sólo es un convenio!

—Así es, pero es un convenio objetivo, reproducible, por decirlo con una palabra científica.

—¿Adónde vamos a parar con todo esto?

—Lo más lejos posible en la carretera, que desgraciadamente el prisionero sólo puede recorrer mentalmente. De hecho, ni siquiera ve lo que

Figura VII.6 El prisionero de la torre al sol

sucede a lo lejos, pues la niebla se lo impide, pero observa que extrapolando los bordes de la carretera, es decir, prolongándolos en línea recta, llega a la curiosa conclusión de que la anchura de la carretera se anula en un punto muy determinado, situado a 6,3 cuadros sobre la reja.

—Empiezo a comprender la metáfora. El prisionero se pregunta qué significado físico tiene ese punto en el que las personas y los animales se convierten en puntos y qué hay más allá de él.

—¡Exacto! Pero *usted* lo sabe.

—No hay nada, pues ese «punto» es ficticio y sólo se trata del punto de fuga de la perspectiva, aquel en que la carretera y el horizonte se «unen», aquel que no se alcanza jamás.

—Es lo que comprobará el prisionero el día que se levante la niebla (figura VII.6). Entonces tendrá que admitir que ese punto a una distancia aparentemente finita sobre las rejas se encuentra en realidad en el infinito.#

Es necesario hacer una advertencia. Nuestras discusiones tienen un alcance teórico y no se refieren directamente a aspectos empíricos de nuestro conocimiento, ya sea termodinámico o cosmológico. Nos ocupamos del carácter conceptual de ciertas magnitudes físicas, tiempo o temperatura, y de su situación *en el seno de cierta teoría*, cuyo significado y coherencia se trata de estudiar. Sin embargo, la validez de dicha teoría procede, evidentemente, de la confrontación con la experiencia. Por tanto, en un marco teórico modificado, o enmendado, habría que proceder a un nuevo análisis. Por ejemplo, volvamos a la parábola del prisionero en la fortaleza. Hemos dejado claro desde el principio que el desierto es llano, es decir, que el mundo hipotético es un plano (infinito). Sólo en estas condiciones el punto de fuga sobre el horizonte se encuentra a una distancia infinita. En un planeta esférico, y por tanto finito, el horizonte se encuentra a una distancia finita. En los parajes nublados se pueden dar muchas otras configuraciones espaciales que invalidarían la analogía o, mejor, invitarían a desarrollarla. Nuestra «solución» de la paradoja del «antes del Big Bang» sólo es válida en el marco de la cosmología estándar. Los refinamientos necesarios o los cambios de la teoría (en particular, la toma en consideración de los efectos cuánticos en las fases ultradensas del universo primitivo) obligarían sin duda a reconsiderar estas conclusiones.

Los inquietantes agujeros negros

Así pues, un número finito puede encubrir un infinito conceptual. Este (falso) finito y (verdadero) infinito al mismo tiempo, el del cero absoluto de temperaturas, de la velocidad de la luz y del origen del universo, no es sino uno más de los muchos de la física teórica. Entre finito e infinito pueden darse muchas otras relaciones. Así, contrariamente a lo que sucede en las situaciones anteriores, un infinito numérico puede traducirse en un finito conceptual. Es lo que ocurre en el caso de la pendiente geométrica cuando ésta alcanza la vertical y puede entonces caracterizarse por distintos números: 1 si se trata de la pendiente del ingeniero (el seno) e ∞ si se trata de la pendiente del topógrafo (la tangente), y 90° cuando se trata del ángulo —o sencillamente y de forma más natural, la vertical, evitando así el falso dilema (en este caso) finito / infinito—. Es un ejemplo de que el recurso a la lengua natural no siempre implica imprecisión y ambigüedad.

Los agujeros negros, esas «estrellas» de la ciencia que llenan páginas y páginas de revistas de divulgación y que hacen en éstas el mismo papel

190

que las estrellas de cine en las revistas del corazón, ofrecen un magnífico ejemplo, más moderno aunque no más brillante, de esa situación. Sólo tienen un defecto: todavía no estamos seguros de su existencia. En cualquier caso, conocemos su naturaleza, que ya fue intuida por Laplace. Son unos astros tan pesados y compactos que ni siquiera la velocidad límite basta para sustraerse a su atracción gravitatoria [Lt]. En consecuencia, ningún objeto, ni siquiera los fotones, puede escaparse hacia el espacio exterior. Los agujeros negros, por tanto, no emiten ni luz ni radiación alguna[7] —de ahí su nombre—.[8] Es una zona del espacio alrededor del objeto que actúa como una trampa e impide que se escape cualquier emisión local, una zona en la que queda atrapado sin piedad todo aquello que procede del exterior. Se la denomina «esfera de Schwarzschild». Enviemos una sonda espacial hacia un agujero negro hipotético (como no conocemos ningún destino real, la cuestión de los medios técnicos disponibles para alcanzarlo ni siquiera puede plantearse). Sigamos el cohete con un telescopio suficientemente potente, utilizando las emisiones de radio del cohete. A medida que se acerca al astro oscuro, el cohete parece ir cada vez más despacio, sobre todo en las proximidades de la esfera de Schwarzschild. Lo mismo ocurre con sus emisiones de radio; la frecuencia de las señales decae progresivamente, como la música de un disco cuya velocidad de rotación disminuye. Este fenómeno no tiene fin y para un observador terrestre el cohete tardará un tiempo infinito en alcanzar dicha esfera.

De por sí, esto ya es bastante extraño, pero aún lo es más si consideramos el fenómeno desde el punto de vista de un posible astronauta. Para él, el viaje se desarrolla de la manera más natural. Cerca del astro, la velocidad aumenta por efecto de la atracción gravitatoria, y el cohete cae cada vez más deprisa. Ningún fenómeno particular le indica que está entrando en la esfera de Schwarzschild, donde le espera un final trágico. En efecto, una vez superada la frontera invisible, ya no cabe ninguna esperanza, será imposible volver atrás, independientemente de la potencia de su cohete. El espacio adquiere en este caso el carácter ineluctable del tiempo corriente, y la caída es inevitable, en un tiempo finito. Más que el

7. ↑Esta oscuridad congénita de los agujeros negros sólo es válida en la medida en que la física clásica baste para describir su comportamiento, ya que los efectos cuánticos, debido a la deslocalización a que dan lugar, hacen posible que los fotones y demás cuantones se escapen de la zona de atracción clásicamente insuperable, según el elegante descubrimiento (teórico) de S. Hawking.↓

8. Este nombre, como el de las bailarinas del Crazy Horse, ha tenido mucho que ver en su enorme éxito. En Francia se intentó darles un nombre menos vistoso (si se me permite la expresión, al tratarse de astros invisibles) y llamarlos «astros ocluidos». Fue un fracaso.

choque sobre una superficie sólida, concepto que carece de significado en el caso de un agujero negro, que no tiene una dimensión geométrica definida,[9] lo que le espera al cohete y al astronauta, a corto plazo, es el desgarramiento provocado por las «fuerzas de marea» debidas a la heterogeneidad de las fuerzas gravitatorias que se ejercen sobre ellos. Este destino fatal no podrá ser observado por los terrestres, para quienes la historia del astronauta, en lugar de detenerse catastróficamente en el interior de la zona de Schwarzschild, se transforma en una carrera cada vez más lenta hacia su borde externo. En este caso, una infinitud aparente encubre la finitud real del fenómeno, tal como lo vive (más bien, como lo muere) su actor directo —una infinitud aparente, pero perfectamente objetiva y regulada—. Esta situación es exactamente la contraria de los efectos de horizonte ya mencionados, en los que el infinito efectivo parecía finito. Para el prisionero de la torre que mira a lo lejos, el horizonte parece situado a una distancia finita, mientras la persona que se desplaza por la carretera no lo alcanzará nunca, de la misma manera que el cero absoluto está al alcance del termómetro (la graduación -273,15 °C podría figurar sobre la escala), aunque ningún cuerpo pueda alcanzarlo.

Finitos

Lo finito se presenta a veces como subinfinito. Así, una longitud finita se concibe normalmente como un segmento finito que forma parte de una recta infinita. Se tiene la idea de que la finitud viene impuesta por unos extremos separados entre sí por una distancia que, en principio, carece de límites. Por tanto, implícitamente se entiende el infinito como marco potencial de lo finito. Por lo menos ésta es nuestra intuición más habitual, basada en nuestra práctica de la numeración. El infinito nos inquieta, pero lo necesitamos para garantizar en el finito las propiedades que esperamos de él. Sin embargo, esta dualidad no es una necesidad lógica. Se puede pensar en números en la finitud más estricta, números que puedan sumarse, multiplicarse, es decir, con los que puedan realizarse las operaciones más corrientes sin que aparezca el infinito; basta pensar, por ejemplo, en una aritmética modular (la de los números enteros que

9. De hecho, un agujero negro es un objeto cuya dinámica de colapso gravitatorio hace imposible asignar significado alguno a cualquier propiedad física. No hay ni forma geométrica ni constitución material (no se puede considerar que esté formado por una u otra especie de partículas). La única característica que se le puede atribuir es su masa (y, eventualmente, su carga). Es liso y sin atributos, como señaló J. A. Wheeler: *«A black hole has no hair»*. El decoro nos impide dar una traducción de este aforismo.

difieren en un múltiplo de *N)*. Si a las exigencias puramente de cálculo se añade un deseo de orden, entonces se impone el infinito: los números que pueden sumarse y clasificarse nos llevan al infinito. Sin embargo, ¡el orden nunca ha constituido una limitación de lo real! En física existen algunas magnitudes de ese tipo, magnitudes cuya finitud es intrínseca, en el sentido de que ésta no se debe a unos extremos que limiten su extensión. Los valores numéricos atribuidos a dichas magnitudes sólo podrían dilatarse hasta el infinito utilizando manipulaciones numéricas arbitrarias, no forzosamente inútiles, que chocarían con su significado físico. El prototipo es la superficie de la esfera. Así, sobre la Tierra no existen dos puntos distantes entre sí más de 20.000 km, y su superficie total es de unos 500 millones de km^2. La unidad, el kilómetro, es arbitraria, pero no lo es el carácter finito de esos dos números. Si bien los mapas confeccionados con algunas técnicas cartográficas, como la «proyección estereográfica», son tales que, para representar el conjunto de la superficie terrestre, se necesita un plano infinito, la razón estriba en que dichas técnicas imponen una modificación radical a la superficie terrestre y transforman su naturaleza topológica. El carácter finito de una superficie esférica es absoluto, en el sentido de que la finitud no le viene impuesta por unos extremos que se podrían desplazar, a voluntad, hasta el infinito. Por el contrario, el territorio de una nación presenta esa finitud relativa que le imponen las fronteras, con un más acá y un más allá. A esta finitud de los límites se opone la finitud ilimitada de la Tierra: limitada sin límites, finita sin fin.

El universo en su conjunto es finito, precisamente con esa finitud intrínseca, por lo menos en el marco de las teorías cosmológicas más utilizadas (dicha finitud es hipotética, pues no se ha establecido su realidad, y las observaciones actuales no van en ese sentido; aquí sólo nos ocuparemos de ella como concepto). La aporía griega del muro y la flecha se esfuma al haber desaparecido el muro; la flecha que dispara el arquero en una dirección cualquiera dará «la vuelta al espacio» y regresará, amenazando la espalda del arquero, y demostrará, de forma un tanto chocante, el carácter acotado del espacio. Es fácil representar esta situación sobre la superficie terrestre en la medida en que está incluida en el espacio interplanetario, un espacio mayor, con tres dimensiones y no las dos que definen una superficie. La posibilidad —reciente, conviene insistir en ello, en la historia de las ideas y más aún en la de las técnicas— de situarse fuera de la superficie terrestre permite aprehenderla fácilmente en su totalidad. Es más difícil concebir un espacio finito en sí mismo, sin situarlo dentro de un espacio de dimensión superior. Sin embargo, el formalismo matemático a este respecto no presenta ambigüedad alguna. La teoría de los espacios riemanianos, por ejemplo, proporciona una descripción intrínseca de estos espacios, ya sean finitos o no.

Allende las matemáticas es como hay que imaginar, a escala cósmica, el universo espacial —si es finito—. El procedimiento didáctico habitual consiste en compararlo con la superficie de una esfera habitada por seres bidimensionales incapaces de percibir la tercera dimensión, seres con longitud y anchura, pero sin altura. Midiendo y triangulando su planeta, sin separarse de la superficie, ni siquiera con la mente, estos seres detectarían su finitud, como tal vez lo hagamos nosotros en el caso de nuestro espacio, sin necesidad y sin la posibilidad de salir de él. Posiblemente esta analogía no resulta demasiado convincente, pues sabemos que, en realidad, esa esfera se encuentra dentro de un espacio más amplio. En el fondo, tenemos la sensación de que nuestro espacio, si es finito, también se encuentra dentro de otro espacio (¿cuatridimensional?) más amplio e infinito, lo cual evitaría tener que plantear la dificultad de la finitud intrínseca. Parece como si sólo la infinitud del continente permitiese pensar en la finitud del contenido. Sin embargo, sigue siendo una ingenuidad de la primera intuición. El círculo, por ejemplo, presenta en una dimensión la misma finitud que la esfera en dos dimensiones. Ahora bien, puede sumergirse en un espacio de dos dimensiones, finito o infinito: puede trazarse el círculo sobre un plano (infinito) o sobre una esfera (finita). La dificultad que supone pensar la finitud intrínseca de un espacio no puede ser sustituida por la fuga adelante que consiste en sumergirlo en un espacio de dimensión superior. En este nuevo espacio, vuelve a plantearse el problema en los mismos términos. Para evitar el vértigo de la recurrencia sin fin, vale la pena decidirse a afrontar de entrada el problema y, una vez resignados a ello, volver a reflexionar sobre el ejemplo de la esfera habitada por unos hipotéticos habitantes planos.

Por consiguiente, habría dos tipos de finitos: uno relativo, una parte de un infinito (es la longitud de un segmento de recta), y otro absoluto (es la circunferencia de un círculo). Lo paradójico es que, a veces, el segundo es una mejor vía de aproximación hacia el infinito que el primero. En efecto, por muy largo que sea el segmento finito, siempre estará limitado por sus extremos, verdaderas cicatrices del corte que le impiden tener infinitud (la etimología nos hace ver que el término *sección* está relacionado con *segmento)*, a menos justamente que se eliminen esos puntos que limitan el segmento. Se dice que el segmento obtenido es «abierto» y que, al carecer de extremos, es topológicamente equivalente a una recta infinita. Sin embargo, tal vez sea más sencillo prescindir de dichos extremos y centrarse en el caso del círculo. A diferencia de la del segmento, su infinitud es uniforme de entrada, o sea, todos sus

194

puntos tienen la misma importancia, como los de la recta, y, a este respecto, emula la infinitud. Todo esto no son consideraciones ociosas o juegos de palabras; se trata de un problema muy concreto que aparece a menudo en la física teórica [LL10]. Suele ocurrir que la finitud del marco espacial provoque molestas dificultades técnicas en el tratamiento de algunos fenómenos.[10] La solución de estas dificultades radica en reconocer de entrada el carácter idealizado de toda descripción válida para el espacio en su conjunto, «hasta el infinito». De hecho, el comportamiento de un electrón en el laboratorio no ha de depender (salvo en casos excepcionales) de los fenómenos físicos que se producen en la estrella Sirio. Con otras palabras, el hecho de que el espacio sea infinito o finito con un tamaño de unos años-luz (de hecho, bastarían unas cuantas decenas de metros), no debería afectar a los cálculos. Por tanto, por comodidad de cálculo resulta legítimo sustituir el espacio infinito por un espacio finito. En realidad, ese espacio finito seguramente refleja mejor las condiciones físicas efectivas, pero su inconveniente es que ha de caracterizarse por un tamaño, un elemento que no es pertinente en este problema, en el sentido de que el resultado final no puede depender del tamaño. Restringir sobre el papel el espacio del electrón a la galaxia, al sistema solar o tan sólo a la Tierra no tendría que modificar el comportamiento del electrón en el acelerador. Por tanto, puedo decidir, arbitrariamente, que los cálculos pueden realizarse restringiendo el sistema a un segmento de recta (no vamos a generalizar aquí más allá de la dimensión uno), de longitud L fija, comprobando después que esta longitud, siempre que sea lo suficientemente grande, desaparece del resultado final. No obstante, cuando se aplica a un segmento acotado, esta técnica a veces resulta demasiado simple e introduce «efectos de contorno» poco elegantes y redundantes cerca de dichas cotas, de las que acabamos de afirmar que no tienen importancia física (siempre que se trate de estudiar un sistema capaz de ocupar todo el espacio). Así pues, se suele utilizar lo que en ocasiones los físicos, sin razón alguna, consideran como un simple truco, las llamadas «condiciones cíclicas de Born-Von Karmàn». Consisten en tratar el segmento de longitud L de forma que se identifiquen sus dos extremos y que se cumplan las mismas condiciones en ambos puntos. Es fácil comprender que esta identificación equivale a cerrar el segmento sobre sí mismo y hacer desaparecer los dos extremos. El segmento queda susti-

10. ↑A modo de ejemplo, la descripción formal de un cuantón sobre una recta por su densidad de probabilidad de presencia exige que dicha densidad esté normalizada, es decir, que su integral sobre la recta sea igual a la unidad, lo cual impide que se considere un reparto uniforme, no normalizable a causa de las divergencias que impone la infinitud de la recta.↓

tuido por un círculo (mejor dicho, por un toro unidimensional) sin puntos límite. El espacio recupera entonces su homogeneidad y conserva la finitud que le permite evitar las dificultades técnicas planteadas al principio. Los efectos de contorno desaparecen y las expresiones formales son más sencillas y elegantes. El finito sin límites es una buena aproximación al infinito ilimitado.

*

En cualquier caso, al igual que el infinito, el finito plantea muchos problemas. Su simplicidad es engañosa y, como ocurre con esos seres que frecuentamos habitualmente y que de repente muestran una faceta desconocida de su personalidad, su trato demasiado frecuente tal vez nos impida apreciar todas las riquezas que encierra.

VIII
Global / local

Unos niegan pura y simplemente cualquier influencia del satélite de la Tierra en el crecimiento de flores y plantas. (…) Otros se sienten dependientes del mundo que les rodea, ínfima partícula consciente del universo que vive al son de las estrellas y de los planetas, como las plantas, los animales e incluso los minerales. (…) Buscan conocimientos más o menos olvidados, de armonía entre el cielo y la tierra, las estrellas y el mundo vegetal.

Céleste [Be]

Como siempre, la conferencia del ilustre y conocido astrofísico ha convocado a mucho público. Durante un rato, el conferenciante ha hecho soñar al auditorio con las amplias perspectivas del cosmos, con los hilos que nos vinculan al universo como un todo; «polvo de estrellas», los átomos de nuestros cuerpos han sido fabricados en los hornos estelares y diseminados por las explosiones de las supernovas; las complejas moléculas orgánicas que hacen posible la vida ya se encuentran en los micrometeoritos del espacio interestelar; la intensa radiación cósmica que bombardeó la Tierra primitiva estimuló las complejas reacciones químicas que dieron lugar al nacimiento de los primeros seres vivos; la sucesión de glaciaciones se debe a los grandes ciclos astronómicos que modifican la órbita terrestre, y la actividad solar tiene importantes repercusiones climáticas y biológicas; por su presencia, la Luna regula los movimientos de la Tierra y le permite tener unas condiciones de temperatura casi estables que, en definitiva, hacen posible la vida. En pocas palabras, somos los «hijos del Cosmos» —ése era el título de la conferencia.

Tras la exposición, el debate. La pregunta inevitable no se hace esperar: Si la ciencia contemporánea reconoce finalmente lo que todas las tradiciones esotéricas nos han estado enseñando desde hace tanto tiempo, ¿por qué sigue rechazando la validez de la astrología? ¿Cómo se puede admitir la influencia de los rayos cósmicos sobre el origen de la vida, la de la Luna sobre las mareas, la del Sol sobre el clima, y negar en cambio la posibilidad de una acción, mucho más modesta, de los astros sobre las personas? De hecho, las acciones a distancia que usted admite sin poderlas explicar, como el propio Newton por cierto, ¿por

199

qué tendrían que limitarse al campo de los efectos puramente físicos de la gravitación y del electromagnetismo? ¿No ponen acaso de manifiesto que el tejido del universo a gran escala es mucho más tupido de lo que usted está dispuesto a admitir al rechazar y considerar «ocultas» todas esas influencias globales en favor de explicaciones locales más estrechas?

Acciones a distancia

Hay que reconocer que las acciones a distancia de la física clásica plantean un problema epistemológico serio. Detrás de la evidencia de su formulación, la atracción universal de Newton, presenta una dificultad intelectual considerable: «Dos cuerpos cualesquiera se atraen en proporción directa de sus masas y *en proporción inversa del cuadrado de su distancia*». ¿Cómo puede el Sol atraer a la Tierra desde una distancia de 150 millones de kilómetros? ¿Cómo sabe la Tierra a qué distancia se encuentra el Sol, cómo calcula la atracción que experimenta? Y, lo que es aún más misterioso, ¿cómo comprender que esa acción se ejecuta instantáneamente, pues en la formulación newtoniana la fuerza que se ejerce sobre un cuerpo en un momento dado depende de la distancia que le separa del otro cuerpo exactamente en el mismo instante? Comprendemos bien, o eso creemos, las acciones de contacto, aquellas que se producen cuando un cuerpo ejerce una acción sobre otro, tocándolo. Por eso lanzamos, estiramos, empujamos, bloqueamos. Pero ¿a *distancia e instantáneamente?* ¿Cuál es el *mecanismo* de la interacción? «*Hypotheses non fingo...*», respondía Sir Isaac: «No finjo saber...», dejando entender que todo funciona tan bien, que los cálculos de los movimientos celestes son tan precisos que la fórmula debe ser correcta. Sin embargo, las preguntas de sus contemporáneos siguen sin respuesta, y pueden comprenderse las críticas que recibió Newton por parte de los cartesianos del continente, que le reprochaban estar introduciendo subrepticiamente las cualidades ocultas que Galileo había eliminado para fundar la ciencia moderna. ¿Qué diferencia hay, se preguntaban, entre esta «fuerza gravitatoria» introducida *ad hoc* para explicar la atracción de los cuerpos y la «virtud dormitiva» del opio? Los newtonianos insistían en que su atracción universal estaba formalizada, que podía transformarse en números y que proporcionaba explicaciones y predicciones cuantitativas, observables y repetibles. De todo eso se desprende que la ley de la gravitación universal posee ciertamente una validez fenomenológica indudable, que todo se produce «como si» los cuerpos se atrajesen, etc.

Pero sigue planteada la cuestión del *cómo*. Los torbellinos de Descartes no consiguieron justificar cuantitativamente la ley de Newton, pero por lo menos tenían el mérito de permitir comprender mejor las acciones entre los cuerpos celestes. Un espacio lleno (de éter) es más capaz de transmitir influencias *progresivamente* que un espacio vacío, en el que la ausencia de toda sustancia mediadora condena cualquier acción *a distancia* directa.

Esta oposición entre lo global y lo local no es tan insuperable como parece y enseguida se encontraron conceptos más sutiles que permitieron sustraerse al dilema. La física de los medios continuos, mejor dicho, su matematización, no estaba lo suficientemente desarrollada como para que pudiesen concretarse las intuiciones cartesianas. Así, el primer intento de superar la aporía de la acción a distancia aparecerá en el marco newtoniano por excelencia constituido por la mecánica de partículas. A pesar de su fracaso, esta teoría es al mismo tiempo lo bastante sutil y desconocida como para que valga la pena recordarla [Po]. Georges-Louis Lesage era un físico de Ginebra (1724-1803) que concibió un extraordinario esquema en el que explicaba la acción gravitatoria a distancia, no sólo en esencia, sino en detalle, mediante… ¡una acción de contacto! Imaginemos que el espacio, vacío de toda sustancia continua, está recorrido en todos los sentidos por flujos de partículas ínfimas y sutiles, hasta el punto de que nuestros sentidos no son capaces de percibirlas. Estas partículas, ajenas al mundo cotidiano y a las que Lesage llamó «corpúsculos ultramundanos», no tendrían por qué sorprender a nuestra imaginación contemporánea, tan acostumbrada a los rayos cósmicos y a los fantasmagóricos neutrinos interestelares. Los corpúsculos ultramundanos bombardean los cuerpos celestes y sobre ellos cae una auténtica lluvia de choques mínimos, pero muy numerosos. Sobre un cuerpo aislado, estos choques se compensan entre sí y su efecto total es nulo (figura VIII.1). Sin embargo, cuando hay dos cuerpos que se encuentran próximos entre sí, cada uno de ellos actúa como una pantalla para el otro e intercepta una parte del flujo de partículas. Así pues, lo choques de los corpúsculos que llegan a la cara de un cuerpo opuesta al otro no serán compensados y su efecto acumulado equivaldrá a una presión. Los dos cuerpos no se atraen, ¡pero son empujados uno hacia otro! (figura VIII.2) Es más, esta fuerza es proporcional al flujo ultramundano que intercepta, y aumenta a medida que se acercan entre sí los cuerpos. Es fácil deducir que dicha fracción es proporcional al ángulo sólido definido por el cuerpo que actúa de pantalla, es decir, que varía en función del inverso del cuadrado de la distancia. Por tanto, Lesage no sólo consiguió «explicar» la llamada «atracción universal» de Newton, sino que

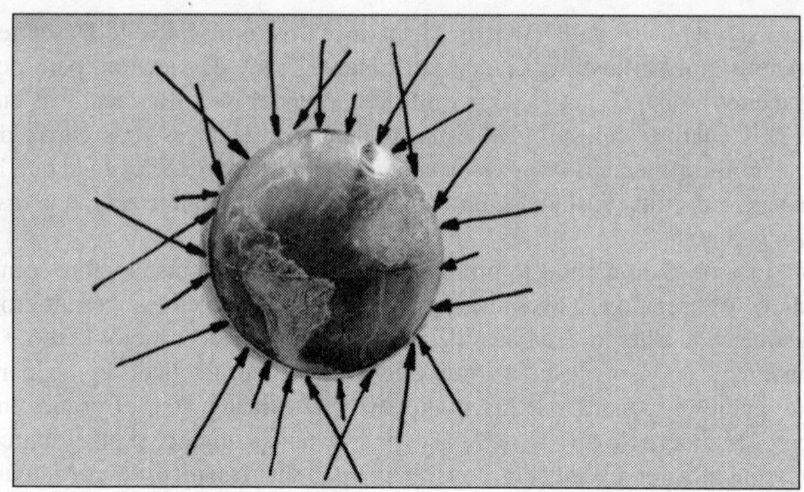

Figura VIII.1 La teoría de Lesage para un cuerpo

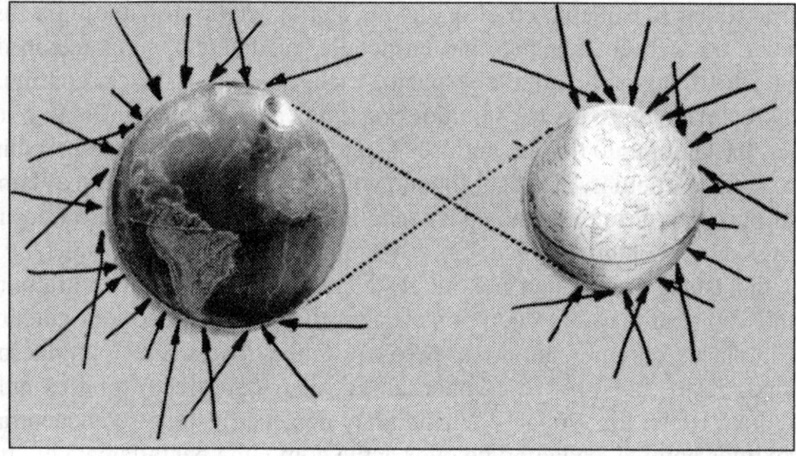

Figura VIII.2 La teoría de Lesage para dos cuerpos

dedujo la forma matemática precisa de su dependencia espacial. Hubiera podido decir con orgullo: *«Hypotheses finxi!»*. En cualquier caso, consiguió transformar una misteriosa acción a distancia en unas triviales fuerzas de contacto, consiguió eliminar una influencia global en beneficio de acciones locales. Y se comprende por qué tituló orgullosamente unos de sus trabajos (inédito) *Lucrecio newtoniano* [Pt].

202

#¡Es una idea genial! Supongo que algunos de los problemas que encuentra la hacen inviable.

—Así es…

—¿Cuáles?

—¿No le gustaría intentar encontrarlos usted mismo?

—Puedo intentarlo. Veamos… ¡ah, sí! La teoría de Lesage explica la dependencia de la atracción gravitatoria, el famoso «inverso del cuadrado de la distancia» mediante los impactos de esos corpúsculos ultramundanos.

—Permítame un momento. Esta terminología resulta un poco pesada. ¿No podríamos pensar en algo más corto?

—¿En la línea de las partículas modernas de la radiación de las que, en el fondo, los corpúsculos de Lesage son una anticipación? Sí. ¿Qué le parece «ultrinos», pues tienen el mismo carácter evanescente que nuestros neutrinos?

—Adelante con los ultrinos. Volvamos a la fórmula newtoniana en la que, además de la distancia espacial de los cuerpos presentes, intervienen las masas. El mecanismo de Lesage se basa en la interceptación geométrica de los ultrinos y, por tanto, en las dimensiones de los cuerpos; intervienen sus secciones. Sin embargo, las superficies de éstas no están en la misma proporción que sus masas, pues, por un lado, las primeras dependen del cuadrado de los radios de los cuerpos celestes y las segundas de sus cubos y, por otro, las densidades de los cuerpos no son iguales. El juego mutuo de las atracciones de los distintos cuerpos sería muy distinto si hubiera tenido razón Lesage.

—¡Muy bien visto!, pero ya Lesage comprendió esa dificultad y sacó la conclusión que la interceptación de los ultrinos era un asunto de masas y no de superficies. Dicho de otro modo, los ultrinos eran detenidos, dentro del planeta, por los átomos y, por consiguiente, de forma proporcional a su masa y su número. Así aparece el término del producto de las masas, como en la ley de Newton.

—Admitamos que es así, pero hay otro problema. Todo va bien mientras haya dos cuerpos presentes, pero cuando hay tres alineados los efectos pantalla van a compensarse. Cuando la Luna pasa entre el Sol y la Tierra, los ultrinos que inciden sobre su cara oculta y la «empujan» hacia la Tierra son interceptados por el Sol, de tal forma que la fuerza aparente de atracción de la Tierra sobre la Luna disminuye fuertemente en ese instante. Durante los eclipses se producirían perturbaciones muy importantes de la trayectoria de la Luna.

—El razonamiento es correcto. Es exactamente el mismo que hizo Lesage. La conclusión que sacó es que cada cuerpo celeste sólo intercepta una pequeñísima fracción del flujo ultrínico, y que ésta daba lugar a la «presión gravitatoria». Así, la mayoría de los ultrinos que inciden sobre el Sol lo atraviesan, y el flujo que incide sobre la Luna durante los eclipses prácticamente no varía.

—Si a cada objeción se modifica la teoría, ¡al final será imposible rechazarla!

—No se modifica, sólo se precisa. Sus dos críticas nos han permitido conocer mejor la física de los ultrinos. Se pueden incluso cuantificar estas observaciones y obtener límites para los valores numéricos de su absorción, por ejemplo.

—Un último intento; no hemos tenido en cuenta el movimiento de los cuerpos. El razonamiento de Lesage se basa en que el flujo ultrínico es isótropo, es decir, presenta la misma intensidad en todas las direcciones. Y cuando el cuerpo está en movimiento, choca contra los ultrinos que inciden sobre su cara anterior mientras que se escapa de los que inciden sobre su cara posterior. Los primeros tendrán, por tanto, una velocidad relativa mayor que si el cuerpo estuviese en reposo, pero para los segundos será menor. Así pues, los choques son más violentos en la cara anterior y lo son menos en la posterior, lo cual se traduce en una fuerza de frenado. En su movimiento alrededor de la Tierra, la Luna se iría frenando, contrariamente a lo que se desprende de la teoría newtoniana… y de la observación.

—¡Muy bien, de nuevo! Es una excelente observación… que Lesage analizó también. Para responder a esta cuestión basta formular la hipótesis de que la velocidad de los ultrinos es muy elevada, mucho mayor que la de los cuerpos celestes en sus órbitas, de forma que los incrementos o decrementos de velocidad debidos al movimiento relativo de estos cuerpos y los ultrinos no hacen variar prácticamente el efecto de los impactos.

—Si entiendo bien, la teoría de Lesage es irrefutable, y Popper nos explicaría que, por ende, no es científica.

—En absoluto. Como ya le he dicho, Lesage se planteó estas tres objeciones. Pudo superarlas, pero pagó el precio de tener que especificar los parámetros de su teoría, lo cual hizo que fuera más explícita y, por tanto, más refutable.

—Entonces, ¿cuál fue el argumento decisivo que hizo que fuese abandonada?

—Curiosamente, no fue un argumento. De hecho, en el siglo siguiente a su formulación no se planteó ninguna objeción de gran calado. Cayó en desuso y fue abandonada por razones de gusto y de estilo, y no tanto de lógica o de experiencia.

—¿Quiere decir que los físicos del siglo XIX se despreocuparon de los ultrinos porque, de algún modo, no les gustaban?

—Exacto. Lo que en realidad condenó a Lesage al olvido fue la aparición del concepto de campo, y el lento y progresivo fortalecimiento de su poder explicativo.

—¡No es una historia muy popperiana! ¿Puede descartarse una teoría no tanto por sus defectos o fracasos como por los éxitos y la capacidad de *otra*?

—Así ocurre en la mayoría de los casos, como ha demostrado ampliamente Feyerabend [Fr1], [Fr2].

—Es lo que usted suele llamar «extinción del popperismo». ¿Y Lesage? ¿Sigue su teoría en ese incierto purgatorio entre el infierno de la refutación y el paraíso de la rehabilitación?

—No, acabó siendo eliminada del todo, pero mucho después de haber sido descartada. A finales del siglo XIX, los físicos volvieron a examinar la teoría de Lesage. Contaban con nuevas herramientas matemáticas elaboradas para la teoría cinética de los gases, herramientas que resultaron muy útiles para estudiar los flujos de ultrinos en circulación por el espacio en cualquier dirección. Se dieron cuenta de que la eficacia del mecanismo de colisión de los ultrinos tenía que hacer frente a un obstáculo bastante divertido. Los ultrinos que inciden sobre la cara interna de uno de los cuerpos pueden rebotar en ella e incidir sobre el otro cuerpo, igualmente en su cara interna, con lo cual contrarrestarían los ultrinos que inciden sobre el exterior…

—… donde vuelven a rebotar. ¡Se hace bastante difícil evaluar el efecto neto de todos esos choques y rebotes!

—Por eso se necesita un formalismo bastante sofisticado. En definitiva, se alcanza un equilibrio perfecto y el efecto pantalla de cada cuerpo celeste queda exactamente compensado por su efecto especular.

—Un momento. Esta objeción no pone punto final, pues bastaría suponer que los ultrinos no rebotan sobre la materia corriente de forma elástica, sino que pierden parte de su energía en cada choque. De esta forma los choques secundarios y sucesivos se producirían a velocidades inferiores y no podrían contrarrestar los choques primarios.

—En efecto, pero no puede estimarse la energía perdida en la materia por los ultrinos durante los choques inelásticos. Las limitaciones que hemos mencionado anteriormente sobre los valores numéricos de la velocidad, el flujo y la penetración intervienen aquí, y el efecto es devastador. Para conseguir alcanzar el valor de la fuerza newtoniana, los ultrinos deberían perder, en su interacción con un cuerpo como la Tierra o la Luna, una energía tal que su temperatura aumentase varias decenas de miles de grados en una fracción de segundo, con lo cual se evaporaría el cuerpo.

—¡Que caiga el telón!, pero es una lástima.

—Sí. Es un nuevo ejemplo de desaparición de una espléndida teoría a causa de los miserables hechos.#

La relativa indiferencia con la que fue recibida la teoría de Lesage constituye un extraño episodio de la historia de las ciencias. Posiblemente llegó demasiado tarde, en un momento en que los físicos y los astrónomos ya estaban demasiado acostumbrados a las fuerzas newtonianas a distancia y se esforzaban en aplicarlas al estudio preciso de los complejos movimientos celestes y en ampliar ese esquema explicativo a otros ámbitos de la física (la ley de Coulomb en electricidad, por ejemplo) en lugar de profundizar en sus fundamentos. Lo cierto es que no consiguió socavar el paradigma dominante. Conviene señalar que, todavía hoy, las escasas alusiones a la teoría de Lesage que pueden encontrarse en manuales o en libros de divulgación se contentan, en general, con oponerle sólo aquellas objeciones inmediatas a las que el propio Lesage había dado ya respuesta desde el principio —véanse, por ejemplo, los escritos de un físico tan perspicaz como Feynman [Fy2].

La física amplía su campo

La evolución de las ideas físicas tomará un camino distinto y la dificultad conceptual de la acción a distancia se disipará en una perspectiva finalmente más parecida a la de los cartesianos. La noción de *campo* conseguirá suavizar de nuevo la limitación mental. La formulación mecánica newtoniana global será sustituida por una concepción continua y local, desde el punto de vista de campo gravitatorio. En lugar de considerar que un cuerpo ejerce una fuerza sobre otro, directamente o a distancia, se concebirá el fenómeno de interacción como una secuencia en tres fases: 1) el primer cuerpo genera a su alrededor un campo gravitatorio (es decir, una disposición específica de su entorno), 2) este campo se propaga por el espacio, 3) el segundo cuerpo se ve sometido a la influencia del campo y experimenta una fuerza. Evidentemente, el «mecanismo» (en este caso la palabra ya no se refiere a un modelo de máquina articulada y sólida) es recíproco y permanente. Lo que más nos interesa aquí es la segunda fase, la de la propagación espacial progresiva, que se expresa mediante leyes diferenciales. El campo es el mediador de la interacción y no necesita ningún medio material subyacente. En este esquema, la interacción gravitatoria global queda reducida a un juego de influencias locales. La cuestión de la instantaneidad queda claramente resuelta, sin ambigüedades: la acción es rápida, pero *no* es instantánea, y requiere cierto tiempo de propagación, aun cuando, como parece suceder en el caso de la gravitación, su velocidad de propagación es máxima e igual a la velocidad límite. Si el Sol explotase, la órbita de la Tierra sólo sería perturbada al cabo de unos ocho minutos, el tiempo necesario para recorrer la distancia Sol-Tierra a la velocidad de la luz, o de la gravitación.

Conviene señalar además que la resolución de la aporía de la acción a distancia mediante la teoría clásica de campos no es nada forzada. En principio, si se desea, se puede formular una teoría equivalente pero muy diferente en cuanto a acción a distancia directa: se elimina el recurso a un campo intermediario obteniendo directamente la fuerza ejercida por un cuerpo sobre el otro mediante una fórmula de tipo newtoniano. Durante una época, antes del triunfo definitivo de la teoría maxwelliana del campo electromagnético, los físicos del siglo XIX intentaron conservar la noción de fuerza a distancia, para lo cual establecieron generalizaciones de la ley de Coulomb (la homóloga, en el campo de la electricidad, a la ley de la gravitación de Newton), capaces de tener en cuenta los complicados efectos, en particular los dependientes de la velocidad, asociados al magnetismo. Pero la necesidad, hoy comprensible, de respetar la estructura einsteiniana del espacio / tiempo y, en concreto, la no-instantaneidad de la acción, complica en gran manera la fórmula, pues hace que la fuerza experimentada por un cuerpo dependa de la posición del otro en un instante anterior, determinado por la trayectoria seguida. Ahora bien, esa trayectoria queda definida a su vez por la fuerza, etc. La bella simplicidad de las ecuaciones diferenciales newtonianas instantáneas queda sustituida por unos intrincados sistemas de ecuaciones integro-diferenciales con plazo temporal para los que no siempre se dispone de las necesarias herramientas matemáticas.[1] Se comprende entonces que los fí-

---

1. ↑En el caso del electromagnetismo, más sencillo que la gravitación, se sabe cómo sustituir *eficazmente* una teoría de campos por una mecánica newtoniano-einsteiniana. La fórmula de Coulomb corriente (análoga a la de Newton) que proporciona la fuerza ejercida por una carga eléctrica q_1 sobre una carga eléctrica q_2 a una distancia r se escribe (con las unidades adecuadas):

$$F = q_1 q_2 \frac{e_r}{r^2},$$

siendo e_r el vector unitario sobre la recta que une las dos cargas. En el espacio / tiempo einsteiniano la fórmula correspondiente es:

sicos prefieran la formalización mediante ecuaciones en derivadas parciales que ofrece la teoría de campos convencional. No hay que subestimar el papel de la comodidad técnica en el consenso epistemológico.

La sacudida que para la dualidad global / local supuso la idea de campo también tiene repercusiones sobre la cuestión más general de los modos de interacción entre los objetos físicos. En efecto, la configuración de un campo en una situación física específica exige de por sí una doble determinación, local y global. Tomemos un ejemplo sencillo y clásico, el del campo de vibraciones de la piel de un tambor —vibraciones que son transmitidas al aire del entorno y se transforman en ondas sonoras—. Este campo queda definido dando, para todo punto de la superficie en vibración, el valor del desplazamiento de la piel con respecto a su posición de equilibrio. Como es evidente, el desplazamiento en un punto está ligado al desplazamiento en todos los puntos infinitesimalmente próximos, debido a la continuidad / contigüidad del medio material de propagación. El campo obedece así a una determinación local que se expresa en forma de ecuaciones diferenciales que rigen, en todo punto, la variación local del desplazamiento vibratorio. Sin embargo, estas ecuaciones no constituyen una condición suficiente para poder determinar sin ambigüedad la amplitud de las vibraciones. Hay que añadir también las «condiciones de contorno» que definen limitaciones a las que está sujeta la vibración en la proximidad de la superficie vibratoria (en el caso del tambor, como la membrana está fija en los bordes, la amplitud de la vibración debe anularse en ellos). Estas condiciones, de naturaleza global, permiten obtener, mediante ciertas especificaciones matemáticas, una solución única de las ecuaciones locales, siempre que la frontera sea lo suficientemente regular.

Volviendo al modo espacial de las interacciones, físicas, enseguida se apreciará la ironía de la inversión conceptual. La primera intuición privilegia la comprensión de las interacciones entre cuerpos físicos en cuanto a acciones de contacto, sin intermediarios, e intenta que cualquier

---

$$F = q_1 q_2 \left\{ \left[\frac{e_{r'}}{r'^2} + \frac{r'}{c} \frac{d}{dt} \left(\frac{e_{r'}}{r'^2} \right) + \frac{1}{c^2} \frac{d^2}{dt^2} e_{r'} \right] - \frac{\vartheta}{c} \wedge (e_{r'} \wedge [id.]) \right\}$$

donde v es la velocidad de la carga q_1 con respecto a la carga q_2, y donde las «primas» indican que la distancia entre las dos cargas debe calcularse para el instante anterior:

$$t' = t - r'/c$$

para poder tener en cuenta la velocidad de propagación finita de la interacción. Como puede comprobarse, la complicación técnica de esta teoría es considerable (véase la discusión de Feynman [Fy1]).↓

208

acción a distancia aparente entre dentro de ese esquema —es la estrategia que tan admirablemente ilustra la teoría de Lesage—. Sin embargo, tras el desarrollo de la noción de campo, lo misterioso es justamente las acciones por contacto, que también hará falta explicar. En efecto, la constitución atómica de la materia indica que el «contacto» entre dos cuerpos no es sino una ilusión macroscópica que se disipa cuando se examina la situación más de cerca. No se puede hablar de coincidencia entre las posiciones espaciales de los corpúsculos que constituyen la materia, electrones y núcleos, que sólo consiguen acercarse entre sí hasta distancias del orden del nanómetro, pero no pueden «tocarse», aun cuando los consideremos objetos localizados, de acuerdo con la representación clásica, que discutiremos más adelante. En definitiva, las partículas atómicas interaccionan entre sí a distancia, a través de un campo de naturaleza electrostática.

#Contrariamente a lo que uno puede suponer en principio, ¿son las fuerzas a distancia las que explican finalmente las fuerzas de contacto aparentes?

—En una primera aproximación, y por mor de la paradoja, podríamos decir que sí.

—¿Por qué esa reticencia? Acaba de decir que los electrones de la palma de mi mano nunca tocan los de su palma cuando nos estrechamos las manos.

—Exacto, pero volver a la idea anterior de la acción a distancia no es precisamente lo mejor para describir la situación.

—Vamos a ver, ¿están o no separados esos electrones y los núcleos de los átomos?

—Sí, pero ¿qué hay entre medio?

—Espacio.

—Pero ese espacio no está vacío.

—Es verdad, de nuevo el campo.

—¡Perfecto! La interacción de los electrones de su mano con los de la mía nos da la sensación de que hay un contacto. El mediador en esa interacción es el campo electromagnético, que asegura la continuidad o, mejor aun, la contigüidad espacial de la interacción.

—Lo que queda realmente en entredicho aquí es la dicotomía entre lo local (acción por contacto) y lo global (acción a distancia).#

La naturaleza cuántica de la materia hace que la discusión sea aún más sutil. En general, los cuantones (electrones y nucleones que componen los átomos) no se dejan caracterizar por una localización puntual. Su espacialidad dentro del átomo no se reduce a posiciones geométricas determinadas, y sólo puede describirse mediante una distribución continua. Es lo que hemos llamado ubicuidad o «pantopía» de la teoría cuántica. Al no ocupar lugares bien definidos, desaparece la noción de coincidencia posible de sus posiciones, o sea, el contacto. ¿Es el triunfo absoluto y definitivo de lo global sobre lo local? Considerarlo así equivaldría a despreciar las sutilezas que exige la descripción verbal de los formalismos teóricos de la física. Este campo electromagnético que actúa como mediador entre los cuantones atómicos cargados (electrones, nucleones) está constituido y cuantificado a su vez por cuantones, en este caso fotones. Los tres tiempos del proceso de interacción que propone la teoría de campos se describen en el marco cuántico como 1) la creación de un fotón, o varios, por un primer cuantón cargado (electrón o protón), 2) la propagación del o de los fotones, 3) la reabsorción de los fotones por un segundo cuantón cargado (o incluso por el mismo cuantón). Todos estos cuantones, tanto los fotones como los electrones, no están bien localizados en general, es decir, se caracterizan por una extensión espacial, una distribución continua de sus posiciones. Se puede considerar, por tanto, que coexisten espacialmente ya que cada uno de los cuantones que intervienen en un proceso posee cierta probabilidad de manifestarse en un lugar dado (cualquiera) del espacio. A pesar de la deslocalización de los cuantones, las interacciones siguen siendo locales. La intensidad de una interacción electrón-fotón depende de sus caracterizaciones espaciales coincidentes. Dicho de otro modo, hay que considerar que esta interacción se manifiesta en todo el espacio, pero punto a punto, o sea, relaciona un electrón y un fotón en cada punto, pero no un electrón en un punto y un fotón en otro. El acoplamiento entre el campo electrónico y el campo fotónico (ambos considerados como campos cuánticos) es global (se produce en todas partes) y local (sólo se aplica a los valores de los campos en los mismos puntos). Así, al tiempo que rechaza la localidad espacial de sus objetos, la teoría cuántica de campos respeta la localidad de sus interacciones.

Principios de variación

La dualidad de lo global y lo local no sólo tiene importancia en la caracterización del modo efectivo de interacción entre dos cuerpos distantes. Volviendo a la física clásica, se comprueba que esta dualidad ya aparece en la estructura formal de la mecánica al calcular la trayectoria seguida por un cuerpo sometido a una fuerza que se supone conocida (y cuya naturaleza no vamos a plantearnos aquí). En la formulación newtoniana original la fuerza desempeña un papel de determinación local y permite deducir la aceleración instantánea del cuerpo (reducido en este caso, por afán de simplicidad, a un punto matemático) mediante la expresión:

$$Aceleración = \frac{Fuerza}{Masa} \qquad (8.1)$$

El conocimiento de la aceleración, que es la tasa de variación temporal de la velocidad, permite determinar ésta. Y el conocimiento de la velocidad permite obtener la posición, pues la velocidad es una expresión de las variaciones temporales de esa posición. Esta doble integración temporal es un proceso local que determina las magnitudes físicas a partir de sus variaciones infinitesimales, expresadas por la ecuación de Newton, que es una ecuación diferencial instantánea y puntual. Con otras palabras, a partir de una posición inicial dada, se reconstruye progresivamente la trayectoria de la partícula, punto a punto.

Sin embargo, existe otra forma de operar, conceptualmente muy distinta. Consideremos todas las trayectorias geométricas posibles entre dos puntos, uno de partida y otro de llegada (figura VIII.3), de las que sólo una corresponde a la trayectoria realmente descrita por la partícula y debida a la fuerza ejercida.

A cada una de estas trayectorias potenciales se le puede asociar una magnitud física, tradicionalmente llamada «acción»,[2] que tiene la propiedad de ser mínima para la trayectoria recorrida. Es decir, la trayectoria real es aquella para la que la «acción» es mínima. Este «principio de mínima acción» permite determinar la trayectoria, no ya siguiéndola paso a paso sino de golpe, seleccionándola entre todas las posibilidades (normalmente en número infinito). Estos principios, genéricamente «principios de variación», pueden utilizarse para dar una forma general a un número considerable de leyes físicas, al tiempo que les proporcionan un marco muy amplio.

Un ejemplo elemental bastará para aclarar la idea. Nos preguntamos qué trayectoria seguirá una pelota lanzada desde el punto A y recogida

2. Esta terminología, por muy clásica que sea, es bastante desafortunada. El recurso a un término tan polisémico del lenguaje corriente como «acción» para designar una magnitud física muy determinada puede crear cierta confusión con el uso de esa palabra en un contexto mucho más general y vago para referirse a las influencias e interacciones entre los cuerpos, como cuando hablamos de acción a distancia.

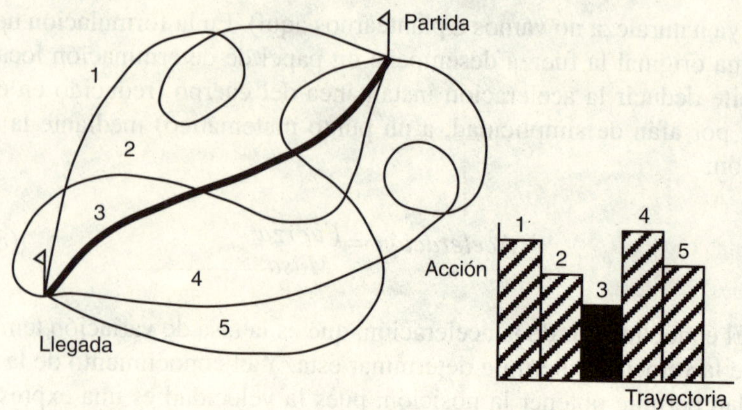

Figura VIII.3 El principio de mínima acción

en el punto *B*, después de efectuar un único rebote en el suelo (figura VIII.5). No vamos a tener en cuenta el rozamiento del aire y la gravedad. Excepto en el momento del rebote, la pelota no experimenta ninguna fuerza, de forma que su trayectoria está compuesta por dos segmentos rectilíneos.

Su determinación precisa se limita, por tanto, a fijar el punto de rebote *R*. En una situación tan elemental como ésta, la magnitud «acción» se reduce de hecho a la longitud del recorrido *ARB*. Por consiguiente, el problema consiste en determinar el punto *R* de forma que la longitud *ARB* sea mínima. La gráfica (figura VIII.4) representa las variaciones de dicha longitud en función de la posición del punto *R* sobre el plano en que se produce el rebote.

El valor de la longitud alcanza efectivamente un mínimo, y en ese punto R_0 rebota la pelota que va de *A* a *B*. Resulta que dicho punto es tal que en él se produce la reflexión «perfecta», es decir, es tal que los ángulos de incidencia y de reflexión coinciden. Por descontado, también se hubiera podido determinar el punto *R* utilizando justamente esta condición. Esta estrategia, basada en una condición puntual, hace intervenir la naturaleza de la «fuerza» de rebote (que impone la condición de igualdad de los ángulos) y corresponde al punto de vista newtoniano. Así, la trayectoria se puede determinar siguiendo dos enfoques radicalmente distintos, una ley local o un principio global. Se comprende mejor la razón de ser de esta coincidencia cuando se considera la demostración geométrica, perfectamente elemental por lo demás, de la equivalencia entre los dos enfoques. Basta construir un punto *B'*, simétrico de *B* con respecto al plano en el que se produce el rebote (figura VIII.6). La longitud

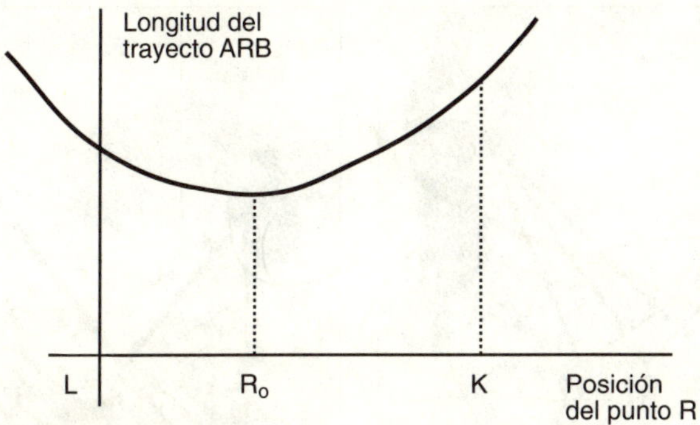

Figura VIII.4 La acción de un rebote

del trayecto *ARB* es evidentemente igual a la del trayecto *ARB'*, pero este último, como es también evidente, es mínimo si el trayecto *ARB'* es rectilíneo, es decir, si el punto *R* se sitúa en R_0, en la intersección de la recta *AB'* y el plano. La simetría de *B* y *B'* implica *ipso facto* la igualdad de los ángulos de rebote.

Esta caracterización global y extrema de las leyes de la reflexión se debe a Herón de Alejandría (alrededor de 125 a. C.) y constituye una genial anticipación de consideraciones que fueron examinadas y desarrolladas por la mecánica clásica a partir del siglo XVII.

Esta justificación racional de la existencia de principios de variación y de su equivalencia con leyes locales no debe hacer perder de vista el contexto ideológico que caracteriza su desarrollo en la física clásica [Y&M]. Después de la observación pionera de Herón, generalizada en el caso de la óptica por Fermat, Maupertuis fue el primero en enunciar, de forma general pero confusa, un «principio de mínima cantidad de acción». En estrecha afinidad con los *Ensayos de teodicea* de Leibniz, Maupertuis sostenía que «en la producción de sus efectos, la naturaleza siempre actúa con los medios más sencillos» y que «cuando se produce algún cambio en la naturaleza, la cantidad de acción necesaria para dicho cambio es la menor posible». Los fundamentos metafísicos de este principio, esencialmente teológicos, son bastante explícitos: «Nuestro principio, más conforme a las ideas que debemos tener de las cosas, deja el Mundo en la necesidad continua de la potencia del creador, y es una consecuencia necesaria del uso más sencillo de esta potencia».[3] ¡Malditas sean la prodigalidad y la arbitrariedad de las divinidades antiguas! En el

---

3. Se entiende mejor ahora el origen de la terminología: la «acción» no es una magnitud física profana, sino la potencia divina.

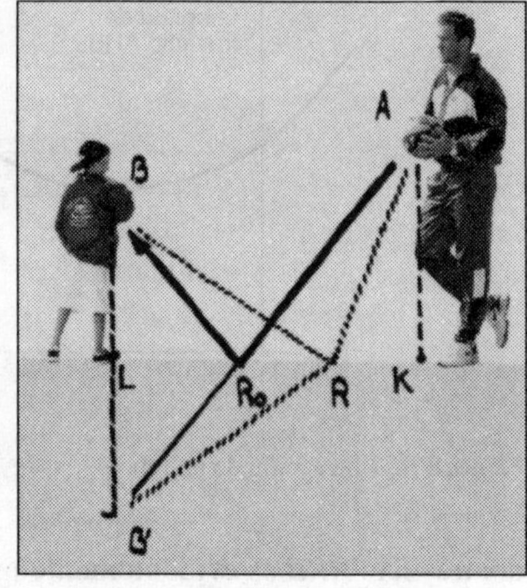

Figura VIII.5 Rebotes   *Figura VIII.6* La geometría del rebote

siglo XVIII, Dios era visto como un artesano relojero que progresaba en la escala social convirtiéndose en un burgués ahorrador… Se comprende por qué la discusión de los principios de variación de la física clásica, incluso después de haber sido formulados y reconsiderados con todo rigor (por Euler y Lagrange en el caso de la física clásica, y más recientemente por Feynman y Schwinger en el de la teoría cuántica), han dado lugar a tantas consideraciones inspiradoras. Posiblemente por esta razón estos principios han conservado hasta la fecha cierta aureola de esoterismo y, en cualquier caso, han sido objeto de interpretaciones teleológicas. En efecto, resulta tentador considerar que la selección de una trayectoria real entre todas las trayectorias potenciales, por la «mínima acción» que está asociada a ella, es el resultado de una «elección» previa. En lugar de una determinación local (en el tiempo) que precisa a cada paso (infinitesimal) la dirección y la amplitud del paso siguiente en función de la fuerza experimentada *hic et nunc*, lo que parece es que se considera el conjunto de los posibles movimientos a través del espacio y el tiempo y luego se escoge uno de ellos en función del valor de la acción, de tal forma que el elemento determinante es la culminación futura del «buen» movimiento. En el siglo XX, Planck se convirtió en abogado del diablo de este punto de vista: «En realidad, el principio de mínima acción introduce una idea totalmente nueva en el concepto de causalidad: a la *causa efficiens*, que opera a partir del presente hacia el futuro, viene a añadirse la *causa finalis*, para la que, al contrario, el futuro —o sea, un objetivo definido— sirve de base para el desarrollo del proceso que lleva a su realización».

214

Es posible dar un enfoque más laico y más racional a estos puntos de vista, si se quiere. Lo primero que hay que advertir es que el principio no siempre exige una acción *mínima*. La determinación de las trayectorias requiere que la acción sea estacionaria, pero no necesariamente que alcance un mínimo. Así lo demuestra el caso de la reflexión óptica considerado antes: el recorrido más corto es evidentemente el recorrido rectilíneo directo AB, y el recorrido reflejado AR_0B sólo corresponde a un mínimo relativo. Existen casos en los que la acción correspondiente a las trayectorias físicas es máxima, o pasa por un punto estacionario.[4] Esta observación evita tener que expresar todas las interpretaciones de los principios de variación en función de ahorro de la potencia divina. Sin embargo, queda por explicar la equivalencia entre los enunciados locales (diferenciales) y los globales (variacionales). Es cierto que para muchas ecuaciones diferenciales «razonables» se puede encontrar (y construir explícitamente) una cantidad (el equivalente de la «acción» de la mecánica clásica) cuyas ecuaciones expresen la estacionalidad. La equivalencia entre leyes locales (ecuaciones diferenciales) y principios globales (variacionales) tiene un carácter esencialmente matemático y es del todo improcedente utilizarlo cuando se trata de consideraciones místicas sobre la naturaleza de la realidad física. El ejemplo de Herón sobre la reflexión sirve también para comprobarlo, pues, por muy elemental que sea, permite comprender la razón profunda de la equivalencia, cuando ésta existe, entre ley local y principio global. En definitiva, se reduce al caso *princeps*, el de la línea recta, de la que desde los tiempos de Euclides sabemos que es la distancia más corta entre dos puntos, según una definición global que singulariza la recta entre todas las líneas distintas que unen dos puntos. Sin embargo, a pesar de su elegancia y su comodidad en algunos casos (trazados mediante cuerdas), esta definición no tiene validez universal. En muchas situaciones, empezando por los desplazamientos a pie, la línea recta se define localmente por una condición válida en cada punto: no girar, es decir, proseguir (infinitesimalmente) en la misma dirección, lo cual supone implícitamente una homogeneidad (continuidad y contigüidad) del espacio que garantice la equivalencia de las dos definiciones y permita que las restricciones locales se extiendan progresivamente a determinaciones globales. Esta misma homogeneidad,

4. Una magnitud es estacionaria en un punto, es decir, en él alcanza prácticamente una constancia local, si dicho punto es un máximo o un mínimo, pero también en la situación más general de un «punto estacionario». El primer caso corresponde al pico de una montaña, en el llano alrededor del cual desciende el terreno; el segundo al fondo de un lago, alrededor del cual asciende el terreno; y el tercero al de un puerto de montaña, alrededor del cual se puede ascender o descender, según la dirección que se tome.

al aplicarse a situaciones mucho más generales en las que las condiciones (fuerzas) varían punto a punto, si bien manteniendo la continuidad, explica por qué hay una amplia clase de fenómenos que pueden describirse tanto por leyes diferenciales (locales) como por principios variacionales (globales). Dicha clase es particular, y no es difícil aportar ejemplos matemáticos de ecuaciones diferenciales muy sencillas que no es posible deducir de un principio variacional. El hecho de que la física no utilice prácticamente estas ecuaciones sigue siendo, conviene señalarlo, bastante misterioso.

Leyes de conservación

Este ir y venir entre las formas locales y globales de los enunciados de la física, sólo posible gracias a la continuidad del espacio / tiempo, aparece también en las leyes de conservación que desempeñan un papel importante en la física moderna. Son verdaderas «superleyes» de la física (Wigner [Wi]) y pueden compararse a los principios constitucionales del derecho que imponen su jurisdicción a todas las leyes particulares. Las leyes de conservación garantizan que, independientemente de los avatares del sistema físico aislado, por más complejas que sean las transformaciones internas que pueda experimentar, se conservarán ciertas magnitudes físicas que caracterizan el sistema, es decir, mantendrán el mismo valor. Es lo que sucede con la energía, con la cantidad de movimiento y con diversas «cargas», como la carga eléctrica. Consideremos este último ejemplo. La carga eléctrica total de un sistema de partículas es la suma de las cargas de cada una de ellas. La carga total se conserva, es decir, mantiene el mismo valor numérico mientras se produce la evolución temporal del sistema, por muy compleja que ésta sea. No es necesario que las partículas conserven su identidad (lo cual haría que la ley de conservación de su carga total fuese bastante trivial), sino que pueden experimentar transmutaciones que hagan aparecer unas y desaparecer otras. Así, el neutrón, inestable, se desintegra espontáneamente dando lugar a otras partículas de acuerdo con la reacción:

Neutrón (0) → *Protón* (+1) + *Electrón* (-1) + *Neutrino* (0)

en la que se indica entre paréntesis la carga de cada una de las partículas (expresada en unidades de carga elemental). Se comprueba que la carga total sigue siendo la misma antes (0) que después (+ 1 - 1 + 0 = 0).

En su enunciado general, estas leyes de conservación parecen imponer sólo una conservación global, válida en el conjunto del ámbito espacial ocupado por el sistema. Con otras palabras, cabe preguntarse sobre la posibilidad de que desaparezca cierta cantidad de una magnitud conservada (carga, energía, etc.) y reaparezca en otro lugar, a distancia, pero exactamente en el mismo momento. Por ejemplo, en la reacción de desintegración anterior, nada parece impedir *a priori* que se aniquile el neutrón en un punto y se materialice el protón en otro (y el electrón y el neutrino aún en otros), siempre que estos acontecimientos sean exactamente simultáneos. Ciertamente sería un fenómeno bastante extraño, que en ningún caso podría producirse lógicamente para un neutrón aislado, pues no es posible determinar los lugares de aparición de los productos de la desintegración, debido a que en un espacio homogéneo el principio de razón suficiente excluye toda localización concreta. Sin embargo, en el seno de un sistema más complejo, se puede imaginar que la determinación provenga de la interacción con otras partículas del sistema que determinarían la geometría de los lugares de materialización de los productos de la desintegración. Incluso en esta situación, es imposible admitir una conservación global que no sea local. En efecto, esa posibilidad requeriría la simultaneidad absoluta de los procesos de desaparición y reaparición a distancia. Ahora bien, en el espacio / tiempo de la cronogeometría einsteiniana no existe la simultaneidad absoluta: dos acontecimientos espaciales separados no pueden ser simultáneos en todos los referenciales inerciales equivalentes. Dicho de otra forma, un fenómeno simultáneo de desaparición / aparición a distancia para un observador dado no lo sería para otro. Éste comprobaría que deja de cumplirse la ley de conservación durante cierto intervalo de tiempo.

Así pues, sólo hay leyes de conservación locales, y toda magnitud conservada sólo puede modificarse por una propagación espacial continua. De hecho, este aspecto es el que confiere su entidad a la noción de campo: en lugar de ser puros mediadores entre fenómenos, capaces de explicar con comodidad las interacciones a distancia, hay que entender que los campos físicos están dotados de cualidades propiamente materiales, pues han de garantizar también el transporte de las magnitudes conservadas (carga, energía, etc.) entre los cuerpos que las generan y los que las absorben.

Sistemas aislados y alcance de las interacciones

Las influencias mutuas entre los cuerpos físicos pueden pensarse como acciones a distancia directas o propagadas progresivamente, pero no es menos cierto que los cuerpos interaccionan entre sí salvando las distancias espaciales que les separan. Queda del todo justificada, por tanto, la siguiente pregunta, esencialmente ingenua: ¿por qué la física tendría que rechazar esas grandiosas visiones globales del universo en las que cualquier cosa actúa sobre el resto, y quedarse en cambio con un punto de vista local, limitado a nuestro entorno más próximo? Y ¿por qué los astros no tendrían ningún efecto sobre nuestro destino? La física no rechaza la idea de interacciones de alcance cósmico, antes al contrario, la fomenta —como recordaba el conferenciante mencionado antes—. Sin embargo, la contingencia misma de la física se basa en una abstracción fundamental, la del «sistema aislado», que viene a ser un trozo de realidad arrancado y separado de lo demás, ajeno a la influencia del resto del mundo y que es posible considerar por sí mismo, sin tener en cuenta su entorno, ya sea próximo o lejano. No es nada evidente, en efecto, poder aislar un sistema físico, aunque sólo sea mentalmente. ¿Cómo es posible entonces que se considere la mecánica del sistema solar sin tener en cuenta la galaxia, o que se estudie la caída de una piedra sobre la superficie terrestre despreciando las acciones del Sol y la Luna, o que se analice la radiación electromagnética emitida por un átomo dejando de lado la molécula o el cristal al que pertenece, o que se estudie un núcleo atómico independientemente de su cortejo electrónico? Hay que entender la expresión «sistema aislado» en sentido activo, no tanto como sistema-que-está-aislado, sino como sistema-que-se-ha-aislado. Por lo demás, la expresión es casi tautológica, pues sólo tiene sentido considerar una porción de realidad como un «sistema» si es posible aislarla. Pero esta posibilidad no es evidente *a priori* y se basa en unas características concretas, muy particulares, del mundo real.

La física dispone de medios para poner un poco de orden en esa multitud inextricable, a primera vista, de influencias a distancia, evaluándolas y jerarquizándolas. No se contenta con oponer lo próximo a lo lejano, lo local a lo global. Su formalismo le permite clasificar las interacciones según un esquema cuantitativo. La aportación fundamental de Newton consiste precisamente en haber superado la descripción cualitativa de los efectos gravitatorios propia de Kepler o de Descartes, por ejemplo, y escribir su famosa ley. Desde entonces, la dependencia de la fuerza gravitatoria con respecto a la distancia y las masas permite calcular y comparar con precisión las influencias de cualquier cuerpo sobre otro. Para fijar las ideas, daremos el ejemplo de la fuerza gravitatoria ejercida por distintos cuerpos celestes (en media) sobre un ser humano de unos cincuenta kilogramos de peso situado en la superficie de la Tierra.

Tierra	Luna	Sol	Júpiter	Sirio	Galaxia (la nuestra)	Galaxia Andrómeda
50 kg	20 mg	3 g	1 mg	10^{-7} µg	10^{-8} µg	10^{-12} µg

Este cuadro muestra el grado de precisión que habría que alcanzar para tener en cuenta la influencia de los cuerpos celestes alejados sobre nuestras modestas personas. Mucho antes de alcanzarla, habría que tener presentes muchos otros efectos, empezando por los efectos gravitatorios locales debidos a la imperfecta esfericidad de la Tierra (el peso de nuestro cuerpo, al pasar del ecuador a los polos, varía en unos decigramos, como varía asimismo cuando estamos cerca de una gran montaña), por no citar otras influencias (térmicas, hidrodinámicas,[5] etc.) que habría que considerar antes de alcanzar el nivel de pertinencia de la influencia de los planetas lejanos.

Conviene señalar hasta qué punto es importante la jerarquía de las interacciones físicas que permite definir, con un nivel razonable de precisión, un ámbito espacial de pertinencia. La diferenciación de los tipos de interacción (gravitatorias y electromagnéticas, débiles, pero de largo alcance, nucleares y subnucleares, fuertes, pero de corto alcance) y el rápido decrecimiento de sus efectos con la distancia (ejemplificado por el «inverso del cuadrado de la distancia» de Newton) son las razones que autorizan, en la mayoría de los fenómenos, a tener sólo en cuenta influencias locales y a despreciar el efecto global del «resto del universo» —siempre y cuando se pueda verificar y establecer coherentemente el nivel de precisión deseado—, es decir, a definir «sistemas aislados». Así, las fuerzas nucleares son tan superiores en intensidad que puede considerarse que en una colisión entre dos núcleos las fuerzas electromagnéticas son secundarias y pueden despreciarse por completo las fuerzas gravitatorias, por lo menos en las condiciones de nuestro entorno (no sería lo mismo en el caso de los campos de gravedad ultraintensos de las estrellas de neutrones o cerca de los agujeros negros). Recíprocamente, en la química ordinaria, basada en el juego de las interacciones eléctricas entre los electrones de los átomos, se puede prescindir de las fuerzas nu-

5. Tal vez sea el momento de disipar un mito, inocente pero muy extendido, de la física macroscópica: no, el sentido del remolino en el desagüe de las bañeras no depende del hemisferio en que uno se bañe. La «fuerza de Coriolis» que se asocia al efecto de rotación de la Tierra sólo ejerce una influencia notable sobre masas importantes. Así, dicha fuerza es la responsable del sentido de giro de los ciclones, pero no de los remolinos que se crean en las bañeras, que sólo dependen de irregularidades locales, como los movimientos del agua que se producen cuando uno sale del baño.

cleares, pues éstas, debido a su corto alcance, se limitan a actuar en los núcleos, cuya cohesión aseguran, por lo cual éstos pueden considerarse como entidades dadas y cerradas. Por último, las fuerzas gravitatorias son preponderantes a escala astronómica y son las únicas a tener normalmente en cuenta por la sencilla razón de que los efectos de las fuerzas electromagnéticas a larga distancia quedan anulados por la compensación de las atracciones y las repulsiones que caracterizan dichas fuerzas (contrariamente a lo que sucede con las fuerzas gravitatorias, más débiles, pero más insistentes, siempre atractivas) [B&LL]. En un universo que sólo tuviera fuerzas de largo alcance, o si éstas fueran las más intensas, no tendría ningún sentido hablar de «sistemas aislados» o considerar porciones de dicho universo ajenas a la influencia del resto. La coherencia global se impondría sobre la autonomía local, y la ciencia no podría desarrollarse. En cualquier caso, resultaría imposible la aparición de unas estructuras locales lo suficientemente diversificadas como para que pudiera plantearse siquiera la cuestión. No sería posible la ciencia, pero tampoco habría científicos que se dedicaran a ella.

Conviene señalar también que los propios físicos pueden llevarse bastantes sorpresas en el ámbito de las influencias de fenómenos físicos alejados y consideradas despreciables. A veces, la sensibilidad de sus dispositivos es mayor de lo que creen y pueden poner de manifiesto algunos efectos muy tenues. Hace unos años, por ejemplo, los investigadores del CERN tuvieron que rendirse ante la evidencia: el haz de partículas de su acelerador presentaba unas delicadas y misteriosas fluctuaciones de energía que resultaron estar en relación con las fases de la Luna. En definitiva, no logró ponerse de manifiesto ninguna influencia oculta, sino simplemente unos efectos de marea terrestres que deformaban (muy poco, pero lo suficiente) la corteza terrestre y, por tanto, el túnel en el que se encuentra el anillo acelerador (de varias decenas de kilómetros de longitud), y modulaban la energía del haz. Es decir, no basta sólo con comparar brutalmente las fuerzas ejercidas por dos cuerpos en un momento dado; se puede poner de manifiesto una fuerza, aunque sea muy débil, si es acumulativa o si su efecto presenta una modulación característica.

Es verdad que las influencias físicas alejadas y normalmente ignoradas sólo son verdaderamente despreciables a corto plazo en el tiempo. Ya conocemos la «sensibilidad a las condiciones iniciales» que caracteriza cualquier sistema físico, por poco complejo que sea, y que se traduce en el hecho de que unas minúsculas diferencias iniciales terminan por llevar al sistema a un estado totalmente distinto. Al parecer el sistema solar, que es el arquetipo mismo de ordenamiento regular de los movimientos mecánicos gracias a la ley de Newton, sólo presenta esta bella armonía en una escala de unos pocos centenares de millones de años, más allá de los cuales la regla principal es la imprevisibilidad. En otras palabras, para escalas de tiempo lo suficientemente grandes, el desajuste jerárquico de las escalas espaciales pierde su pertinencia, y algunos efectos alejados, aparentemente muy débiles, se vuelven lo bastante importantes como para que dejen de ser considerados simples «perturbaciones». El «efecto mariposa» también se manifiesta para las mariposas extraterrestres. Así como para los sistemas macroscópicos el tiempo necesario para que se produzca el tránsito del orden predecible al caos imprevisible es consecuente, en el mundo de las escalas reducidas las cosas son muy distintas. Se podría comparar el centenar de millones de años que caracterizan la estabilidad relativa del sistema solar con los pocos minutos que bastan para que la influencia gravitatoria de Júpiter (por ejemplo) convierta el lanzamiento de unos dados en algo incontrolable e incalculable.

En el fondo, los astrólogos tienen razón al decir que los planetas ejercen cierta influencia sobre nuestras vidas, pero al mismo tiempo se equivocan, pues estas influencias astrales hacen que el porvenir sea totalmente imprevisible.[6]

*

Acababa de finalizar una primera versión de este capítulo. Era una noche de verano, sin Luna y sin niebla, con un cielo espléndido para la observación. Un cielo muy poco concurrido. Cuando no se mira, la bóveda celeste parece tener una inmovilidad glacial, pero no es así. Vi ese lento desplazamiento, de norte a sur, de un punto luminoso brillante que se apagó antes de llegar al horizonte: posiblemente un satélite, un satélite militar. Ese otro movimiento aparente, más rápido, de un objeto que parpadeaba: un avión, como vino a confirmar el estruendo lejano de sus motores a reacción. Y ese trazo luminoso, muy rápido y de efímera duración: una estrella fugaz, seguro, era el mes de agosto. ¡Cuántos objetos naturales o artificiales a nuestro alrededor! Pero también ese nuevo punto brillante repentino, de un brillo todavía más intenso, y ese giro brusco, y otro más, en su trayectoria. Un instante de sorpresa, en el que

---

6. Seguramente es ocioso precisar que sólo se trata de influencias físicas propiamente dichas y se excluyen todos los efectos simbólicos, cuya potencia indudable, si bien no basta para hacer de la astrología una ciencia, no permite en cambio negar su eficacia (en el orden de las palabras, cuando no de las cosas).

no pude evitar el recuerdo de historias sobre los OVNI, un instante en el que busqué en mi memoria aquellos objetos celestes, cósmicos, que pudiesen explicar ese comportamiento aberrante. Otra luciérnaga vino a juntarse a la primera, aclarándome la confusión.

What are little boys made of?
What are little boys made of?
Frogs and snails and puppy dogs tails,
That's what little boys are made of.
What are little girls made of?
What are little girls made of?
Sugar, spice, and all things nice,
That's what little girls are made of.

Nursery rhyme

Empecé muy joven a jugar con el Meccano, de la mano de mi padre, que había conseguido conservar su colección a pesar de los avatares de la guerra. Lo utilizaba en su trabajo de ingeniero textil, para elaborar maquetas de máquinas y demás mecanismos. Todavía recuerdo el espléndido teleférico que construyó cuando cumplí cuatro años y que atravesaba el salón, de lado a lado, en diagonal. Quedé fascinado por el contraste entre la diversidad de los posibles montajes y la simplicidad de las piezas utilizadas. Bandas rectas y codos de diversas longitudes, algunas bandas curvas y acodadas, placas de cuatro o cinco tamaños, las indispensables pequeñas escuadras y soportes, varillas y poleas, sin olvidar un buen lote de pernos (con su destornillador), tornillos de rosca y sus famosas tuercas cuadradas (con la llave Meccano especial) —y con un poco de imaginación (o buenos modelos) y mucha paciencia se podían construir tractores, camiones, tornos y grúas (mis favoritas)—. No me cansaba de ver cómo mi padre separaba las piezas del teleférico y las recomponía luego creando una apisonadora, y luego una grúa giratoria. Me maravillaba que esos trozos de metal tan sencillos y tan poco funcionales por sí solos pudieran dar lugar a tantas combinaciones mecánicas eficaces.

Más tarde, hacia los ocho años, pasé mucho tiempo solo con mi Meccano. Se enriquecía continuamente con motivo de mis cumpleaños y durante las navidades, y se diversificaba. Rompiendo con la austeridad de los años de la guerra, y ya en los inicios de la era consumista, Meccano fue ampliando sus catálogos y proponiendo una acertada gradación de cajas cada vez más completas, y una lista cada vez más larga de piezas. Aparecieron las viguetas planas, los asientos triangulares, los

225

platos circulares; se multiplicaron las dimensiones y los colores; se diversificaron las poleas, los acoplamientos y las cartelas. Confieso haber experimentado una verdadera fascinación por las cajas de engranajes, con sus ruedas dentadas, piñones cónicos, tornillos sin fin, etc. (¿cómo olvidar el rodamiento de bolas nº 168?). La concepción y construcción de una caja de velocidades epicicloidal sigue siendo una de las realizaciones de mi vida de las que me siento más orgulloso... Pero a partir de los doce años fui alejándome progresivamente del Meccano. Empezaba la adolescencia, y aparecieron nuevos intereses, algunos de índole intelectual, otros menos. Sin embargo, ese abandono tenía una razón intrínseca, que no comprendí hasta hace poco. Se podían adquirir entonces bandas con guías, placas flexibles, escuadras invertidas, por no mencionar la abrazadera con pasador roscado, el acoplamiento con casquillo, los soportes anulares de rampa o la excéntrica tridireccional. Desgraciadamente, me perdí el desarrollo de los motores eléctricos, pero, gracias a Dios, me ahorré la entrada de Meccano en la era del plástico. En cualquier caso, la riqueza del catálogo de piezas sueltas y la superabundancia de componentes privaron al juego de esa limitación esencial que a mis ojos se transformaba en fascinación. Con tantas piezas, no había ninguna dificultad a la hora de escoger y conseguir muy concretamente las piezas que se ajustasen perfectamente a la construcción proyectada. Sin embargo, cada vez era más difícil volverlas a utilizar en un montaje ulterior. Su polivalencia disminuía a medida que aumentaba su adecuación. El fascinante contraste entre la rica combinatoria potencial de las composiciones y la pobreza del repertorio real de los elementos básicos desaparecía progresivamente, y con él, mi interés.[1]

Es la misma decepción que sentí unos años más tarde, una vez finalizada la licenciatura de físicas, al ver cómo se ampliaba en los años sesenta la lista de partículas[2] que poco después empezarían a llamarse ya «elementales». Cuando me dijeron en el colegio que la física se ocupaba de una prodigiosa variedad de sustancias y fenómenos naturales y que para explicarlos sólo contaba con un juego de construcción formado por menos de media docena de piezas distintas —electrones, nucleones, fotones y neutrinos—, sentí la misma satisfacción que con el

1. Vale la pena señalar que Lego ha tenido una evolución muy parecida a la de Meccano, y que han aparecido nuevamente algunos juegos de construcción basados, por el contrario, en el principio de la máxima sencillez, como Kapla, cuyos tableros tienen un único tamaño.

2. En este capítulo a veces utilizaremos con resignación la terminología trivial que consiste en llamar «partículas» a estos objetos subatómicos, a pesar de saber que no responden a la noción clásica de corpúsculos, sino que en realidad son objetos cuánticos (véase el capítulo 3, págs. 95-98).

Meccano de mi infancia. Durante mi doctorado se multiplicaron los mesones y los bariones, unos objetos tan desconcertantes que a algunos de ellos se les calificaba de «extraños», y el electrón empezó a considerarse como el miembro más común de una familia numerosa, los leptones; entonces el juego dejó de interesarme. Posiblemente no había reflexionado lo suficiente acerca de la noción de elementalidad, pero no era el único.

Los átomos, ¿y después?

La materia está constituida por átomos: sin duda es una de las verdades más sencillas y más profundas de la física contemporánea, como dice Feynman al comienzo de su célebre curso de física.

«Si en un cataclismo quedase destruido todo nuestro conocimiento científico y sólo una frase pudiese pasar a las generaciones futuras, ¿qué afirmación contendría la máxima información con un mínimo de palabras? Creo que es la *hipótesis atómica* (o el *hecho* atómico, o cualquier otra denominación que se le quiera dar) según la cual *todas las cosas están hechas de átomos, unas pequeñas partículas que se desplazan en movimiento perpetuo, se atraen mutuamente entre sí a pequeñas distancias y se repelen cuando se intenta que se penetren.* En esta sencilla frase se verá que hay una enorme cantidad de información sobre el mundo, por poca imaginación y reflexión que se aplique» [Fy1].

A partir de ahí Feynman demuestra que esta sencilla hipótesis (microscópica) permite explicar muchos fenómenos físicos (macroscópicos) corrientes, desde la forma de los cristales a la evaporación.

#Es ciertamente una verdad sencilla y profunda, pero ya había sido enunciada más de dos mil años antes por Lucrecio, después de Demócrito y Epicuro. Como puede verse, no es una idea muy contemporánea. Cabe preguntarse por qué hubo que esperar hasta el siglo XIX para que la ciencia moderna se tomase en serio esta intuición tan natural de la filosofía antigua.

—Tal vez porque en el fondo no es ni tan sencilla ni tan verdadera.

—¿Qué quiere decir?

—Permítame que antes le pregunte qué entiende *usted* por composición atómica de la materia.

—Pues que todo cuerpo de nuestra escala es un conglomerado de unas partículas muy pequeñas y muy numerosas llamadas átomos, y que la gran diversidad aparente de la materia visible se explica por las combinaciones de un número pequeño de átomos distintos. Esta reducción de lo complejo a lo sencillo es uno de los grandes logros del pensamiento humano. ¿No es acaso impresionante pensar que los miles de millones de sustancias y los innumerables objetos de la naturaleza resultan de las combinaciones de tan sólo unas decenas de objetos básicos, los distintos átomos?

—Sí, sí, claro… pero «unas decenas», como usted dice, un centenar, de hecho, es mucho. En la antigüedad se creía que bastaban cuatro elementos.

—O cinco, no olvidemos la «quinta esencia», ese precursor del éter. Tiene razón, pero esa multiplicación de elementos (los llamados «elementos químicos») y la frustración implícita que provocaba esa proliferación no tuvieron nada que ver en el descubrimiento de que los átomos no eran ni elementales ni indivisibles. A principios del siglo XX, volvió a recuperarse la idea de simplicidad cuando se comprendió que la diversidad cualitativa de los átomos se debía en definitiva a una pura diferencia cuantitativa, el número de electrones.

—Pero faltaba por explicar la existencia de muchos núcleos atómicos distintos.

—Esos núcleos son, en definitiva, conjuntos de tan sólo dos tipos de partículas, los protones y los neutrones, que conviene considerar además como dos formas de un único tipo, los nucleones. Nucleones y electrones, ¡bastan *dos* elementos para construir todo el conjunto de los objetos naturales!

—Bueno, bueno, usted sabe tan bien como yo que la situación se ha vuelto muy complicada y que el número de partículas «elementales» se ha multiplicado sin cesar desde los años cincuenta.

—Pero usted sabe también que en nuestros días los físicos han vuelto a encontrar la simplicidad a través de los quarks, en los que tres familias garantizan la composición de todas esas partículas.

—Por esta razón, de momento no insistiré en el carácter, al parecer provisional, de estas sucesivas reducciones hacia una pretendida elementalidad. Lo que quiero saber es si esta reducción de la descripción del mundo le resulta convincente. Como sabe, para comprender la receta de un plato, no basta con conocer los ingredientes que entran en su elaboración.

—¡Por descontado! La teoría atómica es tan profunda precisamente porque permite comprender el comportamiento de la materia. Tomemos el ejemplo de la presión de un gas y su variación con la temperatura; disponemos de una explicación convincente y pertinente del fenómeno cuando lo entendemos como una serie de choques de los átomos del gas sobre las paredes del recipiente.

—Estoy de acuerdo en el caso de la teoría cinética de los gases, que es uno de los primeros logros de la concepción atómica moderna, pero, si se trata de un líquido o un sólido, ¿se puede explicar tan fácilmente el comportamiento? ¿Por qué el agua es hielo por debajo de cierta temperatura y por qué aumenta entonces de volumen, a diferencia de la mayoría de los cuerpos, que se contraen cuando se solidifican? Y no hablemos de la física nuclear; a pesar de considerar los nucleones desde el punto de vista de los quarks, resulta muy difícil explicar los detalles de las configuraciones de los distintos núcleos.

—Ya sabe usted que es más complicado que en el caso de los gases. Hay que tener en cuenta las interacciones entre las moléculas de agua, que son difíciles de entender, o entre los nucleones, que todavía no se conocen bien.

—A eso iba. Su reduccionismo, salvo en algunos casos sencillos como el de los gases, es muy abstracto y no nos permite avanzar gran cosa en la comprensión concreta de las situaciones físicas.

—Se trata de un problema puramente técnico. Si disponemos de tiempo suficiente, medios de experimentación y ordenadores más potentes, seremos capaces de calcular el punto de congelación del agua y la variación de su densidad con la temperatura, a partir de las propiedades moleculares, y la estructura de los núcleos atómicos, a partir de las interacciones entre nucleones.

—Pero si los resultados se obtienen tras centenares de páginas de datos numéricos de medidas experimentales, de cálculos de mecánica estadística, de programas de simulación, etc., ¿qué habremos ganado?

—La certeza de que las teorías son válidas.

—Tal vez explique así el comportamiento de la materia, pero no la habrá comprendido. Prefiero ideas, aunque sean aproximadas, a cifras, aunque sean exactas.

—¿Por qué no reconoce de una vez por todas que la naturaleza *es* complicada y que el comportamiento de una sustancia tan sutil como el agua o tan poco corriente como la materia nuclear no necesariamente se explica en términos sencillos?

—¡Lo acepto totalmente! Es justo lo que quería decir: se puede hablar de constitución atómica de la materia como principio, pero en la práctica el tema tiene sus limitaciones. Sin duda nos hemos hecho una idea demasiado simplista del concepto mismo de constitución, y de reducción de lo compuesto a lo elemental.#

El montón de arena y el muro de ladrillos

Después de leer las presentaciones más elementales, didácticas o divulgadoras de las ideas atomistas, se tiene la sensación de que se pueden representar por dos modelos comunes: la arena y sus granos, por un lado, y el muro y los ladrillos, por otro. Son dos casos corrientes en los que un objeto, el montón de arena o el muro de obra, está constituido por una multitud de subobjetos «elementales» e intercambiables que pueden ordenarse localmente de muy diversas maneras y cuya variedad permite explicar particularidades globales. Nadie pone en duda que el montón de arena está formado por granos individuales, prácticamente equivalentes entre sí, y que el muro está construido con ladrillos idénticos. Sin embargo, existe una diferencia esencial entre los dos modelos. El montón de arena está formado por elementos independientes, o casi: las interacciones de contacto y el rozamiento entre los granos que confieren a la arena propiedades macroscópicas carecen de estructura y el consiguiente desorden del montón es inevitable. Éste es precisamente el elemento que permite comprender la naturaleza de la arena, su fluidez evidente y otras propiedades mucho más sutiles como la pendiente natural de una duna o la velocidad de caída de los granos en un reloj de arena [Gu]. Es legítimo, por tanto, reducir la arena a sus constituyentes «elementales» y considerarla como un conjunto de granos. No sucede lo mismo con el muro, que no es evidentemente un conjunto cualquiera (un montón) de ladrillos. En este caso, resultan esenciales las particularidades de la interacción entre los constituyentes. Sin mortero, el muro deja de serlo. Saber cómo son los ladrillos, aunque sea con mucho detalle, no basta para comprender la naturaleza del muro. Desde el punto de vista de su constitución, no se puede reducir el muro a los ladrillos y prescindir del cemento, aun cuando represente una proporción ínfima de la masa total. Además, no se trata sólo de un problema de cantidad, pues el elemento que permite explicar el edificio es la calidad estructural del vínculo entre sus constituyentes. Afirmar que un muro está «compuesto de ladrillos» es mucho menos pertinente que afirmar que un montón de arena está compuesto por granos.[3]

Posiblemente el enfoque reduccionista sea una parte integrante de la ciencia: es legítimo preguntarse de qué está hecho un objeto e intentar

3. Hay que añadir además que, en la práctica, no se trata normalmente de arena seca, un simple conglomerado de granos, sino de arena húmeda, en la que el agua intersticial tiene un papel capital en diversas propiedades como, por ejemplo, el hecho paradójico de que se seque la huella dejada por el pie sobre la arena húmeda.

analizar sus elementos constitutivos. Sin embargo, este reduccionismo descendente, analítico, sólo define una primera fase, y adquiere todo su sentido si va seguido de una segunda fase de síntesis, en la que el reduccionismo asciende de los componentes a los compuestos y es capaz de expresar las propiedades de conjunto en función de las propiedades individuales. En las ciencias de la naturaleza, el descenso reduccionista ha cosechado un éxito considerable. Al destapar una serie de cajas cada vez menores somos capaces de reconocer sucesivamente los constituyentes de la materia ordinaria, de los átomos, de sus núcleos, de las partículas subnucleares. En cambio, en la parte ascendente, los logros son mucho menos impresionantes. Seguimos teniendo muchas dificultades para comprender las propiedades de la materia a partir de las de los átomos, algunas menos para las propiedades de los átomos a partir de las de los electrones y muchas menos en el caso de las de los núcleos a partir de las propiedades de las partículas [LL9].

A pesar de sus éxitos factuales, el análisis en sí mismo sigue planteando verdaderos problemas conceptuales. Primero hay que definir qué se entiende por «elemento» y no atribuir de antemano a este concepto un alcance limitado. No cabe duda de que nuestra experiencia corriente nos lleva a considerar todo compuesto como un conjunto de componentes discretos y separados, o por lo menos separables. Si el conjunto se realiza con objetos individuales y sólidos, como clavos, tornillos, pernos, remaches, etc., no tendremos ninguna dificultad en integrarlos en la lista de los constituyentes de la estructura. Por el contrario, si la cohesión del conjunto viene dada por una argamasa fluida, como la cola o el cemento, resultará menos natural pensar que esta sustancia continua es otro constituyente, como lo son los demás elementos que liga entre sí —así como lo muestra este mismo enunciado, en el que distinguimos entre el agente de unión y los elementos unidos—. Esta ventaja otorgada a lo discreto sobre lo continuo (mejor dicho, lo contiguo) en el análisis de un todo en función de los elementos que lo constituyen seguramente está relacionada con la dominación que sobre nuestras representaciones mentales ejercen ciertas prácticas, como la del niño con sus cubos (y más tarde con su Meccano) o como la del albañil con sus ladrillos. Se puede soñar en lo que sería una epistemología espontánea basada en las experiencias humanas que diesen prioridad a los fluidos y al continuo, antes que a los sólidos y lo discreto. Pensemos en la cocina y las salsas, por ejemplo.

Sin embargo, fuera del marco de la realidad común y de las sustancias más habituales, precisamente allí donde pierde sentido la dicotomía entre lo discreto y lo contiguo, esta concepción implícita de la reducción en elementos simples queda puesta en entredicho. Si la materia (ordinaria) está hecha de átomos, ¿de qué están hechos los átomos? Tanto de electrones como de un núcleo alrededor del cual giran éstos, responderíamos. Pero ¿qué cosa los une? La atracción eléctrica mutua del núcleo (cargado positivamente) y los electrones (negativos). Esta formulación es muy abstracta y no hace justicia, precisamente, a la exigencia de un análisis concreto y específico de la constitución del átomo, puesto que la «fuerza» de atracción resulta de la interacción entre los electrones y el núcleo a través del campo electromagnético que generan y que actúa sobre ellos. Este campo es otro objeto físico de pleno derecho. Ahora bien, en la concepción clásica, este campo es continuo y, por tanto, es difícil considerarlo de entrada como un constituyente material del sistema, pero en la perspectiva de la teoría cuántica, en la que debemos situarnos, este campo es en realidad un conjunto de fotones, mediadores de la interacción electromagnética entre las partículas cargadas. Y esos fotones no son menos «reales» que los electrones y los protones. La persistencia histórica de concepciones arcaicas es la única razón que explica que atribuyamos a los segundos una sustancialidad que implícitamente negamos a los primeros.

¿De qué están hechos los átomos entonces? De electrones, de un núcleo y de *fotones*. Estos últimos son consustanciales al átomo. El papel de estos cuantones electromagnéticos tiene un alcance incluso mayor que el del mortero en el muro de obra, si deseamos seguir con la metáfora. En definitiva, también se podrían apilar (provisionalmente) los ladrillos sin necesidad de cemento, y la estructura del muro, su espesor y su apariencia dependerían básicamente de las propiedades de los ladrillos, de su forma, de su tamaño. Sin embargo, la dimensión propia de los electrones, concepto difícil de precisar por lo demás, no tiene ninguna incidencia sobre el tamaño del átomo. Las dimensiones de las estructuras atómicas y moleculares quedan fijadas por la intensidad del acoplamiento entre los electrones y los fotones (la carga eléctrica elemental) y no sólo por las características de los electrones. Conviene insistir en esta idea: la carga eléctrica «del electrón» (o «del protón») no es una propiedad del objeto en sí (como lo es su espín, por ejemplo), sino una medida de su capacidad de interacción con el campo electromagnético. La dinámica del sistema compuesto que es el átomo, en la que entran en juego *todos* sus componentes, es la que determina verdaderamente sus propiedades espaciales (escala, estructura, simetría), y no unas meras consideraciones geométricas. La naturaleza de la articulación entre componentes y compuestos, como puede verse, presenta una riqueza mucho mayor de la que nos ofrecen los juegos de construcción, del tipo Meccano u otros.

Pandora y los elementos

Aún aceptando incorporar a la lista de los «elementos» de la materia otros objetos con una sustancialidad más sutil, sigue siendo cierto que la búsqueda de estos elementos ha proporcionado, a lo largo del siglo XX, tantas frustraciones como satisfacciones. Hace medio siglo aproximadamente se consideraba, de forma un tanto triunfalista, que electrones y protones, a los que añadiremos los fotones después de la discusión anterior, parecían explicar toda la realidad del mundo. Esa imagen se vino abajo muy pronto. En los años treinta se tuvo que ampliar la lista añadiendo el fugaz y esquivo neutrino, que aparecía en los fenómenos nucleares débiles de la radioctividad beta. Más tarde se comprendió que el neutrino no era un actor secundario en el teatro de la naturaleza, sino que desempeñaba un papel capital en los equilibrios del universo, pues participa activamente en los ciclos nucleares que producen la energía estelar. Poco antes de la guerra, Yukawa predijo la existencia de una partícula nueva, el cuantón del campo de las fuerzas nucleares (una partícula análoga al fotón del campo electromagnético). Se le atribuyó una masa intermedia entre la del electrón (ligero, más adelante llamado «leptón») y la del protón (pesado y, por tanto, denominado «barión»). Esta masa media hizo que a esa partícula hipotética se le asignase el nombre de «mesón». Poco después de la guerra se creyó haberlo detectado, pero en realidad se trataba de un intruso, un inesperado electrón pesado. Sin embargo, esta partícula conservó su falsa identificación como mesón y se le asignó el símbolo μ, y de ahí su denominación de «muón».[4] Por su parte, el verdadero mesón de Yukawa fue identificado algo más tarde (el muón es precisamente uno de los productos de su desintegración) y sólo quedaba asignarle el símbolo π (la letra ν ya había sido atribuida al neutrino) y bautizarle con el nombre de «pión».

Durante un tiempo se pensó que, a pesar del molesto muón, se había completado el cuadro de la naturaleza y se habían clasificado sus objetos elementales con una tranquilizadora economía. No quedaba sino estudiar más de cerca las fuerzas nucleares, mal conocidas por aquella época, y su mediador, el pión. Se pusieron en marcha aceleradores y detectores. Pero las cámaras de burbujas resultaron ser unas verdaderas cajas de Pandora de las que a lo largo de los años cincuenta fue saliendo toda una

---

4. Se atribuye a uno de los grandes físicos de la época, Rabi, la siguiente reacción ante la aparición de este objeto no identificado: «*Who ordered it?*», habría preguntado («¿Quién ha perdido esto?»), como se suele decir en el restaurante cuando el camarero trae un plato que nadie espera.

plétora de nuevas partículas, mesones múltiples, bariones diversos y, más adelante, incluso leptones varios [Cz], [Kl]. Es cierto que todas estas partículas son inestables y efímeras, y que sólo se manifiestan en reacciones de altas energías. Nuestro mundo habitual es más tranquilo y sólo parece estar ocupado de forma permanente por los tranquilos electrones, nucleones y fotones. Sin embargo, es imposible olvidarse de sus primos menos conocidos; sería lo mismo que intentar comprender la vida en el mar teniendo únicamente en cuenta las especies de la superficie, las sardinas y el atún, olvidando los seres de las profundidades, los calamares gigantes y los crustáceos minúsculos, que tienen un papel de primer orden en la ecología general del océano. En realidad no hay ninguna diferencia crucial entre la naturaleza de las partículas más comunes y más estables y la de las partículas más raras y efímeras. El electrón no es sino la partícula más ligera de la familia de los leptones, a la que pertenece también el muón, así como otro miembro todavía más pesado, el tauón[5] —no hay que olvidar que cada uno de ellos se acompaña de sus propios neutrinos—. De la misma manera, el nucleón es el más ligero de los bariones y está atrapado en una compleja red de relaciones con decenas de primos, todos ellos bariones.

En esa época, hacia finales de los años sesenta, la palabra «elemental» empezó a desaparecer de los títulos de los libros, de los congresos y de los laboratorios. Se seguía hablando de «física de partículas», pero todo el mundo se disculpaba cuando aparecía subrepticiamente el epíteto «elemental». Ante la superabundancia de estos objetos, casi tan numerosos como los átomos cuya existencia debían explicar y cuya variedad debían reducir a una combinatoria simple, resultaba imposible considerarlos como elementos dignos de ese nombre. Sin embargo, enseguida se logró imponer cierto orden en esa lista y clasificar las partículas en familias y en especies, lo cual proporcionó cierta tranquilidad a los físicos.[6] Esta clasificación iba a suponer un duro golpe para la noción de elementalidad. Durante más de dos mil años, la idea atomista se había basado, de manera implícita pero firme, en la permanencia de elementos últimos

---

5. Se designa así por la sencilla razón de que, en la época de su descubrimiento, el símbolo τ era el primero de que se disponía, siguiendo el orden alfabético. El desagradable hiato que resulta de la pronunciación de la palabra «tauón» (especialmente en francés, lengua en la que «tau» se pronuncia «to») es un eco involuntario, pero bastante razonable, del disgusto que produce su incomprensible razón de ser.

6. ↑Ese orden fue posible gracias a la noción de «simetría interna», formalizada matemáticamente por la teoría de grupos. Así, se agruparon las partículas en «multipletes», ligados a las representaciones unitarias de cierto grupo de Lie, denominado SU(3), generalizando así el enfoque que hacia finales de los años treinta permitió a Heisenberg considerar el protón y el neutrón como dos formas de una misma especie, el nucleón.↓

de la realidad. Ésa era incluso una de sus funciones esenciales, consistente en restablecer la estabilidad de lo real, más allá de las apariencias cambiantes del mundo de los fenómenos. Sin embargo, en el mundo subnuclear, la estabilidad se presentaba como una propiedad fortuita de los objetos fundamentales. Debía reconocerse la misma dignidad al electrón, aparentemente eterno, y a su hermano más pesado, el muón, que se desintegra espontáneamente en unos microsegundos. Análogamente, el protón, estable, quedaba agrupado con partículas de vidas medias finitas y de escalas muy diversas (algunas son del orden de la trillonésima de segundo).

En realidad, la reconsideración de las ideas ingenuas sobre la elementalidad no puede detenerse ahí. Algunos constituyentes de la materia no tienen la permanencia que se desearía atribuirles porque la propia materialidad de su existencia dentro de la materia tiene una naturaleza inédita. En los objetos compuestos habituales, los componentes están presentes de hecho: los ladrillos están ahí, en el muro, y las piezas del Meccano pueden identificarse fácilmente en la grúa. Consideremos ahora un nucleón y el campo de fuerzas nucleares que genera y que participa de su naturaleza. Los piones son los cuantones de este campo y pueden producirse durante una colisión que modifique la estructura interna del nucleón:

$$X + Nucleón \rightarrow X' + Nucleón + Pión$$

donde deliberadamente no se especifica el agente X que provoca la reacción y su sucesor X', que pueden ser muy distintos entre sí. ¿Cómo es posible que el nucleón se transforme en sí mismo *más* alguna otra cosa? La dificultad no reside en equilibrar la reacción desde el punto de vista energético; basta para ello que la energía cinética inicial, la de X por ejemplo, sea suficiente para poder transformarse, gracias a la relación de Einstein, en la energía de masa del pión. Como puede apreciarse, no es posible considerar el pión como un componente interno del nucleón en el mismo sentido que una rueda, por ejemplo, es un componente de un vehículo. En el choque que le costó la vida a Senna y en el que se vio cómo saltaba una rueda, su vehículo no salió indemne —había perdido una rueda—. En este caso, el nucleón no ha «perdido» un pión, ya que después de la colisión su estado sigue siendo tan «normal» como antes. Se suele decir que el pión ha sido ʽcreadoʼ durante la colisión. Sustituir la idea de preexistencia por la de formación *ex nihilo*, apelando por tanto al puro milagro, es caer en una concepción antinómica, no menos esquemática. ¿Cabe imaginar que en un accidente de carretera la violencia del choque pueda arrancar trozos de chapa y convertirlos inmediatamente en una rueda, por ejemplo? De hecho, la emergencia de partículas nuevas durante ese tipo de reacciones no es nada contingente y se rige por unas reglas muy precisas. El hecho de que una colisión con un nucleón produzca preferentemente piones (y accesoriamente otros mesones, en proporciones determinadas) indica que el nucleón contiene piones, pero en un sentido muy particular. Debería decirse más bien que en el núcleo hay un «ambiente piónico» latente, término con el que se quiere expresar una propensión, una potencialidad del nucleón. Ni aparición ni creación; conviene pensar la manifestación de los nuevos piones más bien en términos de emergencia.

Democracia u oligarquía entre las partículas

Éste era el estado de los conocimientos cuando, en los años sesenta, surgió una idea bastante innovadora. Tanto la dificultad de darle algún sentido a la noción de elementalidad como el cansancio provocado por un juego que no parecía más elaborado que las muñecas rusas o la combinación de cubos de construcción provocaron un cambio completo de estrategia. En lugar de imaginar estructuras jerarquizadas indefinidamente (la materia constituida por átomos, éstos por electrones y núcleos, éstos por nucleones, y así sucesivamente), ciertos físicos (entre los que destacaba G. Chew) propusieron una verdadera revolución democrática. Según esta concepción de «democracia nuclear», hay que considerar que todas las partículas están en pie de igualdad y, por tanto, son al mismo tiempo elementales y compuestas —unas de otras... y viceversa—. Así, por poner un ejemplo, un nucleón debe entenderse como un compuesto de sí mismo y de piones, *y* el pión como un compuesto de un nucleón y un antinucleón (y de piones, eventualmente). Se albergaba la esperanza de que esta restricción simultánea fuese lo bastante fuerte como para poder determinar las características (las masas, por ejemplo) de las partículas e incluso su clasificación.[7] Mucho antes de la moda sistémica de la autorreferencia y la retroacción, dicha teoría intentaba aplicar estos con-

---

[7] ↑Un modelo muy rudimentario del funcionamiento de esta concepción puede ser el siguiente. Sean dos «entidades» A y B caracterizadas por dos números a y b (se puede considerar, si se desea, que son las «masas» de dichas «entidades»). Supongamos que A está compuesto de dos B, y B de tres A:

$$\begin{cases} A \equiv B \oplus B \\ B \equiv A \oplus A \oplus A \end{cases}$$

ceptos a la escala subnuclear. Se la llamó «teoría del *bootstrap*» (es decir, «tirantes de bota»), en alusión a uno de los métodos utilizados por el barón de Munchhausen, así como por su predecesor Cirano de Bergerac, para elevarse por los aires a partir de nada. Desgraciadamente esta teoría no logró demostrar toda su fecundidad, pero no resulta posible decir todavía si la culpa de la falta de imaginación que la ha condenado se debe a los físicos, que no habrían sido lo bastante sutiles para desarrollar la idea, o al Creador, que preferiría las jerarquías más tradicionales y los juegos más sencillos.

Entre las virtudes con que contaba la hipótesis de la democracia en el ámbito de las partículas estaba la de acabar con la perspectiva vertiginosa y aburrida del juego de las series de cajas cada vez menores. Y sin embargo, desde entonces hemos asistido a un nuevo *remake* de este juego. Hace unos veinte años nos enteramos de que el nucleón y el pión, y en general todos los «hadrones», es decir, los bariones y los mesones, o sea, todas las partículas ligadas a las interacciones nucleares fuertes, no constituyen el nivel último de materialidad, sino que están constituidos por quarks. Estos nuevos componentes, los más profundos hasta la fecha, tienen la virtud de presentar una economía relativa y una simetría real. Los hay, al parecer, de tres tipos, cada uno de los cuales cuenta con dos familias, cada una de las cuales tiene tres miembros. Las reglas que rigen sus acoplamientos explican de forma satisfactoria la constitución de las familias de bariones (compuestos de tres quarks) y de mesones (compuestos de pares quark-antiquark). Una vez definidos los quarks, es necesario explicar las interacciones que se producen entre ellos e introducir un campo de fuerza adecuado, con sus propios cuantones, llamados en este caso «gluones», que deben considerarse como los constituyentes elementales (como lo son los fotones en las estructuras ligadas por fuerzas electromagnéticas, por ejemplo el átomo). Sin embargo, pese a esta simplificación (¿provisional?) del catálogo de constituyentes fundamen-

---

Se podría justificar que para determinar las cantidades a y b hay que utilizar ecuaciones del tipo:

$$\begin{cases} a = 2b - \lambda b^2 \\ b = 3a - 3\mu a^2 \end{cases}$$

en las que la aditividad de las «masas» queda corregida por términos sustractivos cuadráticos «de dos cuerpos», que expresan la relación entre los constituyentes, y siendo λ y μ las constantes que miden respectivamente las intensidades de acoplamiento entre dos partículas B y dos A. Estas ecuaciones admiten una solución (cuya obtención dejamos al lector) y determinan sin ambigüedad las «masas» a y b. Como ya se ha indicado, este ejemplo no pretende describir una situación real sino sólo ilustrar la forma de abordar el problema.↓

tales de la materia, la naturaleza de sus acoplamientos ha seguido complicándose y alejándose de las intuiciones clásicas. Ya en su nivel anterior, el de los nucleones, la naturaleza cuántica de los objetos impedía considerarlos como conjuntos mecánicos, simples yuxtaposiciones de partes autónomas preexistentes, pero era posible disociar los componentes, separar los distintos nucleones del núcleo, de tal forma que cada uno recuperase su individualidad. Eso ya no es posible con los quarks.

De las partes al todo, y viceversa

En este caso, lo que se pone radicalmente en entredicho es otro aspecto de la noción de descomposición de una estructura en sus elementos constitutivos. En efecto, esta noción presupone implícitamente el mantenimiento de la identidad de los componentes en el seno del compuesto. El ladrillo, una vez colocado en el muro con cemento, no varía sustancialmente. Su tamaño, su forma y su materia siguen siendo los mismos que cuando era un objeto aislado, antes de quedar unido solidariamente al muro, donde sigue siendo reconocible e incluso individualizable. Lo mismo sucede con los elementos del Meccano, que conservan su individualidad en los distintos montajes en los que intervienen. *Aparentemente*, no es así en el caso de una vaca que transforma hierba en leche o en la combustión del carbón en dióxido de carbono. Parece producirse un cambio cualitativo, por el que se modifica la naturaleza de las sustancias y que impide considerar la leche como un líquido compuesto de hierba, o el dióxido de carbono como un gas compuesto de diamantes (y de aire). Precisamente uno de los logros del atomismo, primero en sus manifestaciones arcaicas debidas a los pensadores griegos y luego en su forma moderna descrita por químicos y físicos, consiste en habernos convencido de que estos procesos también pueden entenderse como una simple combinatoria de elementos constituyentes permanentes e invariables durante los cambios, más cuantitativos que cualitativos, por tanto. La vaca es esa gran probeta natural en la que los átomos de carbono, oxígeno, hidrógeno, nitrógeno, etc., de la hierba se reordenan en forma de leche o de carne, del mismo modo que nuestra caldera sólo es un medio que permite la recombinación de los átomos de carbono y oxígeno en moléculas de dióxido de carbono. Así pues, la visión común —que no queremos calificar de «ingenua», pues es más o menos la de Lucrecio, así como la de los químicos contemporáneos— es que se trata de un gran juego de permutaciones en las que los átomos cambian de lugar y de vecinos, participan en combinaciones efímeras, sin que se modifique ni su identidad ni sus características propias. Los mecanismos que los mantienen unidos dentro de ese edificio molecular o cristalino provisional son considerados externos y tales que no afectan a su naturaleza, como ocurre con el mortero que da consistencia al muro, o con los pernos que dan consistencia al armazón.

El éxito de esta idea en el estudio de la materia fue inmenso, hasta el punto de que no se prestó atención a sus límites de validez. Esta determinación unilateral del todo por las partes, sin reacción alguna por parte de la estructura global sobre sus elementos, no puede concebirse en otros ámbitos. En el de las ciencias de la vida, por ejemplo, es evidente que un organismo no puede considerarse como una simple combinación de sus órganos, que, por lo demás, no tienen ninguna existencia autónoma. Ésa es seguramente la razón por la que la complejidad de los seres vivos no puede compararse con la de las estructuras inertes. Sin embargo, incluso en los sistemas físicos más sencillos es imposible despreciar el efecto del compuesto sobre los componentes y no queda más remedio que reconocer que la relación entre el todo y sus partes no es unilateral. Todos sabemos que la fórmula de la molécula del agua es H_2O y que está compuesta de un átomo de oxígeno y dos átomos de hidrógeno, pero normalmente no pensamos en las limitaciones que dicha estructura impone a sus elementos. Un buen ejemplo lo constituye la geometría de la molécula del agua, de la que se conoce su característica forma de bumerán. Cuando está aislado, el átomo de oxígeno no tiene orientación espacial privilegiada. Todas las direcciones del espacio son equivalentes entre sí y se dice que el átomo de oxígeno es «invariante por rotación». Sin embargo, cuando los átomos de hidrógeno se combinan con el oxígeno en el seno de la molécula del agua, se pierde esa isotropía, y cada uno de los átomos de hidrógeno adquiere una dirección privilegiada, la de su enlace con el oxígeno. Por consiguiente, el compuesto (la molécula del agua) reacciona sobre los componentes y modifica sus propiedades. Esta determinación de las partes por el todo puede aplicarse también a otras características. Por ejemplo, la estructura detallada del espectro de emisión de la radiación electromagnética de los átomos se ve afectada sensiblemente por el entorno del átomo, es decir, por el edificio molecular o cristalino al que pertenece. Precisamente en esta propiedad se basa el método de resonancia magnética nuclear (RMN) que permite detectar los átomos de hidrógeno pertenecientes a moléculas de agua y, por tanto, obtener imágenes internas de organismos vivos con una enorme precisión.

El neutrón proporciona otro ejemplo claro de la dependencia del componente con respecto al compuesto. Cuando se encuentra aislada, esta partícula es inestable y se desintegra, con una vida media del orden de un cuarto de hora, en un protón, un electrón y un neutrino; es el caso más sencillo de radioctividad beta. Cabe señalar que, como se ha dicho anteriormente, la emergencia de estas tres partículas no autoriza a considerarlas como los constituyentes preexistentes del neutrón. Lo que llama la atención en este fenómeno es otro aspecto. El neutrón, efímero cuando está aislado, se convierte en permanente cuando se combina con otros dos nucleones en el interior de los núcleos —núcleos estables en cualquier caso...—. El ejemplo más sencillo es el del núcleo del deuterio, o hidrógeno pesado, que contiene un protón y un neutrón; es perfectamente estable y no tiene tendencia a desagregarse bajo el efecto de las fuerzas nucleares débiles a las que está sometido, como el neutrón, por cierto, o cualquier otro sistema nucleónico. La diferencia entre las dos situaciones puede explicarse haciendo un balance energético. El neutrón aislado es ligeramente más pesado que el protón, y la diferencia de masa, por tanto de energía, es lo bastante grande para que pueda transformarse en la energía de masa de un electrón y un neutrino. El resto se convierte en energía cinética que hace posible que se dispersen los productos de la desintegración. Pero en el núcleo del deuterio, la conexión entre los dos nucleones (el neutrón y el protón) hace disminuir la energía total y, por tanto, la masa del núcleo en una cantidad tal que no alcanza el exceso necesario para que se emita un electrón. Entonces la desintegración espontánea del núcleo resulta imposible[8] y el neutrón queda estabilizado en su interior. Por tanto, la propiedad que rige su estabilidad es el nivel energético total del núcleo, es decir, una propiedad colectiva y global. La precariedad particular de los neutrones queda contrarrestada por su integración en la estructura de conjunto del núcleo, que es tanto como decir que la individualidad de los componentes queda seriamente afectada por el hecho de estar juntos.

En el caso de los núcleos, también es posible extraer sus nucleones, devolverles su individualidad y hacerles recuperar sus propiedades particulares de objetos aislados. Este último resto de individualidad es el que desaparece con los quarks, ya que, según la concepción actual, éstos, aun siendo componentes de los hadrones, no pueden separarse o aislarse. La intensidad de sus interacciones aumenta con la distancia que los separa, a diferencia de las interacciones electromagnéticas o gravitatorias, que se debilitan con la distancia (según la ley del «cuadrado del inverso de la distancia» de Newton). La fuerza que relaciona los quarks entre sí se pa-

---

8. Naturalmente, la desintegración beta del núcleo de deuterio siempre es posible si se suministra energía desde el exterior por algún medio (colisiones, por ejemplo). Unos procesos análogos se producen en el ciclo de reacciones nucleares que dan lugar a la energía estelar.

recería más a la que se ejerce sobre los extremos de un resorte o de una goma elástica que se estira: aumenta a medida que crece el alargamiento. Evidentemente, la diferencia es que, para un resorte, esta ley de crecimiento sólo es válida hasta un determinado valor del alargamiento, a partir del cual el resorte se deforma y luego se rompe, ¡y la fuerza se anula! En el caso de los quarks, esta fuerza crece sin límite con la distancia. Por consiguiente, es absolutamente imposible separar unos quarks de otros, ya estén unidos de tres en tres (bariones) o por pares de quark-antiquark (mesones), pues habría que proporcionar una cantidad de energía infinita. La situación es todavía más divertida, pues se puede llegar a romper un edificio de quarks sin que sus componentes queden aislados. De hecho, si se intenta sacar por la fuerza un quark de un nucleón, perturbándolo de forma violenta (mediante un choque, por ejemplo), la energía cinética suministrada puede ser suficiente para transformarse en la energía de masa de un par quark-antiquark. El antiquark arrancará efectivamente un quark del nucleón y el nuevo quark tomará el lugar del fugitivo. El resultado global es que de la colisión emergen un par quark-antiquark y un trío de quarks, es decir, un mesón y un nucleón, y se encuentra exactamente la reacción citada antes... pero ¡ni rastro de un quark libre! Así pues, los quarks sólo pueden considerarse como los constituyentes de los hadrones en un sentido muy concreto, puesto que sólo pueden manifestarse en el seno de estructuras colectivas y no aisladamente. Los sistemas compuestos que forman no son edificios construidos a partir de componentes independientes y separados. No existe un almacén de «piezas sueltas» en el que hay quarks aislados con los que se puedan construir hadrones. Nadie sabe qué nos depara el estudio de la estructura interna de los quarks o cómo habrá que plantearse su propia constitución. Si aparece un nuevo nivel de análisis en función de posibles componentes «subquárkicos», podemos apostar con tranquilidad que la naturaleza de éstos y su modo de composición nos alejará aún más de las nociones habituales de elementalidad y unión.

Un mundo no separable

Como puede verse, la mayoría de las ideas sencillas que nos proporciona nuestra experiencia de los ensamblajes a nuestra escala, ya sean naturales o artificiales, han de ser seriamente revisadas, flexibilizadas y, en definitiva, reconsideradas para poderlas aplicar a la materia microscópica. Más allá de la naturaleza concreta de los componentes de la materia y de las formas específicas de sus combinaciones, su esencia cuántica cuestiona la propia idea de ensamblaje de un todo a partir de elementos independientes. El análisis de un objeto compuesto en función de sus constituyentes requiere que éstos puedan ser individualizados y, antes incluso, que puedan ser localizados. En la grúa que acabo de construir con el Meccano, aquel codo bien concreto (el que tiene un arañazo junto al tercer agujero) se encuentra en medio de la flecha, y aquella barra (la que está un poco oxidada en su extremo) es la que sujeta la polea principal. Puedo desmontar y cambiar una u otra pieza sin tocar las demás. ¿Acaso no hay que asignar necesariamente un lugar a todo objeto físico, la porción de espacio específico que ocupa? Se puede admitir que, excepto en el caso de la idealización extrema consistente en considerar un corpúsculo como un punto material sin extensión, el volumen de un cuerpo queda más o menos bien definido (su frontera puede ser algo difusa) y que, excepto en el caso, también ideal, de un sólido absoluto, ese volumen pueda variar eventualmente. Sin embargo, es bastante difícil renunciar a la idea de que cada cuerpo posea su propia localización, es decir, que el mismo punto del espacio no pueda estar ocupado simultáneamente por dos cuerpos, y que dos cuerpos diferentes tengan que estar forzosamente separados. El mundo se nos presenta como un conjunto compuesto de objetos separados, individualizados e independientes. Sin embargo, ésa es una apariencia de las cosas a nuestra escala que se pierde en el nivel más profundo, en el que se impone su ser cuántico. En un sistema cuántico, los objetos que lo componen se relacionan entre sí según un modo básicamente intrincado, hasta el punto de que, en general, no tiene sentido hablar de «subsistemas» que puedan definirse de forma autónoma. En el sistema clásico Tierra-Luna, el dato del estado general del sistema implica *ipso facto* la determinación de los estados particulares de la Tierra y de la Luna. Si se dispone de una descripción completa del par, puede decirse dónde se encuentra cada uno de sus miembros, y con qué velocidad se desplaza. Esta evidencia trivial queda invalidada en el mundo de la mecánica cuántica. En el caso de un átomo de hidrógeno, la descripción completa de su estado, excepto en casos muy concretos, no implica la posibilidad de atribuir sin ambigüedad estados definidos al electrón y al protón por separado. Del estado global del par se puede deducir como máximo una correlación entre estados potenciales de cada uno de sus miembros: si el electrón se encuentra (o mejor, está obligado a encontrarse) en tal estado, entonces el protón adoptará tal otro estado. Si se cumplen estas correlaciones específicamente cuánticas entre los estados potenciales de diversos subsistemas, seguirán siendo válidas a gran distancia, cuando aumente el tamaño del sistema global. Es la conclusión que se desprende de los famosos experimentos

242

de Aspect, que demostraron, de acuerdo con las previsiones de la teoría cuántica, que cuando un átomo emite dos fotones, estos dos objetos no pueden considerarse individualmente aunque su distancia espacial sea de varios metros. Dicho de otro modo, los elementos de un conjunto no pueden caracterizarse por separado, ya sea en términos espaciales o en otros. A este concepto de «no-separabilidad» cuántica se le asigna un término demasiado negativo, que no hace justicia a su enorme profundidad.

Como en el caso de otra característica de la teoría cuántica (su «no-localidad», que hemos propuesto llamar «pantopía»), tal vez no sea demasiado tarde para imaginar e imponer un neologismo adecuado; una creación terminológica capaz de generar repercusiones positivas tanto desde el punto de vista epistemológico como pedagógico. Para caracterizar este aspecto esencial del mundo cuántico proponemos el término «implexidad», en referencia al sentido etimológico del latín *implicare* y en honor de D. Bohm, quien caracterizaba, en inglés, el mundo cuántico con el concepto de *implicate order*. Cabe reconocer que este aspecto de la teoría cuántica, que sin duda alguna es una de sus diferencias más sobresalientes con respecto a la mecánica cuántica, ha estado esperando cerca de cincuenta años antes de ser plenamente identificado y reconocido. Hoy en día, y a pesar de ciertos progresos reales, todavía falta bastante antes de llegar a comprender por qué la separabilidad constituye la norma a escala del mundo macroscópico —aunque sea una norma aplicable a los fenómenos y no a la esencia, una norma parecida en cierto modo al movimiento geocéntrico aparente del Sol [LL8].

La implexidad cuántica tiene consecuencias especialmente sorprendentes cuando se consideran sistemas formados por objetos idénticos, pues la identidad (en el sentido colectivo, el de la igualdad de los objetos entre sí) cuestionará la identidad (en el sentido individual, el de la especificidad de cada objeto particular). En el mundo de los seres vivos, la mayoría de los organismos de un mismo tipo pueden considerarse equivalentes, en términos generales. Todas las mariquitas de una especie dada, todas las margaritas son equivalentes entre sí e intercambiables. Bien es verdad que ni la rosa del Principito ni mi gata podrían confundirse con sus congéneres, pero se trata de excepciones… Cuando jugaba al Meccano, podía utilizar indistintamente todas las bandas de nueve agujeros, todas las varillas de doce, todas las poleas simples. Este principio de identidad constituye la base de la noción de piezas separadas intercambiables y de la normalización de la técnica moderna. Sin embargo, esta identidad es funcional y nadie se atrevería a considerarla esencial: dos margaritas cualesquiera difieren en algunos detalles secundarios, un pétalo más arrugado, un tallo algo más largo, de la misma manera que dos bandas de Meccano no presentan las mismas marcas de uso. Se puede pensar que lo mismo ocurre con dos electrones o dos protones. Aun cuando hay que considerarlos idénticos a nuestra escala, resulta difícil imaginar que esa identidad sea absoluta. Difícil, sin duda, pero necesario, sin ninguna duda. En el marco de la teoría cuántica, esa identidad tiene consecuencias muy importantes. Como el estado colectivo no es separable, resulta imposible, o mejor aún, impensable particularizar uno u otro de esos cuantones idénticos. Por ejemplo, no se puede hablar de la posición de *este* electrón concreto, o de la de *aquel* otro, pues precisamente la descripción colectiva no permite asignar posiciones individuales separadas.

La intercambiabilidad integral de los cuantones idénticos da lugar a comportamientos colectivos desconocidos en el mundo clásico [LL8]. El análisis muestra que los cuantones se clasifican en dos grandes categorías, los «bosones» y los «fermiones». Los bosones se caracterizan por un comportamiento esencialmente gregario de modo que, a todo sistema compuesto de un gran número de dichos objetos, le proporciona una coherencia global mucho mayor que la de un simple aglomerado. Los bosones son capaces de formar conjuntos suficientemente grandes y homogéneos que se traducen, a escala macroscópica, en una formulación (aproximada) en términos de ondas clásicas. El arquetipo lo constituyen los fotones que, en ciertas condiciones, pueden describirse mediante un campo (onda) electromagnético. Sin embargo, en el nivel cuántico propiamente dicho, este carácter bosónico es el que explica fenómenos de cohesión tales como la radiación láser, la superfluidez o la supraconductividad. Así como el comportamiento de los bosones se rige por un principio gregario, los fermiones, en cambio, son unos solitarios. En un sistema de fermiones no es posible ningún estado colectivo en el que intervengan dos estados individuales idénticos. Es el famoso ʿprincipio de exclusiónʾ de Pauli que, por cierto, no es un «principio» independiente sino una consecuencia de los verdaderos principios básicos de la teoría cuántica [LL&B]. El carácter fermiónico de los electrones desempeña un papel crucial en la estructura de todo el sistema colectivo: a ellos se debe la estructura en «capas» de los átomos, que constituye la base de toda la química, y la estabilidad de la materia a escala macroscópica depende de ellos de forma a veces insospechada.[9]

9. Se puede demostrar que si el Creador dejase de imponer una identidad absoluta a los electrones, toda porción de materia a nuestra escala, nuestro cuerpo, por ejemplo, se hundiría sobre sí mismo hasta ocupar un volumen mucho menor que el de un átomo ordinario, libe-

244

Aparte de los aspectos pintorescos, el fondo de la cuestión está en la necesidad de aceptar a escala cuántica esa idea extraña desde el punto de vista filosófico, todo hay que decirlo, de una identidad absoluta, de una indiferenciación fundamental, de una ausencia total de individualidad. *No se pueden* distinguir dos electrones (o dos fotones) entre sí. En el fondo, de lo que se trata aquí es de la noción de número, pues la numeración de un conjunto de objetos aparentemente idénticos se realiza a menudo sobre la base de su *no*-identidad, empezando por sus posiciones espaciales: tanto el pastor que cuenta sus ovejas como el cajero que cuenta sus billetes, los cuentan uno a uno, basándose en su separación. Nada de eso es posible con cuantones idénticos que no pueden ser individualizados, debido a la deslocalización y a la no-separabilidad fundamentales del mundo cuántico. Sólo pueden utilizarse sistemas de numeración globales, como lo son también en el mundo macroscópico. Se puede evaluar el número de manzanas de una cesta sin necesidad de contarlas una a una; basta con pesar la cesta y dividir su peso por el de una manzana (el calibrado moderno de frutas es tan preciso que convierte este procedimiento en algo riguroso). En cualquier caso, estos procedimientos son los únicos que se ajustan a la naturaleza de los cuantones. Lo que desaparece aquí es nada menos que una de las dos facetas propias del número. Estamos tan acostumbrados a pensar en los números al mismo tiempo como ordinales —para contar por unidades (la primera manzana, la segunda, etc.)— y como cardinales —para expresar el tamaño de un conjunto (la cesta contiene doce manzanas, por ejemplo)— que resulta difícil renunciar, en el ámbito cuántico, a la ordinalidad. Sin embargo, ése es el precio que se debe pagar para conservar la idea de que los sistemas colectivos están compuestos por elementos individuales, pero no individualizables.

*

A pesar de haber sufrido una larga serie de debilitamientos y distorsiones, la noción de elementalidad no ha perdido toda su utilidad. Simplemente ha dejado de tener validez absoluta y ha adquirido una validez relativa al nivel pertinente de descripción o, más objetivamente, al tipo de fenómeno considerado. Esta elementalidad es ya esencialmente fenomenológica y su validación se basa en el criterio de la no implicación de las estructuras internas del objeto, a menudo ligado a la escala de ener-

---

rando una cantidad de energía igual a la de 10^{11} gigatoneladas de TNT, es decir, el equivalente a un billón de bombas H [B&LL].

gías puestas en juego. Así, en las reacciones químicas sólo nos interesan los electrones, mientras los núcleos de los átomos no experimentan ninguna variación, por lo que es lícito considerarlos elementales; en física nuclear de baja energía, sobre los nucleones no se ejercen fuerzas suficientes como para que queden afectados sus campos íntimos y, por tanto, para que den lugar a piones, con lo cual los nucleones pueden considerarse elementales a ese nivel. Esta noción limitada de elementalidad no deriva de una simple operación de salvamento, que no sería sino una concesión puramente formal que intentaría enmascarar el naufragio completo de una idea caduca. Por muy relativizada que sea, se trata de una noción operativa e indispensable. Para poder permutar y recombinar sus átomos, el químico sólo debe trabajar con electrones y no plantearse ninguna pregunta sobre los núcleos. El físico que trabaja en el ámbito de la ingeniería nuclear ha de concentrarse únicamente en los intercambios entre nucleones y despreciar su estructura interna. Sin embargo, desde el punto de vista de la reflexión general, la necesidad de concebir la relación entre el todo y las partes según modalidades más elaboradas y más diversas que las de la simple reunión —necesidad de una evidencia trivial en las ciencias de la vida y la sociedad— se manifiesta ya al nivel más… elemental, el de las ciencias de la materia.

X

Determinado / aleatorio

Eliminemos la probabilidad, todo el mundo lo agradecerá;
introduzcamos la probabilidad, y a nadie le gustará. [...]
¿Acaso es probable que la probabilidad asegure algo?

Pascal [Pa]

Un joven tiene dos novias: Susana vive al sur de la ciudad y Norma al norte. Cada día su corazón duda entre las dos, y deja que decida el azar, o eso cree él. Se dirige al metro (cabe precisar que vive en Londres, donde el metro tiene un único andén para ambas direcciones) y coge el primer tren que pasa en la dirección norte-sur. Digamos que pasa un tren cada diez minutos, en cada sentido, por supuesto. Parecen darse todas las condiciones para un equilibrio perfecto. Sin embargo, unas semanas más tarde se percata de que visita a Norma cuatro veces más a menudo que a Susana. ¿A qué se debe? ¿Qué os parece?

Pues bien, como los trenes pasan cada diez minutos, el intervalo entre ellos se mantiene constante, por lo que basta suponer que los trenes norte → sur pasan dos minutos después que los trenes sur → norte para que el joven tenga una probabilidad cuatro veces mayor de llegar al andén durante los intervalos de ocho minutos anteriores a la salida del tren hacia el sur que durante los intervalos de dos minutos que preceden la salida del tren hacia el norte. La regularidad de la circulación de trenes parecía garantizar la igualdad de oportunidades de Norma y de Susana, pero, de hecho, destruye la simetría. A pesar de las apariencias, la elección no es aleatoria.

La ley de las series

No hay nada más engañoso que la dicotomía de lo aleatorio y lo determinado. Después del ejemplo anterior de falsa aleatoriedad, veamos un caso de falso determinismo. Se trata de un modelo sencillo de la famosa «ley de las series», una expresión de la idea según la cual aquellos accidentes que en principio parecen independientes, a menudo se considera que suceden en cadena. Dejemos de lado las catástrofes aéreas, las mareas negras y los accidentes del tipo Chernóbil, y tomemos un ejemplo más familiar y menos dramático, el de las bombillas que se funden y que parecen tener la dichosa manía de hacerlo en serie, como si un genio maligno aumentase en cadena su tensión. Consideremos una lámpara con dos bombillas idénticas, por tanto, instaladas al mismo tiempo y con exactamente la misma tasa de uso. Supongamos que cada una de las dos bombillas tiene una probabilidad constante de fundirse en cualquier momento a lo largo de su vida máxima, de un año por ejemplo.[1] ¿Cuál será el tiempo medio entre la muerte de dos bombillas? Por sentido común, la respuesta inmediata sería «seis meses»… y nos equivocaríamos. El intervalo medio es exactamente de cuatro meses. También se puede decir que las dos bombillas tienen una probabilidad del cincuenta por cierto de fundirse en un intervalo ligeramente inferior a cuatro meses, y no de seis meses, como podría pensarse ingenuamente.

↑Merece la pena hacer algunos cálculos. Una representación gráfica nos puede ser muy útil. Consideremos dos ejes sobre el plano en los que indicaremos los instantes t_1 y t_2 en los que se funden las bombillas 1 y 2, respectivamente. Cada punto del cuadrado de lado $T = 1$ año corresponde a una posibilidad, y el reparto aleatorio equiprobable supuesto de los instantes de defunción de las bombillas significa que la densidad de probabilidad es uniforme en todo el cuadrado. Para que las dos bombillas se fundan con un intervalo de tiempo δt inferior a τ, el punto representativo debe encontrarse en la franja diagonal definida por la ecuación $|t_2 - t_1| \leq \tau$. Por tanto, la probabilidad de un intervalo inferior a t viene dada por el cociente entre el área de esta franja y la del cuadrado (figura X.1).

Un cálculo elemental (basta con restar el área de los dos semicuadrados de lado $T - \tau$ del área del cuadrado de lado T) permite encontrar esta probabilidad:

$$P\left(\delta t \leq \tau\right) = \frac{T^2 - (T - t)^2}{T^2} = 1 - \left(1 - \frac{\tau}{T}\right)^2 \qquad (10.1)$$

Es fácil calcular que esta probabilidad es del 50% cuando:

$$\tau_{1/2} = \left(1 - 1/\sqrt{2}\right) T \cong 0{,}29\,T \qquad (10.2)$$

1. Evidentemente se trata de una simplificación abusiva de la realidad, puesto que este modelo no tiene en cuenta el desgaste de las bombillas. De hecho, si se considerase ésta cuestión, se reforzaría la paradoja que queremos mostrar aquí.

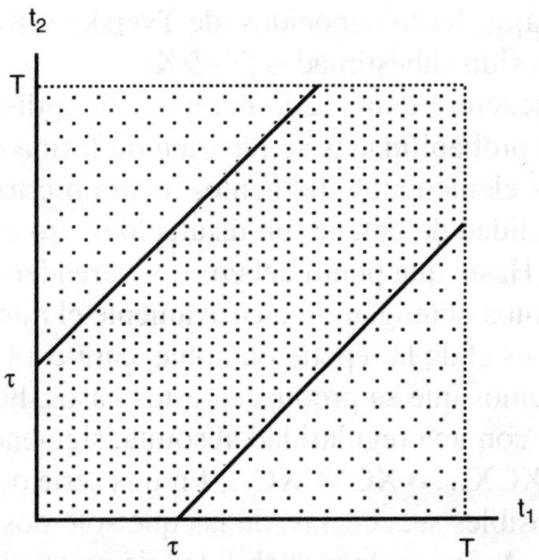

Figura X.1 La «ley de las series»

El intervalo medio entre dos bombillas que se funden también puede calcularse fácilmente:

$$(\tau) = \int_0^T \tau \, dP = \frac{1}{3}T \qquad (10.3)$$

No resulta complicado generalizar este cálculo para un número mayor de bombillas.↓

En una lámpara de tres bombillas, basta un intervalo de menos de dos meses para que la probabilidad de que se fundan las dos sea del 50 por ciento (y el intervalo medio es de tres meses). Cuantas más bombillas haya, más claro será el resultado. Así pues, aunque las explosiones de las bombillas sean independientes y aleatorias, es bastante probable que se fundan todas dentro de un intervalo corto de tiempo, sin que, para nuestra sorpresa y nuestra frustración, intervenga en absoluto algún genio maligno, a no ser aquel que hace que nuestra intuición sea tan poco capaz de comprender el azar. Habrá que reconocer que, de entre las numerosas nociones contraintuitivas de la ciencia moderna, las ideas probabilistas son *probablemente* las que menos se prestan a la aparición de un «sentido común científico», y sobre las que los expertos se equivocan tanto como los profanos cuando se les prohíbe el recurso al formalismo y se les pide que respondan sólo a partir de su intuición, como lo han de-

251

mostrado los trabajos, harto conocidos, de Tversky y Kahnemann, cuyas implicaciones han sido subestimadas [Tv&K].

Para quien encuentre demasiado complicada la discusión anterior y considere que las probabilidades se reparten de forma continua, he aquí dos ejemplos más elementales. Juguemos a cara o cruz. En cada lanzamiento, la probabilidad de obtener un resultado u otro es la misma, exactamente el 50%. ¿Hasta qué punto debemos sorprendernos de que en una serie de lanzamientos obtengamos sucesivamente el mismo resultado? El caso más sencillo es el de la repetición doble: cara-cara (CC) o cruz-cruz (XX). Si no queremos que se produzcan estos casos, hace falta que cara y cruz se alternen con una regularidad absoluta, siguiendo una de las dos secuencias: CXCXCX... o XCXCXC... En una serie de N lanzamientos, hay en total 2^N posibles secuencias, de las que sólo dos no contienen repeticiones dobles. Así pues, la probabilidad de *no* tener repeticiones dobles es $2/2^N = 2^{1-N}$. La probabilidad de tener *por lo* menos una repetición doble (o incluso más) es por tanto $1\text{-}2^{1-N}$, es decir, el 50% en el caso de dos lanzamientos, el 75% para tres, el 87,5% para cuatro, el 93,7% para cinco, etc. En una serie un poco larga, ¡lo sorprendente sería que no saliera dos veces seguidas el mismo resultado! Si tenemos en cuenta ahora las repeticiones triples, veremos que la probabilidad de que salga al menos una es del 25% para tres lanzamientos, del 37,5% para cuatro, y alcanza el 50% para cinco.

Un último ejemplo de coincidencia aparentemente llamativa. No tiene nada de particular que el número secreto de su tarjeta de crédito tenga por lo menos dos cifras iguales (lo que resulta muy cómodo para recordarlo). Es lo que le sucede a casi la mitad de nosotros. En efecto, de los 9.999 números de cuatro cifras, exactamente 10 x 9 x 8 x 7 = 5.040 no tienen ninguna cifra repetida. Por consiguiente 4.959 números, es decir un 49,6%, tienen al menos dos cifras iguales. Se entiende mejor si se considera el número completo (público) de 16 cifras de las tarjetas de crédito, en el que es del todo imposible no encontrar dos cifras iguales.[2] En el caso de una clave de cuatro cifras, incluso pidiendo que las cifras idénticas estén seguidas, la probabilidad es del 30%. Esta situación es del todo análoga a la que llena de satisfacción a los profesores cuando les proponen a sus alumnos que calculen la probabilidad de que dos de ellos (por lo menos) cumplan años el mismo día. La probabilidad de que coincidan al menos dos cumpleaños aumenta rápidamente y supera el

---

2. Éste es un caso de aquel lema tan elemental como sorprendentemente fecundo al que los matemáticos llaman «principio de los cajones de Dirichlet»: cuando guardamos más de N calcetines en N cajones, al menos un cajón contiene más de un calcetín.

50% cuando el número de alumnos de la clase es veintitrés (y se convierte en algo seguro cuando en el anfiteatro hay más de trescientos sesenta y cinco estudiantes).

↑En efecto, en una clase de n alumnos, para la distribución de las fechas de los aniversarios hay $N \times N \times N \ldots \times N = N^n$ casos posibles, siendo $N = 365$ (no consideraremos los años bisiestos). Los n alumnos pueden ordenarse por orden alfabético, o por sus resultados académicos, o por la talla, no importa. El aniversario del primero es un día cualquiera y, por tanto, hay N posibilidades. Para que nunca coincidan dos aniversarios, es necesario que el aniversario del segundo caiga otro día y, por tanto, habrá $(N - 1)$ posibilidades; el tercero ha de ser distinto a los dos anteriores y tendrá, por tanto, $(N - 2)$ posibilidades, etc. Por consiguiente, habrá $N \times (N - 1) \times (N - 2) \times \ldots (N - n + 1)$ casos de no coincidencia de los N^n casos posibles. Por tanto, la probabilidad de al menos dos coincidencias es:

$$P = 1 - \frac{N \times (N-1) \times \ldots (N-n+1)}{N^n} = 1 - \frac{N!}{(N-n)! N^n} \qquad (10.4)$$

Una fórmula aproximada y cómoda en el caso (realista) de que $n << N$, cuya demostración dejamos al lector, es:

$$P \approx 1 - \exp\left(-n^2/2N\right) \qquad (10.5)$$

expresión que permite hacer estimaciones numéricas rápidas.↓

También se podría considerar el caso de la Loto y demostrar que la probabilidad de que salgan dos números sucesivos en una extracción es bastante elevada, lo cual viene corroborado por la observación, aunque es bastante sorprendente: la probabilidad de que, en una extracción de siete números de los cuarenta y nueve de un juego de Loto corriente, *no* salgan números consecutivos es sólo del 37,5% y, por tanto, la probabilidad de que salgan por lo menos dos números consecutivos es del 62,5% (del que el 42,6% es la probabilidad de que salgan exactamente dos números consecutivos y el 11,2% lo es de que salgan dos veces dos números consecutivos y el 5,6% lo es de que salgan exactamente tres números consecutivos, etc.) [B&P].

Así pues, en cierto sentido, la ley de las series existe efectivamente, pero no como un principio trascendente que condiciona el azar y le impone una fatalidad determinada, sino como una expresión del azar, por poco intuitiva que sea. Volviendo al ejemplo de las dos bombillas, lo que hay que entender es que, si bien el suceso aislado (que se funda una bombilla) es estrictamente aleatorio, nuestro interés por el intervalo entre dos sucesos de ese tipo induce un orden, o más bien una correlación, que depende no tanto de la situación objetiva sino del interés subjetivo que le prestamos. De la misma manera, desde el punto de vista de las circunstancias abstractas, una tarjeta de crédito con dos cifras repetidas es exactamente lo mismo que otra con dos cifras que difieran en dos unidades, por ejemplo. Nuestras facultades de atención y, en definitiva, de percepción son las que dan lugar a una asimetría en fenómenos totalmente equivalentes, pero de los que sólo nos fijamos en algunos, mientras que otros nos dejan totalmente indiferentes. Nos sorprenderá ver un automóvil con la matrícula 1111 AA 11, pero nos dejará indiferentes la matrícula 2804 AL 71 (si no conocemos a ninguna Alicia L. nacida el 28 de abril de 1971). Como es evidente, cada uno de esos números es único y *a priori* es igualmente probable observar uno u otro (siempre que no nos encontremos en los departamentos del Aude o de la Saône-et-Loire).

No podemos dejar de contar una anécdota, aunque sea bastante conocida, acerca del genial y original matemático Ramanujan. Su amigo Hardy explicó que, al visitarle en su lecho de muerte en el hospital y como conocía la pasión de Ramanujan por los números y sus propiedades singulares, intentó distraerle y le dijo: «El número de mi taxi era 1.729, como ves, por una vez, un número nada especial…». « Pues claro que sí —respondió el matemático indio—, es el número menor que puede escribirse de dos maneras distintas como suma de dos números elevados al cubo.» En efecto, $1.729 = 12^3 + 1^3 = 10^3 + 9^3$, y ningún número inferior puede descomponerse de esta forma. En definitiva, un número cualquiera no lo es para todo el mundo.[3] En cualquiera de los casos mencionados, el contexto, y no sus aspectos intrínsecos, es el que determina el carácter trivial o no de la situación. Un fenómeno puede ser aleatorio por su naturaleza, pero ser determinista en el marco específico en el que lo consideramos.

3. El siguiente diálogo entre Charlie Brown y Linus nos proporciona otro ejemplo.
Linus: Vivo en el número 1770 de Broadway Avenue.
Charlie Brown: ¡Qué número tan grande! ¿Cómo consigues recordarlo?
Linus: ¡Muy fácil! Es el año en que nació Beethoven.

Determinismo y estadística

¿Existe verdaderamente el azar en estado puro? ¿Se trata de una simple expresión de nuestra ignorancia? ¿Acaso la teoría de las probabilidades no es sino una confesión de fracaso transformada en una estrategia (heroica) para contrarrestar parcialmente esa ignorancia? En cualquier caso, éste es el enfoque que adoptó la gran física clásica, la del siglo XIX, para abordar este problema. Las leyes newtonianas de la mecánica poseen una característica esencial que ha orientado el pensamiento científico durante más de un siglo: son deterministas. A partir del conocimiento del estado del sistema considerado en un instante dado, fijan su evolución sin ambigüedad y permiten predecir lo que va a suceder en un futuro ilimitado (y, por la misma razón, la fijación retrospectiva de su pasado). No podemos dejar de reproducir aquí la conocida expresión canónica de ese determinismo que propuso Laplace:

«Debemos considerar por tanto el estado presente del universo como el efecto de su estado anterior, y como la causa del que vendrá. Una inteligencia que, en un instante dado, conociese todas las fuerzas de la naturaleza que se desarrollan en ella y la situación respectiva de los seres que la componen, si fuese lo suficientemente extensa como para someter a un análisis todos estos datos, englobaría en la misma fórmula los movimientos de los mayores cuerpos del universo y los del átomo más ligero: nada le sería incierto, y tanto el futuro como el pasado estarían presentes ante sus ojos» [Lap].

Por muy grandiosa que sea esa visión, tropieza con el hecho evidente de que nuestra inteligencia no es aquella, omnisciente, que imaginaba Laplace, algo de lo que él mismo tomó buena nota. De ahí la utilización del condicional, lo cual refleja que el autor se resigna a una amplia ignorancia y justifica el recurso a la teoría de las probabilidades. De hecho, ése era el propósito de Laplace, pues el famoso párrafo que hemos transcrito se encuentra precisamente en su *Essai sur la théorie des probabilités*, editado por primera vez en 1814. Resulta, por tanto, abusivo presentar este texto como un manifiesto de apología del determinismo, como ha sucedido a veces. La cuestión es que, como veremos, los supuestos de Laplace son demasiado optimistas.

El final del siglo XIX proporciona un magnífico ejemplo de esa concepción. Nos referimos a la teoría cinética de los gases y, en general, al desarrollo de la mecánica estadística. La aceptación de la constitución molecular de la materia permitía representar los gases como conjuntos de pequeñas partículas sujetas a las leyes de la mecánica más clásica, con trayectorias y colisiones (entre sí y con las paredes del recipiente) estrictamente regidas por las inflexibles leyes de Newton y, por tanto, perfectamente determinadas y previsibles. Como es evidente, el número gigantesco de moléculas de cualquier masa de gas a nuestra escala[4] impide efectuar ese tipo de cálculos. De ahí la necesidad de una teoría estadística en la que lo importante sea, no tanto la suerte individual de cada molécula, sino su movimiento medio. A partir de éste, puede deducirse el comportamiento más probable del sistema. En principio, nada parece distinguir esta teoría de la estrategia probabilista aplicada al juego de los dados, en la que la dificultad que supone calcular precisamente la trayectoria del dado hace que se ponga el énfasis en la evaluación media de los resultados posibles. Sin embargo, hay una diferencia práctica, de tamaño: la profusión de moléculas permite recurrir a la «ley de los grandes números» y obtener previsiones que tengan probabilidades muy elevadas. En la ruleta, cada jugador se encuentra a merced del azar, pero el director del casino sabe que puede contar con la ley de los grandes números para conseguir unos ingresos muy elevados.

#Si entiendo bien, la mecánica clásica («racional», como se le solía llamar antaño) actúa aquí al mismo tiempo como un ideal inaccesible y como una garantía de validez para la más modesta teorización a la que podemos resignarnos.

—Así es. En la práctica no se pueden calcular las trayectorias de las moléculas, pero las evaluaciones estadísticas se justifican precisamente porque existen y, en principio, pueden ser determinadas. La mecánica analítica sirve de fundamento a la mecánica estadística.

—Es exactamente la misma relación que se da entre la religión y la ética: las exigencias últimas de espiritualidad del cristianismo se encuentran, evidentemente, fuera del alcance de todos nosotros, pobres pecadores, pero por lo menos sirven de fundamento a las reglas prácticas esenciales de la moral cotidiana.

—Su analogía me parece acertada, pero tengo la sensación de entrever un deje irónico.

—Más bien escéptico. Convendrá conmigo que no hace falta adoptar el credo cristiano para respetar la mayoría de los mandamientos (o, por lo menos, para pensar que deberían respetarse). Otras religiones, desde el islam al budismo, y la mayoría de las filosofías ateas nos empujan,

---

4. Recordemos que el número de Avogadro es el número de moléculas contenidas en un «mol» de materia (patrón macroscópico a nuestra escala) y es del orden de 10^{24}.

afortunadamente, hacia las mismas reglas de vida en común. Entonces, ¿por qué es necesario insistir en que los fundamentos de la mecánica estadística se encuentran en la mecánica analítica y presentar siempre el recurso a las probabilidades como un mal menor, un compromiso, del que habría que excusarse y que habría que justificar por un determinismo subyacente?

—Pero en el caso de la ética es necesario justificar los valores sobre los que cada cual basa su práctica. También aquí hay que garantizar la solidez del edificio teórico, así como la validez de los razonamientos probabilistas.

—A mi entender ese privilegio absoluto que usted otorga a la visión determinista y que hace que se corresponda necesariamente con la realidad, y que deba abarcar además, aunque sólo sea a nivel puramente ideal, cualquier otro enfoque, es el resultado de una pura petición de principio. ¿Por qué no se puede aceptar la autonomía de los esquemas teóricos?

—¿Está usted a favor de una concepción puramente pragmática de la teoría? ¿A cada cual su ámbito de validez y basta? Me sorprendería...

—No, claro que no. Antes al contrario, deseo plantearme las relaciones entre las distintas formas de teorizar la realidad, pero no sólo en cuanto a dependencia y subordinación.#

De hecho, la insistencia en una justificación de lo aleatorio por parte de lo determinado, que subyace en la concepción clásica de la mecánica estadística y que lleva al deseo de basarla en la mecánica analítica, sólo parece tener justificación histórica y parece reflejar cierta timidez epistemológica ante la aceptación de una concepción probabilista autónoma. Más adelante veremos que la aparición de la teoría cuántica supuso una conmoción para este enfoque y vino a complicar aún más la dualidad del azar y la necesidad. Pero antes hay que volver a la visión estadística y comprender que no fue un mal menor que se aceptó a falta de algo mejor. Por el contrario, constituye el nivel de descripción pertinente. ¿De qué me serviría conocer con detalle las trayectorias de las 10^{24} moléculas de nitrógeno y oxígeno que hay en la cámara de aire del neumático de mi bicicleta? Me interesa hincharlo, su variación con la temperatura, etc., es decir, me interesan los conceptos de presión y temperatura, que son intrínsecamente macroscópicos. Convendría no creer, sin embargo, que sólo se trata de una cuestión de termodinámica elemental, que únicamente se ocupa de situaciones estáticas y prácticamente no interviene en la discusión sobre el carácter aleatorio o determinista de las previsiones. La mecánica estadística permite abordar otros aspectos del comportamiento de la materia macroscópica, como son las propiedades de transporte. A partir de una descripción probabilista de los movimientos moleculares, la mecánica estadística consigue obtener leyes colectivas que rigen la conducción del calor o la electricidad. No sólo es prácticamente imposible el tratamiento, por parte de la mecánica newtoniana de la suerte individual de cada molécula, sino que éste no es necesario y, sobre todo, no es suficiente. Supongamos por un momento que se pudiesen seguir las trayectorias particulares de miríadas de partículas; dicho conocimiento no nos aclararía las cuestiones que nos planteamos a *nuestra* escala. Las magnitudes que nos interesan (presión, temperatura, coeficientes de transporte) no aparecerían en las interminables listas de posiciones y velocidades moleculares, de la misma manera que las características pertinentes de la población de un país no aparecen directamente en los millones de fichas del censo. Las nociones macroscópicas pertenecen a un marco conceptual distinto al de la mecánica microscópica, y es imposible que aparezcan espontáneamente en el seno de una teoría que no les es propia.

#Estará de acuerdo conmigo en que, aún admitiendo la autonomía práctica de la mecánica estadística, usted aprecia en su justo valor la unificación teórica que permite explicar su validez a través de la propia mecánica clásica subyacente.

—No estoy seguro de compartir ese sentimiento de satisfacción, ciertamente común, pero que parece aplacar con demasiada facilidad nuestra necesidad de solidez. Esta fundamentación de la que tanto se alegra me trae a la memoria esas cosmogonías legendarias en las que la estabilidad de la Tierra quedaba garantizada gracias a un elefante que la llevaba a hombros, que a su vez necesitaba ir a hombros de una tortuga, iniciándose así una recurrencia más difícil de concebir que la propia idea de que la Tierra no necesita ningún apoyo.

—Pero la exploración de esa cadena, por muy vertiginosa e ilimitada que pueda parecer, constituye justamente el objetivo de la investigación sobre la naturaleza del mundo físico.

—Sí, si lo que quiere decir es que en la naturaleza descubrimos estructuras estratificadas y exploramos un nivel tras otro, cada uno de los cuales conserva la sustancialidad del anterior: los cuerpos están compuestos de átomos, los átomos de partículas y núcleos, los núcleos, etc. Pero, no, sin paliativos, si considera que los conceptos propios de un determinado nivel explican aquellos que son pertinentes para un nivel superior. Es decir, funciona el reduccionismo material descendente, pero no el reduccionismo conceptual ascendente.#

La dicotomía entre lo aleatorio y lo determinado ilustra perfectamente el carácter un tanto desesperado de esta búsqueda de fundamentación. Durante décadas se creyó poder explicar el éxito de la física probabilista sin renunciar a una representación determinista del mundo, pero esa esperanza no se prolongó demasiado a lo largo del siglo XX, y la historia ha dado una nueva demostración de su perversidad habitual al provocar un cambio radical de la situación. La aparición de la teoría cuántica produjo una gran conmoción en las concepciones clásicas —por cierto, menos justificada de lo que se pensó, como veremos—. En cualquier caso, mientras se desarrollaba el formalismo cuántico, muy pronto quedó claro que a los objetos cuánticos no se les podían asignar trayectorias descritas de acuerdo con leyes deterministas de tipo newtoniano. Cuando se les preguntaba sobre su posición o su velocidad, los cuantones daban respuestas ambiguas; en efecto, al medir repetidamente estas magnitudes en circunstancias idénticas no se obtenían los mismos valores numéricos. Sin embargo, puede paliarse esta imprecisión esencial recurriendo a la noción de probabilidad. Cuando se consideran como variables aleatorias que responden a las leyes de la teoría de las probabilidades, las magnitudes físicas correspondientes a los objetos cuánticos se dejan domesticar. En el plano formal, ya en los años treinta se tenía un buen conocimiento del problema y se contaba con unas reglas de cálculo de la teoría cuántica lo bastante bien definidas como para confrontarlas con la experiencia —con pleno éxito, en lo fundamental.

El carácter aleatorio de la teoría cuántica, ¿es consustancial a la realidad o bien sólo es un exponente de nuestra ignorancia provisional? En su mayoría los físicos se resignaron, tal vez de forma un tanto precipitada y se adhirieron a la primera postura, mientras otros esperaron ser capaces de encontrar una fundamentación determinista. Se trataba de buscar una descripción determinista mediante la teoría cuántica probabilista, a semejanza de la relación existente entre la mecánica estadística y la mecánica newtoniana. Sin embargo, cabe recordar que las cosas se plantearon de otra forma: se dejó de lado la mecánica clásica conocida por la que se rigen las moléculas de todo gas en favor de una fenomenología estadística más sencilla y eficaz, y se intentó descubrir el nivel determinista deseado, pero desconocido, a partir de sus manifestaciones probabilistas. Se propusieron varios esquemas, especialmente por parte de D. Bohm y su escuela, todos ellos tendentes a sustituir la teoría cuántica por teorías de tipo clásico de «variables ocultas» como se les llamaba —dichas variables eran las propiedades físicas neoclásicas «ocultas» bajo el nivel cuántico—. Esta estrategia fracasó en lo esencial y los formalismos que pretenden dar contenido a este programa se ven obligados a atribuir a los objetos físicos unas propiedades todavía más extrañas que aquellas, de carácter probabilista, que se trata de evitar. Más concretamente, en los años sesenta John Bell enunció y demostró un importante teorema según el cual toda teoría neoclásica de variables ocultas que pretenda reproducir de forma idéntica las predicciones experimentales de la teoría cuántica debería incorporar necesariamente acciones a distancia no causales (es decir, una propagación con velocidades superiores a la de la luz). Retrospectivamente, es fácil imaginar ese resultado: uno de los aspectos más originales de la teoría cuántica es la no-separabilidad que instaura, su «implexidad». Estas correlaciones esenciales que la teoría cuántica pone de manifiesto entre componentes de un mismo sistema físico, la imposibilidad de separar sus estados dentro del estado del conjunto, son tan ajenas a los conceptos habituales de la teoría clásica que sólo pueden ser impuestos importando ideas exógenas de forma más o menos forzada. Se comprende entonces que las acciones a distancia instantáneas puedan socavar las nociones mismas de separabilidad y localidad, y permitan simular, en un marco clásico, los aspectos de las especificidades más radicales del mundo cuántico. ¿Es verdaderamente más difícil entonces admitir la teoría cuántica, con su pantopía y su implexidad intrínsecas, y la fuerte coherencia de su conceptualización, o volver a una teoría clásica, debilitada y adulterada? En el fondo, el reproche más serio que se les puede hacer a estas teorías neoclásicas es paradójico y consiste en una simulación excesivamente fiel de los resultados de la teoría cuántica, pero que hasta el momento no han desembocado en ninguna interpretación inédita o predicción nueva. El determinismo clásico no merece ser hipostasiado hasta el punto de sacrificar otras nociones, tal vez menos tranquilizadoras, pero más estimulantes. En la actualidad, el carácter determinista de la mecánica clásica se considera secundario y basado en última instancia en la naturaleza estocástica del mundo cuántico.

Pero no existe una *última* instancia, un último análisis, y la teoría cuántica no depende tan unívocamente de lo aleatorio como se dice. Las probabilidades, como hemos visto, se introdujeron cuando se pretendió caracterizar los objetos cuánticos siguiendo el modelo de los puntos materiales de la mecánica clásica. Cuando se insiste en caracterizar a la fuerza el estado de un sistema según el esquema clásico, incluso cuando este sistema nada tiene que ver con la mecánica newtoniana, no hay que sorprenderse de que aparezcan algunos fallos en el determinismo que corresponde a ésta [Lan2]. Para flexibilizar el pensamiento y disponerlo a aceptar las exigencias cuánticas, merece la pena hacer hincapié en el carácter finalmente poco natural de la noción de estado en mecánica clásica. No es nada evidente que para definir el estado instantáneo de una partícula clásica haya que recurrir a su posición y su velocidad. Incluso la idea de que, en un instante dado, se pueda caracterizar un objeto por algo que no sea su posición ha sido una de las nociones más difíciles de elaborar de toda la historia de las ciencias. Galileo tuvo que enfrentarse a esa idea antes de poder comprender el movimiento acelerado. ¿Cómo puede hablarse de movimiento en un instante dado? ¿Cómo puede especificarse un cambio en un tiempo fijo? Después del planteamiento inicial de Galileo, hubo que esperar a que mentes tan brillantes como las de Newton y Leibniz concibieran la noción de velocidad instantánea, gracias a la idea de derivada y al cálculo diferencial. El hecho de que esta noción se haya hecho evidente, quiero decir visible, en los cuentakilómetros de los automóviles no debería hacernos olvidar su carácter extraordinariamente elaborado. Es más, esta primera derivación temporal que da lugar a la velocidad abre un proceso de iteración y proporciona enseguida una sucesión, potencialmente infinita, de derivadas sucesivas de la posición. Detrás de la velocidad, de primer orden, se encuentra la aceleración, de segundo, y a pesar de que carecen de denominación específica, las derivadas tercera, cuarta… también podrían servir. Así, cabe preguntarse por qué sólo se utilizan la posición y su derivada primera, la velocidad, para definir el estado instantáneo de una partícula clásica, y no la aceleración y las derivadas sucesivas. La razón es que la ecuación de Newton da la aceleración en función de la posición y la velocidad, y que su solución viene determinada por el dato inicial de estas dos magnitudes. No plantearemos más preguntas (como, por ejemplo, por qué la ecuación de Newton es una ecuación diferencial de segundo orden y no de tercero), pero sí tomaremos nota de hasta qué punto es poco natural la noción de estado en mecánica clásica.

No hay demasiadas razones para exigir que un objeto físico pueda describirse necesariamente mediante dos magnitudes físicas, su posición y su velocidad, y que, además, éstas tomen valores numéricos únicos y perfectamente determinados. Si se quiere asignar a toda costa un valor a la posición o a la velocidad de un electrón, la única forma de hacerlo consiste en considerar que dicho valor es aleatorio y que está sometido a una ley de probabilidad. ¿No es ésa una cosificación indebida con la que se intenta imponer al electrón un modo de descripción que nada parece indicar que se ajuste a su naturaleza? ¿No convendría reconocer que no estamos obligados a utilizar los conceptos de posición y velocidad y que, por muy naturales que parezcan después de una práctica de varios siglos, son construcciones conceptuales ya bastante elaboradas? De hecho, si uno se toma en serio el formalismo cuántico en sí, comprobará que éste caracteriza los objetos materiales que estudia mediante entes de razón nuevos, basados en nociones matemáticas muy distintas de las de la mecánica clásica. En el mundo cuántico actual, las magnitudes físicas ya no se describen con números, sino mediante operadores, y el estado de un sistema mediante un vector en un espacio de Hilbert. Evidentemente, el esoterismo relativo de estas nociones plantea algún problema de índole pedagógica, pero sería grave confundirlo con una dificultad epistemológica. Creer que la abstracción de los descriptores matemáticos de la realidad en el nivel cuántico les hace sospechosos de ser inadecuados en esencia equivale a volver a caer en el realismo ingenuo que identificaba las ficciones matemáticas más habituales de la mecánica clásica con los elementos más concretos. La pertinencia de esta crítica es fundamental desde el punto de vista que adoptamos aquí, pues ¡la teoría cuántica *no* es probabilista en esencia! Está formulada en términos que le son propios y describe la evolución de un sistema cuántico de forma totalmente determinista. La ecuación de Schrödinger, piedra angular de la teoría, es la que rige la dependencia temporal del vector de estado de un sistema aislado. Como la ecuación de Newton de la mecánica clásica, la ecuación de Schrödinger es una ecuación diferencial que fija sin ambigüedad alguna el estado del sistema en un instante posterior (o anterior) a partir del conocimiento de su estado actual. La única diferencia —fundamental, eso sí— entre Newton y Schrödinger es que no recurren a las mismas nociones para caracterizar las parcelas de la realidad que son objeto de su estudio y para enunciar sus predicciones.

Evidentemente, queda por comprender todavía la reputación probabilista que tiene la teoría cuántica y que, como la mayoría de las reputaciones, debe tener alguna razón de ser [LL2]. Con otras palabras, ¿por qué no nos contentamos con la evolución determinista del vector de estado y, en cambio, seguimos planteando al electrón algunas preguntas, mal formuladas (para él), acerca de su posición y su velocidad, insistiendo además en obtener respuestas numéricas que no puede proporcionarnos y utilizando un lenguaje probabilista para superar la falta de adecuación de nuestras preguntas? Posiblemente porque nuestros conceptos han sido formados por nuestra experiencia en el mundo macroscópico en el que queda enmascarado el carácter cuántico de las cosas. Nuestro pensamiento no vive, de entrada, en el mundo cuántico y se interroga sobre él en unos términos que poco tienen que ver con la naturaleza intrínseca de sus objetos. El lenguaje de las probabilidades es por tanto una especie de jerga cómoda para interpretar, en un determinado ámbito conceptual, las proyecciones procedentes de otro ámbito, radicalmente distinto.

262

La teoría cuántica en sí misma no es probabilista, pero la necesidad de encontrar una interfaz con la teoría clásica obliga a recurrir a lo aleatorio. Finalmente la situación no es tan distinta de la que se da en la mecánica estadística, en la que el papel de la formalización probabilista consiste en hacer posible la articulación entre niveles conceptuales diferentes, en concreto el de la mecánica microscópica de las moléculas y el de la termodinámica macroscópica.

Las dificultades del determinismo

En definitiva, la teoría cuántica es menos (o de otra forma) determinista y probabilista de lo que se ha dicho durante bastante tiempo, pero la mecánica clásica es *mucho* menos determinista de lo que se ha dicho durante *mucho* tiempo. Ya lo decía Laplace al mencionar esa «inteligencia que (...) conociese todas las fuerzas de la naturaleza que se desarrollan en ella y la situación respectiva de los seres que componen [el universo]». ¡Nada menos que el universo! De hecho, entre todas las fuerzas que se dan en la naturaleza destaca la fuerza gravitatoria, cuyo alcance es ilimitado, según nuestros conocimientos actuales. Laplace era bien consciente de esa situación, como puede comprobarse en sus numerosos trabajos de mecánica celeste. Aun cuando la fuerza de la gravedad disminuye con la distancia, en principio su acción se deja sentir siempre, y la galaxia más alejada no deja de influir sobre el dado que lanzamos sobre la mesa. También es cierto que esa acción es débil, pero no lo es que sea despreciable; es más, es justo todo lo contrario, por lo menos cuando nos planteamos preguntas sobre el porvenir a largo plazo —aunque sea local en el espacio—. Además, si se desean obtener predicciones fiables, es necesario conocer «la situación respectiva de los seres que componen [el universo]». Ésta es sin duda una de las ideas más prometedoras que ha generado la teoría física en las últimas décadas. Está claro que los físicos ya sabían que el conocimiento empírico del estado de un sistema, digamos las posiciones de las partículas (suponiéndolas clásicas) que lo constituyen, no podía ser exacto y que llevaba asociada necesariamente cierta incertidumbre, pero, sobre la base de los modelos mecánicos más sencillos, parecía razonable pensar que la incertidumbre sobre el estado futuro de un sistema fuese comparable a la de su estado inicial. Es lo que sucede en el caso de un péndulo o un móvil en caída libre, siempre que las condiciones exteriores se consideren perfectamente estables. Sin embargo, como Poincaré y otros habían advertido hace ya casi un siglo, dicha afirmación no se cumple en general. Cuando los sistemas considerados son un poco más elaborados (aun permaneciendo bastante lejos de la complejidad de la realidad), deja de poderse garantizar la estabilidad del nivel de incertidumbre. Por el contrario, la incertidumbre del estado del sistema crece exponencialmente con el tiempo, de tal forma que enseguida desaparece la posibilidad, incluso cualitativa, de prever su comportamiento. Esta «sensibilidad a las condiciones iniciales» es bien conocida [Ek]. Por tanto, la mecánica clásica es al mismo tiempo determinista e imprevisible. Es lo que se intenta reflejar con la denominación «caos determinista», que más parece un eslogan publicitario que una terminología largamente madurada.

La predictibilidad de la evolución de un sistema físico clásico exigiría conocer con precisión al mismo tiempo su estado en un momento dado y todas las influencias que se ejercen sobre él en cada instante. Por consiguiente, el determinismo clásico sólo es válido con la condición de que tenga un conocimiento *absoluto* del estado de *todo* el universo. Ahora bien, aun cuando el universo sea finito, ninguna inteligencia humana o electrónica posee la capacidad de almacenar todo ese saber. El único sistema capaz de almacenar los datos exactos de todo el universo es el propio universo —como el mapa a escala 1/1 de Borges—. Dicho con otras palabras, la inteligencia a la que se refiere Laplace no es sino la omnisciencia divina, coextensiva con el universo: *«Deus sive natura»*, por descontado. Ya lo intuíamos así, a pesar de la negación de Laplace en su excesivamente famosa y sin duda apócrifa respuesta a Napoleón en su *Système du monde*, al ser preguntado sobre el papel de Dios: «Señor, no necesito esa hipótesis». Sí, sí la necesitaba, pues sólo la noción ideal de una inteligencia total le permitía considerar la nuestra como incompleta y justificar mediante esa ignorancia parcial que se tuviese que recurrir a las probabilidades.

En verdad, hablar de ignorancia o de desconocimiento refleja la persistencia de una confianza bastante ingenua en la adecuación de nuestras teorías a la realidad. Es tanto como querer mantener a toda costa la ficción de que el estado de un sistema físico *es* una colección de números, frente a la idea más modesta de que puede representarse más o menos adecuadamente por dichos números. En lugar de lamentarse por no poder conocer todos los decimales que componen esos números reales, como si se tratase de una dificultad técnica, es preferible reconocer que la infinitud del desarrollo decimal de los números reales es una expresión de su carácter ideal y de los ineluctables límites de su adecuación a lo que se percibe empíricamente. Así pues, la incertidumbre sobre la evolución del sistema mecánico no es el precio que hay que pagar por nuestra ignorancia de su estado sino, por el contrario, el tributo de una falsa certeza sobre la naturaleza de dicho estado. De nuevo, las respuestas son frustrantes porque las preguntas son inadecuadas. La razón por la que resultan imprevisibles los valores de la temperatura y la presión de la atmósfera en la estación de Perpiñán el 27 de agosto del año 2065 no es que no sepamos suficiente, sino que el tiempo que hará es indeterminado —insistimos, la presión y la temperatura de ese día y ese lugar no están determinados—. Y es que la determinación de estas magnitudes físicas sólo tiene sentido en el interior de una teoría específica, cuya adecuación a la cuestión planteada deja de quedar garantizada. Por tanto, incluso en el caso de la física clásica, la teorización probabilista no debe entenderse necesariamente como un mal menor, una prótesis que permitiría que una concepción determinista subyacente e incapaz funcionase por delegación, sino eventualmente como una formalización autónoma y válida de pleno derecho, más capaz, llegado el momento, de comprender la realidad.

Si el determinismo clásico no se hubiese desestabilizado, con mayor o menor razón, por la aparición de la teoría cuántica, hubiera podido ser reconfortado por la relatividad einsteiniana. Son las ironías de la historia. En efecto, una de las exigencias impuestas a la inteligencia invocada por Laplace consistía en conocer «todas las fuerzas de la naturaleza que se desarrollan en ella y la situación respectiva de los seres que la componen» para poder «[englobar] en la misma fórmula los movimientos de los mayores cuerpos del universo y los del átomo más ligero». Por el momento, vamos a contentarnos con determinar el estado de uno de esos «átomos más ligeros». Como muy bien sabía Laplace, este átomo está sometido potencialmente a la acción de los demás cuerpos del universo y, si queremos predecir el movimiento de dicho átomo, necesitamos conocer el estado de todos esos cuerpos en un instante dado. La razón es que en la física newtoniana que utilizaba Laplace las acciones mutuas se dejan sentir a distancia instantáneamente. La aceleración de nuestro átomo en un instante dado, que determinará su movimiento ulterior, depende de la posición y la velocidad de todos los demás cuerpos del universo en el mismo instante, por muy lejos que se encuentren. Lo que se necesita, por tanto, para determinar el destino de uno de sus puntos materiales es el conocimiento de todo el espacio. Como es evidente, ese conocimiento sólo es accesible gracias a la omnisciencia y la ubicuidad divinas (cabe recordar que para Newton el espacio es el *sensorium Dei*). La reforma einsteiniana del espacio / tiempo confiere a esta concepción un carácter laico, al reducir su nivel de exigencia. En efecto, si una velocidad límite restringe la propagación de las acciones mutuas entre los cuerpos, nuestro átomo deja de estar sometido a la influencia de todo el

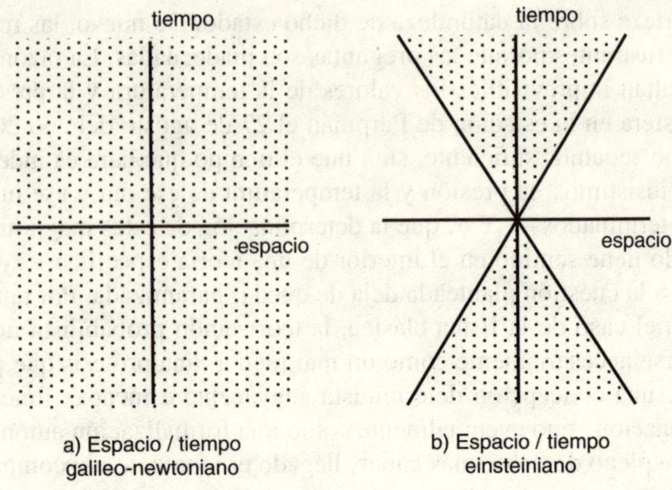

Figura X.2 El «cono de luz» y la causalidad

universo, para estarlo sólo de aquellas partes de las que puede proceder un efecto cualquiera a una velocidad inferior (o igual) a la de la luz. Como la estrella Sirio se encuentra a una decena de años-luz, nada de lo sucedido en ella en los últimos diez años puede afectar la suerte de la Tierra, pues ningún objeto emitido durante ese periodo habrá llegado hasta nosotros. En cuanto a la galaxia de Andrómeda, hace unos dos millones de años que no tiene ningún efecto sobre nosotros (y recíprocamente también).[5]

Así pues, si se quiere conocer el estado de este átomo dentro de un siglo, sólo habrá que tener en cuenta los objetos que hoy se encuentran a menos de cien años-luz de nuestro átomo y pueden ejercer sobre él alguna acción durante ese intervalo. Por tanto, para determinar su estado dentro de un siglo, bastará con conocer el estado, no del universo entero, sino sólo del interior de una esfera de cien años-luz de radio centrada en el átomo en cuestión. Lo que podría denominarse el «determinante» de un punto del universo en el espacio / tiempo einsteiniano es por tanto la

5. Curiosamente, este argumento se utiliza pocas veces en las refutaciones científicas de las pretensiones astrológicas (refutaciones siempre condenadas al fracaso). Muchas de las estrellas pertenecientes a constelaciones de las que se dice que rigen nuestro destino están tan alejadas de nosotros que su pretendido efecto deriva de unas posiciones y unos estados de hace miles, o incluso centenares de miles de años. Son unos plazos que, además, difieren considerablemente dentro de una misma constelación y que son tan enormes para algunas estrellas distantes que éstas ya no pertenecen a la constelación en que las vemos hoy en día, cuando se materializa su «efecto» sobre nosotros.

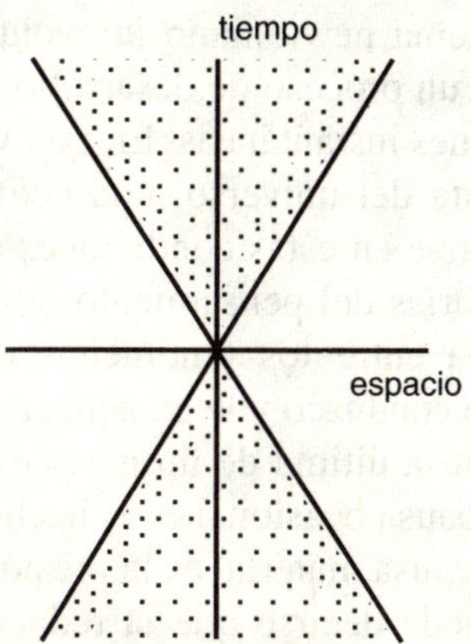

Figura X.3 La causalidad en la práctica

zona interior de su «cono de luz» pasado y no, como en el espacio / tiempo galileo-newtoniano, todo su pasado. La figura X.2 aclara esta situación en el caso más sencillo que pueda visualizarse, el de un espacio / tiempo de dimensión espacial uno.

Recíprocamente, su «determinado» se limita a su cono de luz futuro y no comprende todo su porvenir. Lo esencial es que, en todo momento dado del pasado, sólo una zona finita del espacio puede ejercer alguna acción en un punto dado en el instante presente. De hecho, la mayoría de las influencias físicas efectivas se propagan en la práctica con velocidades muy bajas (acciones mecánicas, efectos locales) o con velocidades iguales, o casi, a la velocidad límite (radiación luminosa u otras, rayos cósmicos). Por tanto, sólo hace falta conocer la zona central y la zona periférica de la esfera de determinación (figura X.3). La inteligencia invocada por Laplace no necesita preocuparse de la ubicuidad.

El estado y la causa

En el enunciado de Laplace hay otro aspecto que plantea un problema, muy pocas veces abordado. Los comentarios sobre este pasaje se refieren en general al determinismo, palabra que no figura en el texto, pero que parece justificada, pues de lo que se trata es de la *determinación* del futuro en función del pasado. Laplace se refiere a la idea de causalidad: «Debemos considerar por tanto el estado presente del universo como el efecto de su estado anterior, y como la causa del que vendrá».

Ahora bien, en el esquema newtoniano la evolución temporal del universo se entiende como un proceso de desarrollo global determinado por una de sus configuraciones instantáneas. En esta visión hay una homogeneidad temporal absoluta del universo, una continuidad perfecta de su ser. ¿Cómo puede hablarse en estas condiciones de «causa» y «efecto»? Para utilizar esas categorías del pensamiento, ¿acaso no se necesita que exista alguna diferencia entre los fenómenos considerados relevantes para una y otra? Cuando conduzco y llego a un cruce, detengo el vehículo. Puede decirse que la causa última de mi gesto es la prudencia, o el respeto a las leyes, que la causa ocasional es el hecho de que el semáforo se ponga en rojo, y que la causa material es la presión de mi pie sobre el pedal del freno. Pero ¿puede decirse que la reducción de velocidad a 20 km/h (o a 10, o a 5, o a 2…) es ¿causa? de su inmovilización? ¿Puede decirse que la detención es el ¿efecto? de su disminución de velocidad? La continuidad del proceso de desaceleración no permite, al parecer, individualizar un acontecimiento que pueda considerarse como ¿causa? (o ¿efecto?) de otro. El hecho de que el estado del sistema en cualquier instante determine su estado en cualquier otro implica una total indiferencia temporal, próxima a la verdad del fatalismo más absoluto, y que ha dado lugar, por cierto, a muchas discusiones sobre la compatibilidad de la mecánica newtoniana con el libre albedrío humano. En cualquier caso, en esa cadena temporal ineluctable y predeterminada es difícil individualizar los eslabones decisivos, los fenómenos específicos cuya articulación podría pensarse desde el punto de vista de causa y efecto.

La metáfora del «efecto mariposa» ha hecho fortuna. Se ha convertido en un verdadero cliché para ilustrar, eso se dice, la novedad intelectual introducida por el caos dinámico y la sensibilidad a las condiciones iniciales mediante un temible lepidóptero del Amazonas cuyo batir de alas intempestivo provocaría, unos días más tarde, un tornado en Texas.[6] En este caso, la ciencia contemporánea sólo interviene aquí para dar un toque de modernidad a una sabiduría muy antigua (lo cual no quiere decir obsoleta) del tipo «a pequeñas causas, grandes efectos». Admitamos que la nariz de Cleopatra ya esté un poco gastada, y que sea interesante encontrar otra metáfora. Sin embargo, cuando se trata, como ocurre a menudo, de recurrir a la mariposa para teorizar sobre el tema de los límites o las paradojas de la causalidad, es necesario extremar la prudencia. En efecto, por los motivos que han sido mencionados antes, y que son

6. A medida que se iba discutiendo sobre este tema, la mariposa ha recorrido todo el globo. Ha sido detectada en California, en China y en Australia, pero donde más estragos ha provocado ha sido en Estados Unidos [Wt].

válidos no sólo cuando se trata del problema del caos, la mecánica clásica no puede abordar las relaciones de causa a efecto. La sensibilidad a las condiciones iniciales viene a reforzar además esa anomalía causal. Lorenz, el meteorólogo que puso de manifiesto los aspectos «caóticos» de la previsión climática, fue el iniciador de lo que más tarde se llamó el «efecto mariposa». Sin embargo, en su artículo de 1972, que consagró la eclosión del bichito, ponía explícitamente en guardia contra cualquier interpretación abusiva de tipo causal:

«Ante el temor de que la pregunta que aparece en el título del artículo "¿Puede el batir de alas de una mariposa en Brasil desencadenar un tornado en Texas?" pueda inducir a alguien a poner en duda la seriedad de mi reflexión, por no mencionar una eventual respuesta afirmativa, deseo plantearla con cierta perspectiva y anticipar las dos proposiciones siguientes:
1) Si el batir de alas de una mariposa puede tener como efecto el desencadenamiento de un tornado, entonces lo mismo puede darse con todos los movimientos precedentes y subsecuentes de sus alas, así como con los de millones de otras mariposas, y con las actividades de innumerables criaturas más poderosas, en particular las de nuestra propia especie.
2) Si el batir de alas de una mariposa puede desencadenar un tornado, también puede impedirlo» [Lo].

No podría haberse expresado mejor que el efecto mariposa, en lugar de demostrar la necesidad de que el análisis causal tenga en cuenta los incidentes más mínimos, lo que hace es poner en entredicho los fundamentos mismos de dicho análisis. Lo que ocurre es que la enmarañada madeja de los acontecimientos no permite individualizar los hilos continuos a lo largo de los que podría concebirse la propagación de las influencias causales. Rizando el rizo de la metáfora textil, podría decirse que la tela de los fenómenos no es un tejido con trama sino un fieltro de fibra.
Por otro lado, la evolución newtoniana es perfectamente reversible, y no distingue entre pasado y futuro. Así, el reconocimiento del estado presente puede servir indistintamente para determinar un estado futuro o un estado pasado. Como señala Laplace, la inteligencia «suficientemente extensa» a la que hace referencia no establecería ninguna diferencia: «tanto el *futuro* como el *pasado* estarían *presentes* ante sus ojos». Para esa inteligencia, el tiempo carecería de sentido, en la doble acepción de la palabra. Se podría perfectamente decir entonces que «debemos plantearnos el estado presente del universo con el efecto del que va a producirse y como la causa de su estado anterior». Es tanto como decir que ¿causa? y ¿efecto?

son dos categorías extrañas al determinismo laplaciano. A lo sumo, en una perspectiva newtoniana más antigua, podría considerarse la fuerza como la causa del movimiento (mejor dicho, de su variación), pues la heterogeneidad de los dos conceptos permite que ese enunciado tenga sentido. Sin embargo, convendría tener presente que esta heterogeneidad sólo es válida en cuanto al lenguaje y que la fórmula de la ley de Newton:

$$Aceleración = \frac{Fuerza}{Masa} \tag{10.6}$$

restablece una homogeneidad en la naturaleza de los dos términos de la ecuación, sin la cual la ecuación carecería de sentido. Esta homogeneización de magnitudes físicas de naturalezas *a priori* totalmente distintas es una innovación radical, si bien trivializada por el hecho de habernos acostumbrado a ella, que introduce la formalización matemática de la mecánica debida a Newton. La matematización, que complementa la estructura conceptual de la teoría y permite establecer simetrías entre conceptos irreducibles entre sí,[7] a través de igualdades numéricas, socava los cimientos mismos del pensamiento causal. Por tanto, al contrario de lo que se suele pensar, conviene distinguir entre determinismo y causalidad. El primero pretende (de hecho, injustamente, pero en principio, idealmente) regir la mecánica clásica y la segunda no tiene cabida, pues no tiene sentido en ella.

*

La teoría de probabilidades es sin duda una de las teorías producidas por la ciencia que más alejada está del sentido común. El contraste entre la relativa simplicidad de los medios técnicos que utiliza en los casos elementales (como los citados al comienzo de este capítulo) contrasta con la dificultad real de los conceptos. Laplace finalizaba su *Essai philosophique sur les probabilités* afirmando que «(…) en el fondo la teoría de probabilidades no es sino sentido común transformado en cálculo: puede apreciar con precisión lo que sienten los espíritus justos gracias a una especie de instinto (…)». El sentido común, sin embargo, no está muy bien repartido.

7. El deseo de jugar lo más posible en los dos planos al mismo tiempo, el de la heterogeneidad conceptual y teórica y el de la homogeneidad formal y numérica, explica el motivo por el que en este libro hemos preferido, siempre que fuese posible, utilizar palabras (conceptos) y no signos (números) para escribir las ecuaciones.

XI
Formal / intuitivo

Théorème: Le nombre π est irrationnel.

Preuve: Considérons un cheval. Par commutativité, en changeant l'ordre des facteurs, il vient:

$$cheval = vachel. \tag{1}$$

Mais une vache est une bête à pis:

$$vache = \beta\,\pi, \tag{2}$$

d'où, reportant (2) dans (1):

$$cheval = \beta\,\pi\,l. \tag{3}$$

Par ailleurs, un oiseau est un bête à ailes:

$$oiseau = \beta\,l. \tag{4}$$

En divisant (3) par (4), il vient:

$$\pi = cheval\,/\,oiseau. \tag{5}$$

Le numérateur et le dénominateur n'ayant aucun rapport, le nombre π est bien irrationnel.

Folclore taupin

En la leyenda dorada de los físicos ocupan un lugar destacado las numerosas anécdotas relativas al excepcional físico teórico del siglo XX que fue Richard Feynman, de las que, seguramente, muchas son verídicas. La escena tiene lugar en un congreso internacional de física de partículas en el que Feynman lee una comunicación que ha despertado gran expectación. De hecho, anuncia un importante resultado teórico que suscita el interés de todos los oyentes. Una vez abierta la discusión, la primera pregunta que se le plantea es la que todo el mundo desea hacer: «Muy bien, Dick, es un gran resultado, pero ¿podrías decirnos cómo lo has demostrado?». «No lo he demostrado. Sé que es verdad... ¿Por qué tendría además que demostrarlo?»

Puede parecer sorprendente, pero se cuenta de Newton una historia muy parecida acerca nada menos que de la ley de la gravitación universal. Tras comunicar a Halley uno de sus descubrimientos sobre los movimientos de los planetas, éste le dijo: «¡Magnífico!, pero ¿cómo lo sabe? ¿Lo ha demostrado?». Sorprendido, Newton respondió: «No, pero hace años que lo sé. Si me da unos días de margen, le enviaré una demostración». Así lo hizo. [Ke]

La semejanza de estas dos anécdotas demuestra sin duda la existencia de una narración primitiva, arquetipo repetido una y otra vez, y que se remonta tal vez a Arquímedes o a Dédalo (sin duda se requería un nombre para poder fijar el mito). En cualquier caso, la disyunción que pone de manifiesto esta historia entre demostración y convicción sólo puede atribuirse a un físico o a un ingeniero, pero no a un matemático. Ni Euclides ni Pitágoras serían capaces de asumir tranquilamente la afirmación de que no se necesita demostración.

El fondo del área

Todos hemos aprendido en el colegio las fórmulas que proporcionan la circunferencia de un círculo y su superficie —perdón, el «área del disco»[1]—:

$$\textit{Circunferencia} = pi \times \textit{Diámetro} = 2x \ pi \times \textit{Radio} \qquad (11.1)$$

$$\textit{Área} = pi \times \textit{Cuadrado del Radio} \qquad (11.2)$$

¿Se ha preguntado alguna vez por qué en las dos fórmulas interviene el mismo misterioso número *pi?* En verdad, hay que considerar una de las dos fórmulas, la primera, sin duda más sencilla, como una definición del número *pi.* En efecto, podemos admitir sin pestañear que la circunferencia de un círculo es proporcional a su diámetro, y que *pi* no es sino el nombre que se asigna al coeficiente de proporcionalidad. La misma evidencia lleva a admitir que el área del disco es proporcional al cuadrado de su radio, lo cual da lugar a otra constante de proporcionalidad... que es la misma. ¿Por qué? *No* es nada evidente. ¿Cómo puede comprenderse entonces esa doble presencia de *pi?* Es una buena pregunta para un matemático; posiblemente responderá que:

$$A = \iint\limits_{disco} d^2a = \iint\limits_{disco} r\,dr\,d\theta = \int\limits_{0}^{2\pi} d\theta \times \int\limits_{0}^{R} r\,dr = 2\pi\,\frac{R^2}{2} = \pi R^2 \qquad (11.3)$$

Si usted no está convencido, por no estar familiarizado con los símbolos «∫», seguramente se le aconsejará que se resigne o que se inscriba

---

1. Los matemáticos nos invitan a distinguir con cuidado entre círculo, que es el borde de la figura redonda, y disco, su interior. Esta convención de vocabulario es ciertamente útil y fecunda en el lenguaje técnico, pero no está tan claro que deba utilizarse forzosamente en el lenguaje común, en el que en general el contexto basta para evitar toda ambigüedad. El hecho de que los marinos no utilicen a bordo la palabra «cuerda» no hace que prohíban su uso en tierra firme.

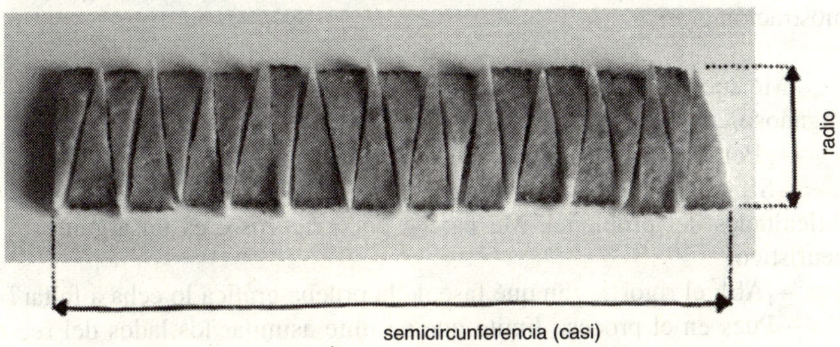

Figura XI.1 El área del círculo en versión sencilla

en un curso acelerado de cálculo integral. Con todo, el resultado se conocía ya dos mil años antes de que estos métodos de cálculo apareciesen en el siglo XVII. Debe haber alguna otra justificación.

Dejemos tranquilo al matemático y hablemos con un físico. Si no ha olvidado que la geometría es, en primer lugar, una disciplina experimental, una física del espacio, antes que el prototipo de la matemática formal, hará un pequeño dibujo consistente en una tarta dividida en un gran número de partes iguales prácticamente triangulares (figura XI.1). Después reordenará las distintas partes alternando su sentido, hasta obtener una tarta prácticamente rectangular, en la que las curvaturas de los lados más largos, a modo de un festón, y la escasa oblicuidad de los lados menores resultan desdeñables, siempre que las partes sean lo suficientemente estrechas. En este rectángulo límite, el área, que es igual a la del disco, viene dada por el producto de sus lados. El lado pequeño es el radio del círculo y el lado grande es la suma de las bases por la mitad del número de partes, es decir, la semicircunferencia del borde de la tarta. Por tanto, sin más:

$$\text{Área del disco} = 1/2 \times \text{Circunferencia} \times \text{Radio} \qquad (11.4)$$

Despejando *pi* en la expresión (11.1), y sustituyendo su valor en la fórmula (11.2), se obtiene la (11.4), en la que puede verse que existe una relación sencilla entre la circunferencia y el área, y que en ella interviene el mismo coeficiente *pi*. La experiencia demuestra que es más fácil estar de acuerdo con las líneas que acabamos de leer que con las ecuaciones (11.3). Eso afirman los estudiantes de matemáticas, incluso sus profesores, que desconocen, desgraciadamente en su mayoría, esta antigua demostración gráfica.

#Me encanta su dibujo, pero tal vez sea *demasiado* bonito y un tanto engañoso.

—¿Por qué lo dice? ¿No le convence el argumento?

—Sí, mucho, y además evita que se tengan en cuenta las verdaderas dificultades del problema. Me parece poco riguroso; es un argumento heurístico.

—¡Ah!, el rigor… ¿en qué fase de la prueba gráfica lo echa a faltar?

—Pues en el proceso límite que permite asimilar los lados del rectángulo respectivamente al radio y a la semicircunferencia del círculo, cuando zanja el asunto afirmando que no es necesario demostrar que el «festón» y la oblicuidad de los lados son desdeñables. Seguramente es usted consciente de las paradojas que se derivan de la utilización poco rigurosa de este tipo de argumentos.

—¿Por ejemplo?

—Considere un segmento con un festón formado por semicírculos (figura XI.2). A medida que disminuye el radio, la línea del festón se parece cada vez más al segmento y, en el límite, se confunde con éste. ¿De acuerdo?

—Ciertamente. Ya veo adónde quiere usted llegar. La longitud de cada semicírculo es *pi*/2 veces la del pequeño segmento que actúa como diámetro, y lo mismo ocurre con la longitud total de la línea del festón, que es igual a la del segmento multiplicada por la mitad de *pi*. Por tanto, la línea del festón se confunde, en el límite, con el segmento, aún manteniendo una longitud constante, una vez y media (y algo más) mayor.

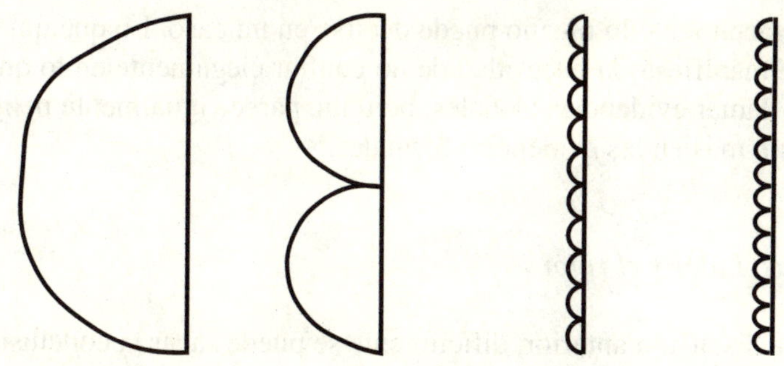

Figura XI.2 Festones

—Eso es. Como puede ver, hay que ser cuidadoso y no fiarse excesivamente de las evidencias visuales.

—De acuerdo, pero con una argumentación sólo un poco más elaborada, le puedo dar, en términos muy sencillos, la justificación que usted busca.

—¿Cómo?

—Primero hay que fijarse en que, contrariamente a lo que sucede con sus festones semicirculares, cuyo radio disminuye de forma que siempre tengan una abertura circular de 180°, los de mi dibujo mantienen el radio constante y subtienden ángulos cada vez menores (el ángulo en el vértice de cada porción de la tarta), de forma que se aplastan sobre sus cuerdas y sus longitudes acaban coincidiendo con las de las cuerdas. En cuanto a la oblicuidad del lado pequeño, hay que decir que corresponde precisamente a la mitad del ángulo de las partes de la tarta, ángulo que tiende hacia cero.

—Tendría usted que afinar un poco más la argumentación, pero globalmente estoy de acuerdo. Sin embargo, ¿no cree usted que estas precisiones sirven de contrapunto para la simplicidad original de la prueba?

—Ya me lo esperaba. Volvamos a la demostración formal (11.3). ¿Le parece suficientemente rigurosa esa cadena de igualdades?

—¿Qué se le puede objetar?

—Pues muchas cosas, si vamos a ser puntillosos. Por ejemplo, antes de escribir la primera igualdad debería comprobarse que la frontera de la región de integración es lo suficientemente regular para que tenga sentido la integral y que ésta sea igual al área que se pretende calcular. Luego, al pasar de la segunda a la tercera expresión, debería justificarse la factorización de la integral doble en integrales simples. Podríamos ampliar la lista…

—Me parece una meticulosidad exagerada. Nada más simple que aportar las precisiones necesarias y dar todo su rigor a la demostración formal.

—Exactamente lo mismo puede decirse en mi caso. Lo que quiero es poner de manifiesto la necesidad de no confiar ciegamente en lo que podríamos llamar evidencias visuales, pero me parece igualmente peligroso confiar sin más en las evidencias formales.#

Pitágoras, Euler y el rigor

De la discusión anterior, difícilmente se puede sacar la conclusión de que los métodos de cálculo abstractos y formalizados del cálculo integral no son sino formulaciones pretenciosas que se utilizan para apoyar los razonamientos, cuando bastaría algún truco verbal o gráfico para hacerlos comprensibles sin tener que recurrir a un formalismo engorroso. Aun cuando en algunos casos elementales se puedan calcular efectivamente áreas y longitudes sin necesidad de echar mano del cálculo integral, éste resulta imprescindible cuando se abordan problemas más complejos. De la misma forma que una compresión a gran escala no puede hacerse sólo con la mano y requiere en cambio utilizar máquinas industriales, no es necesario recurrir a éstas para hacer una bola con el papel en el que acabo de escribir las ideas básicas de este capítulo. La moraleja de esta variante del dicho de la mosca y los cañonazos es que la adecuación de los instrumentos a la naturaleza de la tarea seguramente constituye uno de los criterios principales del valor estético y de la fuerza de convicción de un resultado. Como en este caso, resulta natural intentar a través de procedimientos geométricos el cálculo de las propiedades de las curvas definidas geométricamente, como el círculo y las demás cónicas. Otras curvas más complicadas, como la cicloide, también pueden estudiarse mediante razonamientos geométricos, pero de un nivel mucho más sofisticado;[2] precisamente al abordar este tipo de problemas, los matemáticos del siglo XVII sintieron la necesidad de disponer de métodos más potentes y más generales, y sentaron las bases del cálculo integral. Así pues, en la actualidad, gracias a esos poderosos instrumentos matemáticos, se pueden resolver problemas que carecían de solución en otro tiempo. Conviene añadir que entonces ni siquiera era posible en general formular dichos problemas; justamente la nuevas teorías sirven para enunciar los nuevos problemas y no tanto para resolverlos. También es cierto que

2. El ingenio desplegado por los matemáticos del siglo XVII para resolver por métodos geométricos y cinemáticos muchos problemas diferenciales e integrales (por ejemplo, los trabajos sobre la «ruleta», hoy llamada cicloide, llevados a cabo por Pascal, Roberval, Bernouilli, etc.) sigue siendo digno de admiración, así como una fuente de inspiración demasiado olvidada en la enseñanza [DG].

tanto en la enseñanza como en la divulgación se tiende demasiado a menudo a considerar que la virtud esencial de los métodos generales y abstractos consiste en conferir un mayor rigor a los razonamientos matemáticos. Sin embargo, en la mayoría de los casos, el recurso a estos métodos se justifica menos por la necesidad de asegurar la validez de los resultados que por la posibilidad de obtenerlos. Volviendo a la metáfora propuesta en la introducción de este libro, cuando uno va en avión a Nueva York, no es porque este medio de transporte sea más fiable que los pies.

De hecho, ninguna demostración llega a acabarse jamás. El grado de rigor de un enunciado científico no es una cualidad intrínseca e intemporal, sino el resultado de una evaluación contextual y depende de criterios esencialmente históricos. Las normas en vigor en cada época de la historia de las ciencias están ligadas al nivel general de competencia técnica de sus científicos. Hay que reconocer también que el desarrollo de la cultura profesional colectiva tiene efectos que pueden parecer contradictorios, o paradójicos, en cuanto a las exigencias de rigor formal. Por una parte, algunas demostraciones o experimentos que no parecían plantear ningún problema presentan dificultades o contradicciones a la hora de entenderlos a fondo, lo cual pone de manifiesto las fragilidades que no habían sido apreciadas en la fundamentación del edificio y da lugar a exigencias de rigor mucho más estrictas. Por otra parte, y recíprocamente, la familiaridad que se adquiere con estas dificultades lleva a relativizarlas; una vez conocida la manera de manejarlas, se tiene tendencia a considerarlas implícitas, lo cual conlleva un debilitamiento aparente de las normas efectivas de rigor. De hecho, el relevo lo toma una segunda intuición, un sentido común elaborado. Sería interesante analizar desde este punto de vista los dos siglos de práctica matemática en el campo de las sumas o los productos de series infinitas, desde finales del siglo XVIII hasta nuestros días. Se observaría cómo las manipulaciones llevadas a cabo por Euler, sin justificación alguna y con total impunidad, fueron puestas en cuestión y sometidas a criterios de validación estrictos por parte de sus sucesores a principios del siglo XIX. En cambio, en la actualidad, la convergencia de las series forma parte del bagaje matemático más elemental y, muy a menudo, los matemáticos prescinden de mencionar explícitamente los teoremas que justifican alguno de los pasos.

↑En los escritos de Euler se encuentran muchos cálculos, no justificados, pero acertados. Por ejemplo, Euler escribió que la función seno podía expresarse como el siguiente producto infinito:

$$\operatorname{sen} x = x \prod_{n=1}^{+\infty} \left(1 - \frac{x^2}{n^2 \pi^2}\right) \tag{11.5}$$

sin demostrar la convergencia de la serie (cualquier estudiante de carreras técnicas es capaz de hacerlo hoy en día). Al tratar la función sen x / x como el polinomio que no es, y el producto infinito como si no lo fuese, Euler identificó sin más, según una regla clásica, el coeficiente del término en x^2 (a saber, -1/6) del desarrollo en serie entera de dicha función con la suma de los coeficientes en x^2 de los factores del producto y obtuvo la bonita expresión:

$$\sum_{n=1}^{\infty} \frac{1}{n^2} = \frac{1}{6} \pi^2 \tag{11.6}$$

que normalmente se demuestra utilizando métodos más elaborados (por ejemplo una serie de Fourier). Los demás términos del desarrollo dan lugar a resultados igualmente interesantes. Euler ni demostró la convergencia de esta suma infinita ni justificó la legitimidad de su deducción. El desarrollo de los fundamentos del análisis matemático a comienzos del siglo XIX permitió disponer de una versión rigurosa de dicha demostración. En la actualidad, la familiaridad con las nociones de continuidad y convergencia, así como con el carácter analítico de la función utilizada, es tal que se acepta mucho más fácilmente que hace un siglo y medio el argumento de Euler y se considera que una mayor explicitación es redundante, o incluso ligeramente pedante.$\downarrow$

La transformación y profundización de la cultura científica no sólo implican una modificación cuantitativa de los criterios de demostración y convicción. También aparecen nuevos modos de razonar, que adquieren un poder de convicción que los antiguos no tenían o han dejado de tener. En este sentido, resulta muy interesante seguir la historia de las demostraciones del teorema de Pitágoras. Son tan abundantes (se habla de varios centenares) que constituyen un material de primera mano para el estudio de las formas de demostración geométrica, un aspecto de la historia de la cultura matemática que, en lo esencial, no se ha escrito aún. Aquí nos limitaremos a comparar dos demostraciones. La primera es la del propio Euclides, que puede describirse de la siguiente manera [Bar]: después de dibujar el triángulo *ABC*, se construyen los cuadrados *BCDE*, *ACFG* y *ABJK* sobre sus lados, se prolonga la altura *AH* hasta el punto *I* sobre *ED* y se trazan los (demasiado) numerosos segmentos *AD*, *AE*, *AF*, *AJ*, *BF*, *CJ*, *HE* y *HD* (figura XI.3):[3]

a) las áreas de los triángulos *ABE* y *JBC* son iguales, ya que sus ángulos en *B* y los lados adyacentes a dicho ángulo son iguales;

b) las áreas de los triángulos *JBC* y *AJB* son iguales (base *JB* común y alturas iguales a la distancia entre las rectas *JB* y *AC*);

c) las áreas de los triángulos *ABE* y *HBE* son iguales (base *BE* común y alturas iguales a la distancia entre las rectas *BE* y *AH*);

d) de lo anterior se desprende que las áreas de los triángulos *AJB* y *BHE* son iguales;

e) por tanto, el cuadrado *ABJK* y el rectángulo *BHIE* tienen áreas iguales (son, respectivamente, dos veces las áreas de los triángulos anteriores);

f) por una serie de argumentos homólogos, se demuestra que el cuadrado *ACFG* y el rectángulo *CHID* tienen áreas iguales;

g) la suma de las áreas de los cuadrados *ABJK* y *ACFG* es, por tanto, igual a la de las áreas de los rectángulos *BHIE* y *CHID*, es decir, a la del cuadrado *BCDE*. *CQD* (como queda demostrado, o dicho de otra manera: «¡Uf!»).

No deja de llamar la atención el elevado nivel de exigencia de esta demostración, bastante larga y basada en una figura compleja, de la que, por cierto, su dibujo no parece obedecer a una lógica evidente. De hecho, ésa es la eterna paradoja de la geometría elemental clásica, a la que han tenido que hacer frente muchas generaciones de estudiantes: las construcciones que requieren estas demostraciones geométricas parecen arbitrarias *a priori* y sólo se justifican *a posteriori* gracias a los encadenamientos deductivos que permiten. Al no comprender la necesidad previa de los trazos anexos, el rigor de la demostración parece abstracto y poco

---

3. Al referirse a la demostración de Euclides del teorema de Pitágoras, aunque con otra finalidad, Meyerson se justificaba en los siguientes términos, que hacemos nuestros: «(…) Pedimos permiso para volver a presentar al lector esta antigua figura, que a cada uno de nosotros nos recuerda nuestros primeros pasos en el ámbito de la ciencia. Es la figura más venerable de todas las posibles, no sólo por el papel que el teorema y su demostración han desempeñado en el desarrollo de la geometría griega, madre de todas las ciencias de la que se honra el espíritu humano, sino también, y sobre todo, precisamente por el hecho de que, desde hace más de dos mil años, todas las inteligencias que se han abierto a la comprensión científica del mundo han iniciado en ella su recorrido: esta figura recuerda a cada uno de nosotros que, por muy grande que sea el acervo cultural acumulado por el ingenio de los grandes sabios, gracias al trabajo de innumerables generaciones, sólo nos podremos aprovechar realmente de él si logramos merecerlo a través de nuestro trabajo individual, en consonancia con las palabras de Goethe: "Lo que has heredado de tus padres, gánatelo para poderlo poseer".» [Mr].

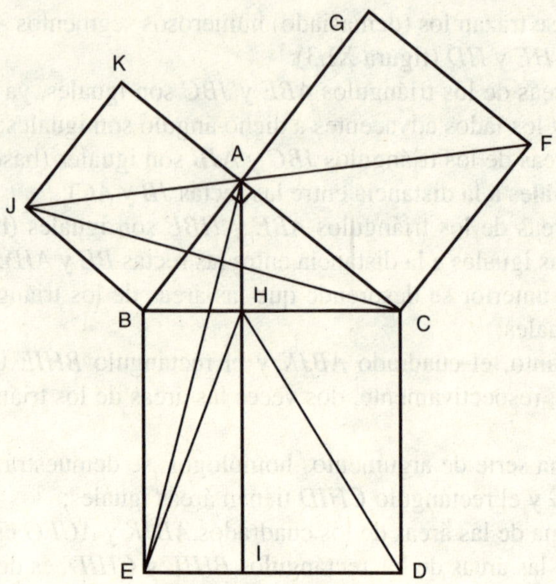

Figura XI.3 El teorema de Pitágoras según los clásicos

convincente, y hace aflorar cierto sentimiento de contingencia. Por su parte, la concepción moderna de las matemáticas intenta poner de manifiesto los elementos fundamentales de una situación y aportar pruebas basadas en la naturaleza intrínseca de los objetos matemáticos. Así pues, una demostración moderna del teorema de Pitágoras ha de basarse en una construcción mínima: en el triángulo rectángulo *ABC* se traza la altura *AH* correspondiente a la hipotenusa (figura XI.4); se coloca el lápiz y se *mira*. Entonces se observa que los tres triángulos *ABC*, *HBA* y *HAC* son semejantes entre sí pues, como son rectángulos y tienen un ángulo agudo común *(B* para *ABC* y *HBA*, *C* para *ABC* y *HAC)*, sus tres ángulos son iguales. Ahora bien, el área del mayor es, evidentemente, igual a la suma de las áreas de los dos pequeños. Construyamos ahora sobre los tres lados de *ABC*, que son las hipotenusas respectivas de los tres triángulos, unas figuras semejantes cualesquiera. Como sus áreas guardan la misma proporción con las de los tres triángulos, también cumplen la misma regla de la suma. Es el teorema de Pitágoras *generalizado:* dadas tres figuras semejantes construidas sobre los tres lados de un triángulo rectángulo, el área de la figura construida sobre la hipotenusa es igual a la suma de las figuras construidas sobre los catetos.

Con respecto a la demostración de Euclides, se ha hecho un progreso por lo menos en tres frentes:

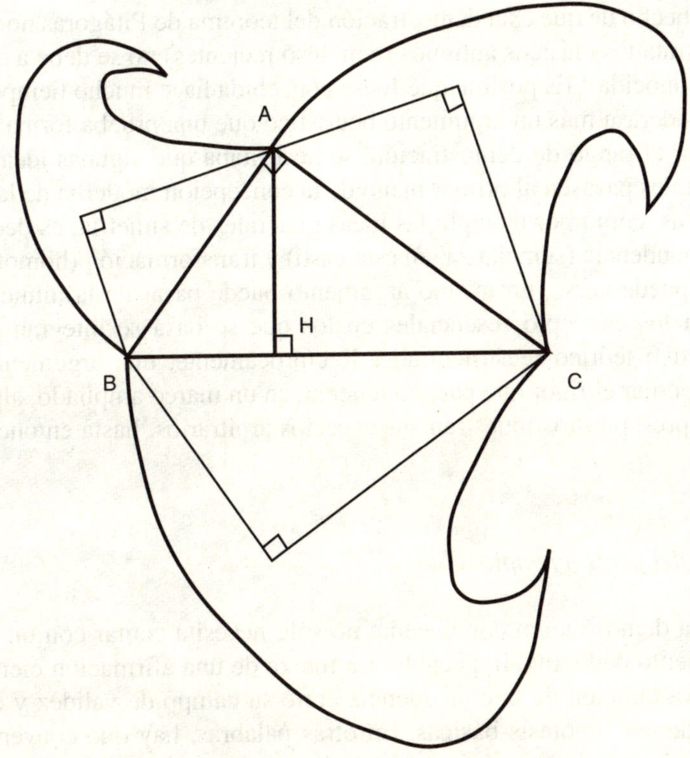

Figura XI.4 El teorema de Pitágoras según los modernos

1) La demostración es mucho más corta y, al requerir menos deducciones intermedias, es más directamente convincente.

2) El resultado es más general que la formulación tradicional. En el caso muy particular en que la figura es un cuadrado se obtiene la formulación habitual; pero merece la pena mencionar que la matemática india antigua enunciaba el teorema de Pitágoras en función de las áreas de semicírculos construidos sobre los lados del triángulo rectángulo.

3) Es más fácil apreciar la razón profunda por la cual este teorema no es válido sobre una superficie no plana; sobre una superficie curva, la semejanza de las figuras pierde sentido, ya que la escala de la curvatura hace que carezca de sentido la idea de homotecia (igualdad de forma, pero desigualdad de tamaño), como se comprueba fácilmente sobre la esfera (recordemos que en ella la suma de los ángulos de un triángulo determina su área).

El hecho de que esta demostración del teorema de Pitágoras no figure en los tratados clásicos antiguos (e incluso recientes) no se debe a que no fuese conocida.[4] Es posible que fuese concebida hace mucho tiempo, que se considerase más un argumento heurístico que una prueba formal. Para alcanzar el rango de demostración, se necesitaba que algunas ideas fundamentales pasasen al primer plano de la concepción moderna de las matemáticas, como por ejemplo las ideas generales de simetría, es decir, de correspondencia (semejanza, en este caso) y transformación (homotecia). Como puede verse, un mismo argumento puede pasar de la intuición al rigor si los conceptos esenciales en los que se basa se integran en un dispositivo teórico reestructurado. Recíprocamente, una argumentación puede perder el rigor que parecía tener si, en un marco ampliado, algunos de sus presupuestos muestran sus aspectos arbitrarios, hasta entonces tácitos.

Elogio del contraejemplo

Una demostración convincente no sólo necesita contar con un encadenamiento deductivo impecable. La fuerza de una afirmación científica se deriva también de la coincidencia entre su campo de validez y el dominio de sus hipótesis básicas. En otras palabras, hay que convencerse de que el enunciado es lo más extensivo y coherente posible y mostrar que el abandono de una hipótesis supone la ruina del resultado. Por consiguiente, una formulación del teorema de Pitágoras según la cual «en un triángulo rectángulo isósceles, el cuadrado de la hipotenusa es igual a la suma de los cuadrados de los catetos» no sería satisfactoria, ya que introduciría una hipótesis inútilmente restrictiva, y toda demostración de esa versión limitada del teorema no resultaría nada convincente. Hay que

4. Bachelard atribuye esta forma moderna de la demostración de lo que él llama, utilizando una expresión muy elegante, «pitagoricidad intrínseca» del triángulo rectángulo, a su contemporáneo, el matemático Georges Boulingand, y escribe sobre ella unas páginas memorables, de las que citaremos algunas líneas: «La contemplación de la figura [XI.4, en nuestro caso] despierta grandes fantasías en los enseñantes. Parece inducir al profesor de matemáticas a proponer a su alumno: "Corta el triángulo rectángulo en dos y medita. Dispones de una verdad primera, una belleza racional primera, que iluminará toda tu vida de geómetra. Te enseñará a ir a lo esencial. Si alguna esfinge malévola te plantea, a modo de examen, el enigma 'demuestre que el dodecágono construido sobre la hipotenusa del triángulo rectángulo es igual a la suma de los dodecágonos construidos sobre los catetos', aplica el principio de Peer Gynt: da un rodeo. No te pierdas en los meandros de los doce lados, en la confusión de las diagonales. Georges Boulingand, al suscitar en ti el racionalismo dormido, te ha enseñado a pensar como un dios geómetra, a trabajar sin hacer nada".» [Ba3].

contrastar, por tanto, la adecuación de los enunciados con las hipótesis en los que se basan. El procedimiento no consiste en elaborar una demostración deductiva general sino en proporcionar contraejemplos particulares. Basta un *único* triángulo rectángulo esférico en el que no se cumpla el enunciado de Pitágoras para mostrar que la exigencia (implícita o explícita) de la planicie para la superficie del triángulo es una hipótesis necesaria para el teorema de Pitágoras y capaz de darle una formulación intrínseca. La noción de contraejemplo tiene un papel esencial en la concepción moderna de demostración. Evidentemente, no hay que esperar a haber demostrado un teorema para hacer un sondeo a su ámbito de validez. De hecho, la búsqueda de contraejemplos es inherente a la elaboración de un enunciado correcto y de una demostración satisfactoria. Es también una forma de eliminar otros posibles enunciados. Muchas son las conjeturas que parecen naturales y a la espera de demostración, ¡hasta que quedan invalidadas por un solo contraejemplo! Un caso entre muchos: todo el mundo ha oído hablar del teorema de Fermat, ahora demostrado, al parecer, por Wiles. Según el teorema, la suma de dos números enteros elevados a una potencia superior a dos nunca es igual a la misma potencia de otro número entero. En otros términos, la ecuación $z^n = x^n + y^n$ no tiene soluciones enteras para $n > 2$. Euler propuso una generalización de este resultado mediante la siguiente conjetura: para que la suma de las potencias enésimas de cierto número de enteros sea igual a la potencia enésima de un entero, es necesario que dicha suma tenga por lo menos n números. Dicho de otro modo, la ecuación $z^n = x_1^n + x_2^n + \ldots + x_p^n$ sólo admite soluciones enteras si $p \geq n$ (el cubo de un entero sólo puede ser la suma, por lo menos, de tres cubos, etc.). Muchas experiencias numéricas parecían confirmar la veracidad de este resultado hasta que, hace unos veinte años, gracias —cómo no— a un ordenador, se descubrió que un entero (muy grande) elevado a la quinta potencia era igual a la suma de *cuatro* enteros elevados también a la quinta potencia. Fin de la conjetura de Euler.

El descubrimiento de contraejemplos también requiere una buena dosis de inteligencia y exige sin duda más imaginación que la demostración en sí. Constituye un elemento capital de rigor, tanto en matemáticas como en las demás disciplinas formalizadas. Dicho de otro modo, el rigor es más exigente que la demostración. Muchos resultados matemáticos importantes se basan en el descubrimiento de contraejemplos. Así ocurre también en campos aparentemente tan clásicos como la geometría más euclídea. Consideremos por ejemplo un poliedro, es decir, un cuerpo limitado por caras planas poligonales. Supongamos que las caras son rígidas y preguntémonos si el poliedro es «flexible», o sea, si es capaz de doblarse por algunas de sus aristas, sin que sus caras cambien de forma.[5] En concreto, imaginemos que las caras son metálicas y están unidas a las aristas por bisagras o, simplemente, son de cartón rígido y están unidas entre sí por cinta adhesiva. ¿Pueden abrirse las bisagras, modificando así la forma del poliedro? Nuestra intuición espacial rechaza esa idea, pues nos hace pensar que, al juntar todas las caras planas, el conjunto se mantiene rígido y no hay ningún juego posible de las caras. El caso del cubo es harto elocuente (figura XI.5). Si se juntan cuatro cuadrados iguales por los lados opuestos se obtiene una caja sin fondo y sin tapadera, que podrá plegarse fácilmente según sus aristas. Pero si se añaden las dos caras que faltan, el cubo se hace rígido *ipso facto* y pierde flexibilidad, aun cuando las aristas individuales sigan pudiendo plegarse (para doblar cajas de cartón se realiza el proceso inverso, primero se despliega el fondo y la tapadera y luego se alisa la caja). El caso general no plantea problemas si el poliedro es convexo, es decir, «sin entrantes» (técnicamente se diría que el poliedro se encuentra siempre por completo del mismo lado respeto de cualquier plano que contenga cualquiera de sus caras). En 1813 Cauchy demostró que un poliedro convexo no es flexible, pero hasta hace sólo treinta años no contábamos con la demostración para el caso de un poliedro no convexo. La razón es muy sencilla: el teorema no se cumple en ese caso. ¡Existen poliedros no convexos flexibles! Robert Connelly fue el primero en construir uno de ellos en 1978; tenía veinte vértices, pero enseguida se consiguió simplificar el objeto [Cy]. Hoy se conoce un ejemplo de nueve vértices. Merece la pena construirlo y manipularlo para comprender su carácter sorprendente y no intuitivo (figura XI.6).

A veces, el descubrimiento de contraejemplos vuelve a poner brutalmente al orden del día problemáticas que se creían ya resueltas e indica que no todos los resultados previamente demostrados lo han sido con todo el rigor necesario. La noción de simetría proporciona un magnífico ejemplo y sirve de puente entre las matemáticas (geometría) y la física (cristalografía). Desde hace mucho tiempo se sabe que para recubrir un plano con un motivo regular único sólo pueden utilizarse unas pocas estructuras. Independientemente de sus distintas formas, los mosaicos siempre tienen que respetar una simetría fundamental, cuyo motivo bá-

5. Evidentemente, tiene que ser un «verdadero» poliedro, es decir, un volumen tal que todo plano que lo divida en dos lo corte según una sección de área no nula; se trata de eliminar los casos de poliedros degenerados, como sería el volumen formado por dos poliedros unidos entre sí por una arista común, en cuyo caso la flexibilidad es trivial. La discusión de la definición de «poliedro» constituye, como ha demostrado Lakatos, un excelente ejercicio de flexibilidad epistemológica [Lak].

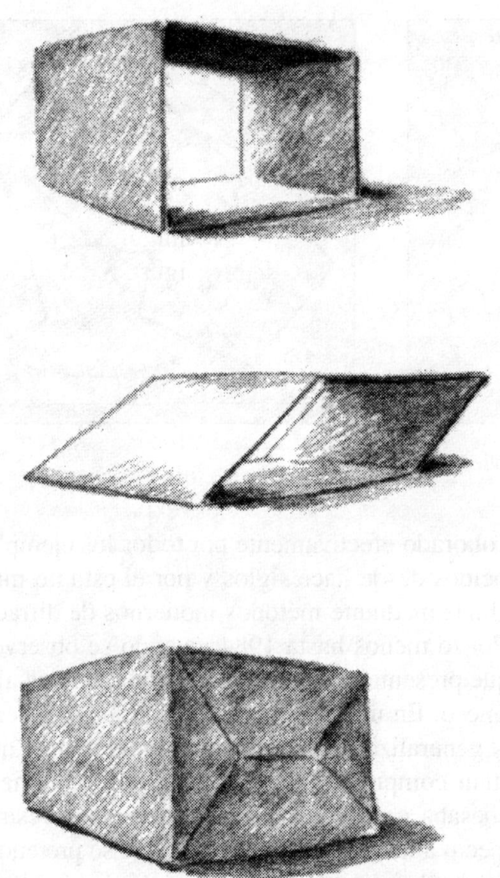

Figura XI.5 La rigidez del cubo

sico sólo puede ser, si nos limitamos a los polígonos regulares, el triángulo equilátero, el cuadrado (la baldosa típica de los cuartos de baño) o el hexágono (figura XI.7). Dicho de una forma más abstracta, el mosaico sólo puede presentar simetría de orden 3 (basada en un ángulo de 120°), de orden 4 (ángulo de 90°) o de orden 6 (ángulo de 60°). En particular, la simetría de orden 5 queda totalmente excluida, pues no es posible recubrir un plano con pentágonos regulares. Se trata de un teorema cuya demostración se remonta a muchos años atrás. Para la física cristalina, las implicaciones son importantes porque indica que una red cristalina, es decir, una disposición ordenada y regular de átomos susceptibles de cubrir todo el espacio y, por tanto, también el plano, no puede tener una simetría de orden 5. Este dogma de la cristalografía clá-

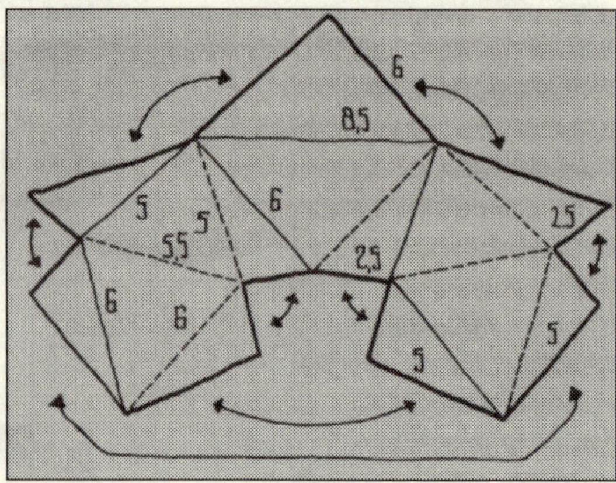

Figura XI.6 Un poliedro flexible

sica queda corroborado efectivamente por todos los ejemplos de cristales minerales conocidos desde hace siglos y por el estudio microscópico de las redes cristalinas mediante métodos modernos de difracción (rayos X o neutrones). Por lo menos hasta 1984, cuando se observó un diagrama de difracción que presentaba simetría pentagonal en una aleación de aluminio y manganeso. En unos pocos años de trabajo experimental se logró confirmar y generalizar dicha observación, al tiempo que los trabajos teóricos permitían comprender su naturaleza. El teorema clásico no es falso, pero se basaba en hipótesis innecesariamente restrictivas, por lo menos con respecto a las situaciones físicas que se pretendía analizar. La razón es que, desde el siglo XIX, la cristalografía había identificado orden y repetitividad. Si se trata de construir un cristal por reproducción indefinida de un mismo motivo, entonces sí, el resultado clásico que prohíbe la simetría pentagonal es válido. Sin embargo, una disposición atómica puede presentar una regularidad al mismo tiempo perfecta y más flexible, si tan sólo deseamos imponer esta simetría en la orientación, de la que se había pensado, erróneamente, que exigía una iteración sistemática por desplazamiento espacial. La regularidad en la dirección y la homogeneidad en la traslación (no la identidad) son compatibles con un orden de largo alcance, capaz de adoptar formas más variadas que las de los cristales basados en la pura y simple repetición. El notable mosaico de Penrose (figura XI.8), que había sido descubierto mucho antes, en un contexto más abstracto y más lúdico, constituye un excelente ejemplo de ese nuevo ordenamiento de la materia que se llama desde entonces «cuasicristalino». Se trata efectivamente de un mosaico, con motivos idénticos (en este caso se necesitan dos motivos) que recubre todo el plano, sin

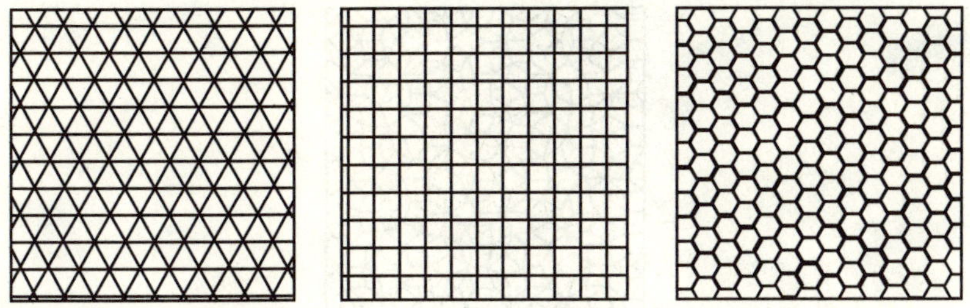

Figura XI.7 Mosaicos regulares

lagunas o solapamientos [M&M]. No es periódico, en el sentido de que no resulta de la repetición de un único y mismo motivo espacial, pero presenta una regularidad evidente a la vista y pone de manifiesto una simetría pentagonal, en el sentido de que las direcciones privilegiadas que estructuran el mosaico son las mismas en toda la superficie.

La física de los cuasicristales ha renovado por completo en unos años los campos de la cristalografía y la física de los sólidos al aportarles materiales nuevos y, sobre todo, ideas nuevas. De hecho, ha supuesto un duro golpe para la dicotomía clásica de orden y desorden. Tradicionalmente, la materia condensada se presentaba en dos formas: una, ordenada, la de los sólidos cristalinos, y la otra, desordenada, correspondía a los líquidos. Sin embargo, la dualidad de líquido y sólido ya había sido duramente atacada al haberse descubierto que el vidrio, por muy sólido que parezca, no está cristalizado[6] realmente, y que no es sino un líquido extremadamente viscoso (de hecho, el vidrio se derrite si dispone del tiempo suficiente, por ejemplo unos cuantos miles de años, como parecen indicar algunas piezas arqueológicas). Más tarde, los «cristales líquidos» abandonaron el universo virtual de los oximoros y se materializaron en nuestros relojes y calculadoras de mano, cuerpos a la vez cristalinos (orden con repetición) en ciertas direcciones y fluidos (desorden errático) en otras. Al final, los cuasicristales dieron el golpe de gracia final a la dicotomía, al mostrar que el orden más estricto en la orientación podía coexistir con el desorden más completo en el desplazamiento. Puede verse hasta qué punto era finalmente poco riguroso el teorema clásico que prohíbe la simetría cristalina pentagonal, a pesar de su impecable simplicidad deductiva geométrica. Su debilidad se encontraba no tanto en su demostración sino en sus premisas y, por tanto, en su in-

---

6. Hay que hacerse a la idea: el cristal, ya sea de Bohemia o de Baccarat, no es cristalino, en oposición al cristal de roca.

Figura XI.8 Un mosaico de Penrose

terpretación. Más concretamente, la solidez de un edificio no puede juzgarse adecuadamente sólo por sus partes visibles, por muy sólidas y estructuradas que parezcan. Sus cimientos invisibles pueden tener defectos muy serios, y lo que es peor, el subsuelo, imposible de conocer completamente, puede aportar también muchas sorpresas desagradables.

Por una física cualitativa

En el campo de la física todavía tiene más peso que en las matemáticas esa irremediable incompletitud de los fundamentos que hace inalcanzable la pretensión de formular con rigor absoluto un enunciado científico, pues en las matemáticas esa pretensión se debe más a limitaciones de la lógica humana y del lenguaje que a la confusión inhumana de las cosas. Por tanto, es necesario flexibilizar la oposición entre la exigencia de rigor y la utilización de la intuición, y dejar paso a una dialéctica más sutil. En cierto sentido, la posibilidad de una visión rigurosa, siempre y cuando incluya la necesidad de una reflexión crítica sobre las cuestiones en juego, sólo es posible si se conjuga con el ejercicio de una intuición elaborada. Por lo general, se considera que la física contemporánea se caracteriza por el recurso a formalismos matemáticos muy sofisticados y de una abstracción sin precedentes, que impiden aprehender intuitivamente cualquier fenómeno. No es seguro que esta visión no peque de una miopía considerable. El grado de abstracción y el carácter no intuitivo de una situación teórica son asuntos que dependen de la práctica y la historia. Toda nueva modelización matemática, toda innovación formal, todo invento conceptual se percibe como una ruptura radical entre la intuición y el sentido común; así lo demuestran las encuestas históricas sobre hechos y gestas reales de la actividad científica, es decir, los intercambios informales, la correspondencia, los borradores, etc., que hay

290

detrás de las apariencias excesivamente uniformes de los artículos y los libros de texto, de los que se ha eliminado cualquier juicio de valor explícito. Pero esta distancia ante las novedades percibidas como innecesariamente abstractas deja de existir cuando el sentido común, reeducado, y la intuición, entrenada, recuperan el movimiento iniciado por la abstracción. Dos ejemplos muy ilustrativos, ambos procedentes de la historia de la electricidad: en primer lugar, la sorpresa incrédula del secretario de la Academia de Ciencias al comentar, a finales del siglo XVIII, que «*incluso* se han sometido al cálculo las influencias eléctricas». Se trataba simplemente de la ley de Coulomb, que, de hecho, introducía la matematización newtoniana en un campo dominado hasta entonces por el lenguaje vitalista —no olvidemos que, gracias a la electricidad experimental, el abad Nollet conseguía hacer saltar a las marquesas y Galvani a las ranas—. El otro ejemplo es el de la extraordinaria dificultad, hasta principios del siglo XX, que para los aprendices de físico suponían nociones hoy tan corrientes para los aprendices de electricista como el potencial. Así lo explica Paul Langevin en este elocuente testimonio autobiográfico:

«(…) en nuestra experiencia reciente vemos cómo algunas nociones muy abstractas y difícilmente asimilables en un principio se tiñen de concreto a medida que nos acostumbramos a utilizarlas, a medida que se enriquecen con recuerdos y asociaciones de ideas. Podemos citar, por ejemplo, la noción de potencial. En mi juventud, ni se planteaba; luego se empezó a hablar de ella con mucha prudencia. El primero en introducirla aquí en la enseñanza fue mi predecesor en el Collège de France, Mascart, lo cual le valió la burla del abad Moigno, que entonces dirigía una revista científica titulada *Le Cosmos*, quien le calificó de "Don Quijote" y "Caballero del potencial". Sin embargo, hoy disponemos de la cultura necesaria y nos hemos acostumbrado a esa noción. Cuando se habla del potencial entre dos bornes, sabemos de qué se trata, pues hemos asociado esta idea a un número suficiente de experiencias intelectuales o fisiológicas como para teñir de concreto lo que inicialmente se había definido de forma abstracta (…). El obrero electricista sabe muy bien que la noción de esta magnitud que se mide en voltios se corresponde con el hecho de que puede recibir una descarga si toca los bornes en determinadas condiciones, o bien con el hecho de que una bombilla colocada entre los dos bornes se fundirá o se iluminará y se observará una desviación en un voltímetro colocado en las mismas condiciones. Está tan acostumbrado a las manifestaciones concretas de la diferencia de potencial, que la llama "corriente", lo cual indica que la noción ha dejado de ser abstracta para él» [Lan1].

De la misma manera, en las últimas décadas hemos asistido a la emergencia de un nuevo «sentido común profesional», una «intuición especializada» en los campos de la física moderna considerados bastante esotéricos hasta entonces. De ello es una prueba elocuente la práctica, tanto discursiva como técnica, de los físicos cuánticos, que han adquirido una gran familiaridad con los comportamientos de los objetos que estudian: electrones, fotones y neutrones no han desvelado todos sus secretos, pero se han convertido en objetos habituales. Hoy ya no es necesario pasar por la deducción formalizada de la teoría completa para comprender el comportamiento de los cuantones en un dispositivo experimental. En efecto, para convencerse de ello basta con comparar manuales de mecánica cuántica, sobre todo los más elementales, escritos hace cincuenta años. Contrariamente a lo que puede pensarse en un primer momento, los más modernos son los más sencillos, los menos técnicos y los más conceptuales [LL&B]. La emergencia de una verdadera «intuición cuántica» es uno de los motivos, y no el menos importante, que explican la modificación radical del contenido del debate epistemológico en el mundo de la física cuántica.

Tal vez convendría dar un paso adelante y proponer la idea, contraria a la opinión más generalizada, de que la innovación más importante de la física moderna consiste en haberse dotado de medios explícitos para desarrollar su propia intuición. El recurso al formalismo matemático es casi tan viejo como la física (en el sentido actual del término), y constituye una vertiente de ésta, por lo menos desde el siglo XVII. Nadie duda de que para los contemporáneos de Galileo la teoría euclídea de las proporciones parecía tan abstracta y contraintuitiva como lo sería el cálculo diferencial para los de Newton, el análisis vectorial para los de Maxwell y los espacios de Hilbert para los de Heisenberg. Sin embargo, hace tan sólo algo más de un siglo se empezaron a llevar a cabo de forma deliberada y más o menos sistemática unas prácticas específicas que conferían un carácter dialéctico a la teorización formal; es lo que se llamaría «física cualitativa». La mejor manera de explicar su naturaleza se encuentra en el aforismo de John A. Wheeler, uno de los grandes físicos del siglo XX y uno de los maestros de este arte: «No hay que ponerse a calcular antes de conocer el resultado», afirmación que Wheeler llama también «Principio número cero de la física». La idea es la siguiente: en física el riesgo de error es constante, precisamente porque recurre a formalismos muy elaborados y a cálculos largos y arduos. Resulta imperativo, por tanto, dotarse de medios de control a lo largo del razonamiento, mejor cuanto más al principio, de forma que pueda preverse el resultado del cálculo, por lo menos su orden de magnitud, y se pueda evaluar así inmediatamente hasta qué punto es plausible. Más que un simple control de calidad del proceso teórico, que podría llevarse a cabo también una vez finalizados los cálculos, es una prueba de la pertinencia de éstos: ¿vale la pena iniciar cálculos complejos y engorrosos sin tener de antemano una garantía mínima de que el resultado que se vaya a obtener será razonable? Estos métodos cualitativos sólo pueden dar una indicación acerca de la fiabilidad de los resultados numéricos en la medida en que constituyan una forma al mismo tiempo aproximada y justa de desarrollar los conceptos de la teoría. Se trata de un *arte* en el sentido más tradicional del término, el de artes y oficios, y cuya novedad reside no tanto en su existencia sino en su reconocimiento, por lo demás todavía insuficiente, en particular en la enseñanza de la física.

La primera componente de este arte es la capacidad de obtener rápidamente evaluaciones numéricas de las magnitudes desconocidas a partir de valores disponibles de las demás magnitudes. En el folclore profesional ha quedado inscrito el emblemático problema llamado de los «afinadores de Nueva York» (otros hablan de los «afinadores de Chicago»), debido a Enrico Fermi, uno de los principales promotores del espíritu cualitativo en física. Se cuenta que Fermi, que había emigrado a Estados Unidos, solía plantear al comienzo del curso, para hacerse una idea del temperamento científico de sus estudiantes de doctorado, una cuestión aparentemente sencilla en lugar de un ejercicio de física atómica o nuclear superespecializado: «¿Cuántos afinadores hay en la ciudad?». La respuesta esperada se basaba en el siguiente razonamiento:

a) en la gran Nueva York hay unos diez millones de habitantes, o sea, 10^7;

b) a razón de una media de 3 miembros por hogar, el número de hogares es de $3 \cdot 10^6$,

c) de los que aproximadamente 1 de cada 30 posee un piano (éste es el dato más crítico del razonamiento), es decir, hay 10^5 pianos,

d) que habrá que afinar, digamos cada tres años, es decir 10^3 días y, por tanto, cada día se tendrán que afinar 10^2, o sea, 100 pianos,

e) lo cual, a razón de uno o dos pianos diarios por afinador, supone entre 50 y 100 afinadores: unas decenas, simplificando un poco.

Evidentemente, sólo se pretende tener una idea del orden de magnitud, del que seguramente coincidiremos en decir que es muy restrictivo (según nuestra experiencia, las respuestas a una evaluación *a priori* van desde tres hasta diez mil), pero sobre todo es correcto.[7] Este tipo de razo-

<hr>

7. En París hay unos sesenta afinadores (según la guía telefónica), un número perfectamente compatible con el resultado de Nueva York, si se tiene en cuenta que en 1995 la ciudad

namiento es de lo más frecuente en los laboratorios y se aplica, evidentemente, a magnitudes propiamente físicas. Un magnífico ejemplo de las equivocaciones a que da lugar el desconocimiento de los sencillos métodos de comparación de órdenes de magnitud lo proporciona una reciente controversia científico-política. En 1995 la compañía Shell decidió desprenderse de su plataforma petrolífera Brent Spar y se planteó hundirla en el Mar del Norte en lugar de desmantelarla en tierra. La protesta de los movimientos ecologistas del norte de Europa, inquietos por las consecuencias de dicho hundimiento, alcanzó una envergadura tal que la compañía Shell se vio obligada a renunciar a su proyecto, antes de que la asociación Greenpeace reconociese haberse inquietado injustamente. De hecho, los residuos petrolíferos y demás restos contenidos en la plataforma ascendían a un centenar de toneladas y suponían un volumen de unos centenares de metros cúbicos, lo cual equivale al volumen de un inmueble de cinco pisos, al de un pequeño lago o a la cantidad de agua aportada al Mar del Norte por el río Rin en un segundo... Hundidos a unos dos mil metros de profundidad, estos productos, incluso los tóxicos, sólo habrían podido afectar a una zona muy reducida de los fondos marinos. De hecho, se puede comparar esta masa con el tonelaje de los buques, con el petróleo de sus bodegas, que se hundieron en el Atlántico durante la segunda guerra mundial, del orden de 10 millones de toneladas, para darse cuenta de la desproporcionada inquietud generada. Es cierto que esta comparación numérica no basta para evaluar el riesgo; conviene insistir además en la naturaleza líquida del medio, lo que se traduce en la necesaria dilución de los residuos en inmensos volúmenes de agua de mar,[8] convirtiéndolos rápidamente en inofensivos, contrariamente a lo que ocurre con los efluentes gaseosos en la atmósfera, que pueden ser transportados muy lejos, incluso en concentraciones muy pequeñas, como quedó patente a raíz del accidente de Chernóbil. Este razonamiento no justifica en ningún caso que se utilice el mar como basu-

de París, a pesar de tener unas cuatro veces menos habitantes que Nueva York en 1950, es una ciudad más rica y, por tanto, dispone de más pianos por hogar, a cada uno de los cuales le corresponde una persona y media y no tres.

8. Nuestro sentido común es bastante hábil a la hora de comparar longitudes, pero no lo es tanto cuando se trata de superficies o volúmenes. El lector podrá hacerse una idea de la calidad de su intuición pensando en una estimación del volumen de agua necesario para que se ahogue toda la humanidad —antes de leer la respuesta que damos a continuación.

Un cuerpo humano medio pesa unos 50 kg y, por tanto, ocupa un espacio de unos 50 dm³. Luego, el volumen total de ocho mil millones de seres humanos (dentro de muy poco tiempo) es de 400.000.000 m³, es decir, el volumen de un lago de unos 2 km de lado por 2 km de ancho y unos 100 m de profundidad. Aún sin necesidad de amontonarse, bastaría con un pequeño lago; realmente el Diluvio, por el despilfarro de agua que supuso, fue un método condenable desde el punto de vista ecológico.

rero, pero obliga a precisar los elementos del debate. Muchas otras cuestiones controvertidas sobre los efectos ecológicos o económicos de una u otra iniciativa técnica o industrial saldrían ganando si pasasen primero por el cedazo de un análisis de los órdenes de magnitud en los que se sitúa el problema, antes de apelar a otros criterios de juicio.

Del péndulo a la bomba. Análisis dimensional

La segunda componente del arte del físico es el «análisis dimensional». Se trata de un método muy general y, al mismo tiempo, muy sencillo, muy profundo y muy potente, que se basa en la comprensión de la *naturaleza* de las magnitudes físicas, antes de que intervengan sus valores numéricos. Se trata de constatar que cierta magnitud es una longitud, aquella otra una área, y la de más allá una fuerza, etc., lo cual restringe considerablemente las posibles relaciones entre ellas y, en los casos más sencillos, dicta de forma unívoca la forma funcional de dichas relaciones. Daremos a continuación un ejemplo elemental que da lugar a una versión de la demostración elemental del teorema de Pitágoras muy propia de los físicos. Un triángulo rectángulo queda completamente determinado, desde el punto de vista de la forma, cuando se conoce uno de sus ángulos agudos, ϕ, y, desde el punto de vista del tamaño, cuando se conoce su hipotenusa a. El área S es una determinada función de esas dos magnitudes:

$$\textit{Área del triángulo rectángulo = Función de la hipotenusa} \\ \textit{y del ángulo agudo} \qquad (11.7)$$

o bien:

$$S = F(a, \phi) \qquad (11.8)$$

El argumento determinante es el siguiente. El área se identifica normalmente con el producto de dos longitudes (se mide en metros cuadrados, por ejemplo), pero como en este caso sólo disponemos de una longitud, a, el producto de ésta por sí misma proporciona necesariamente la magnitud homogénea al área de la derecha de la igualdad anterior. Por tanto, el ángulo sólo puede intervenir en una función multiplicativa desconocida por el momento. En otras palabras:

$$\textit{Área = Cuadrado de la hipotenusa} \times \textit{función del ángulo} \qquad (11.9)$$

es decir,

$$S = a^2 f(\phi) \tag{11.10}$$

Por muy elemental que parezca este resultado (y lo es), indica que un triángulo de dimensiones lineales dos veces (o tres, etc.) mayores tendrá una área cuatro veces (o nueve, etc.) mayor, y proporciona una clave para situarnos en el teorema. Si trazamos la altura, el triángulo de área S queda dividido en dos, de áreas S' y S'', respectivamente, e hipotenusas b y c, respectivamente, pero con los mismos ángulos, como vemos en la figura XI.9. Para las áreas se cumplen las siguientes fórmulas:

$$S' = b^2 f(\phi) \; y \; S'' = c^2 f(\phi) \tag{11.11}$$

Es evidente que:

$$S = S' + S'' \tag{11.12}$$

y, sin conocer siquiera la función f, se deduce inmediatamente que:

$$a^2 = b^2 + c^2 \tag{11.13}$$

Esta demostración del teorema de Pitágoras es una versión algebraica de la demostración geométrica anterior. Posee las mismas ventajas, en particular señala que el teorema no es válido en un espacio curvo. Sobre la esfera, por ejemplo, el área de un triángulo rectángulo depende también del radio; viene determinada por dos longitudes y el razonamiento pierde su sencillez, así como su validez.

Otro ejemplo, un poco más «físico» de la fecundidad del análisis dimensional es el de la teoría del péndulo y, más concretamente, de la famosa expresión $T = 2\pi \sqrt{l/g}$ que da el periodo de un péndulo simple en función de su longitud l y de la aceleración de la gravedad g. La estructura de esta fórmula queda determinada totalmente por el hecho de que el objetivo es calcular un tiempo a partir de una longitud y una aceleración, lo cual sólo es posible haciendo la raíz cuadrada de su cociente (la única forma de obtener segundos a partir de metros y de metros-por-segundo-al-cuadrado). Esto equivale a decir que la teoría elaborada, que requiere la resolución de una ecuación diferencial de segundo orden, sólo sirve en realidad para calcular el factor numérico 2π de la expresión. Ocurre muy a menudo. Es más, el argumento cualitativo puede proporcionar en ocasiones, si no el valor exacto del coeficiente numé-

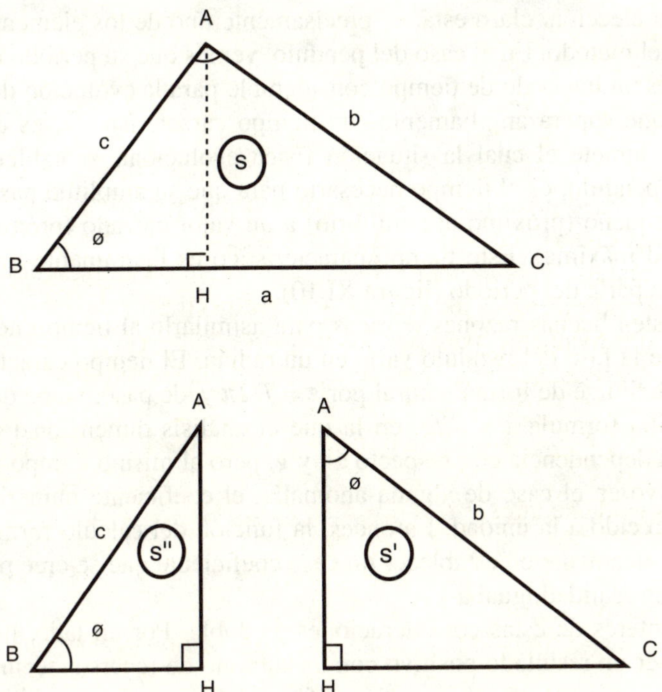

Figura XI.9 El teorema de Pitágoras según los físicos

rico, sí por lo menos su orden de magnitud. Para ello es necesario introducir la noción de «valores característicos» de las magnitudes físicas. Son los que especifican, en órdenes de magnitud, la escala del fenómeno considerado. Así, la longitud característica de la geofísica global (la que se interesa por la Tierra en su conjunto) es del orden del millar de kilómetros, la longitud característica de la física atómica es del orden de una fracción de nanómetro, etc. Al referir las magnitudes a estos valores característicos, las relaciones que proporciona el análisis dimensional adquieren toda su potencia ya que, incluso puede decirse que por definición, los coeficientes numéricos desconocidos que no tiene en cuenta se acercan mucho a la unidad, pues en caso contrario las magnitudes consideradas no serían verdaderamente pertinentes en la situación considerada. Esta idea puede traducirse en la siguiente forma, que a algunos puede parecer provocadora: «En las fórmulas físicas, todas las constantes sin dimensiones son del orden de la unidad...», siempre que se añada: «... si las magnitudes físicas características han sido escogidas adecuadamente».

Esta elección, claro está, es precisamente uno de los elementos cruciales del método. En el caso del péndulo, vemos que su periodo de oscilación es un intervalo de tiempo considerable para la evolución del fenómeno, que supera ampliamente su «tiempo característico», es decir, el tiempo durante el cual la situación física evoluciona «notablemente». Para el péndulo, es el tiempo necesario para que su amplitud pase de un valor pequeño (próximo al equilibrio) a un valor elevado (próximo a la amplitud máxima). Este tiempo característico es ligeramente inferior a la cuarta parte del periodo (figura XI.10).

Existen buenas razones teóricas para asimilarlo al tiempo necesario para que la fase del péndulo varíe en un radián. El tiempo característico puede definirse de forma natural por $\tau = T/2\pi$ y, de paso, viene dado por la sencilla fórmula $\tau = \sqrt{l/g}$, en la que el análisis dimensional proporciona la dependencia con respecto a l y g, pero al mismo tiempo asegura que, salvo en el caso de alguna anomalía, el coeficiente numérico será muy parecido a la unidad. Entonces, la función del cálculo formal consistirá únicamente en establecer que ese coeficiente que se cree próximo a 1 ¡es en realidad igual a 1!

El interés de estas consideraciones es doble. Por un lado, permiten establecer un resultado positivo con un mínimo de recursos técnicos; no es necesario resolver una ecuación diferencial para saber que el periodo del péndulo depende de su longitud y de la gravedad; al mismo tiempo, el riesgo de error en los cálculos teóricos se limita al valor del coeficiente numérico y no afecta a la forma de dependencia con respecto a los parámetros físicos. Por otro lado, el resultado queda establecido sobre su base mínima y queda al descubierto la esencia de la situación; lo que se pone de manifiesto es la naturaleza profunda de las relaciones entre magnitudes físicas, al margen de la forma concreta que adopten las ecuaciones dinámicas que describen el fenómeno. Con todo, quedan planteadas algunas verdaderas cuestiones físicas, por ejemplo, el hecho de que no intervenga la masa del péndulo. Aunque hubiésemos pensado incluirla entre los datos de entrada, lo cual hubiese sido de lo más natural, no hubiésemos sabido qué hacer con ella o encontrarle acomodo en la fórmula; sencillamente, el periodo de un péndulo no depende de su masa. Si se profundiza algo más en la cuestión, se descubre que el motivo de esa desaparición es que la masa desempeña dos papeles distintos, pero exactamente complementarios: el de masa pesante, que determina la fuerza ejercida sobre el péndulo, y el de masa inerte, que rige la aceleración del movimiento por efecto de dicha fuerza. Así pues, un péndulo dos veces más pesado experimenta una fuerza de gravedad doble y, por tanto, el movimiento y el periodo no experimentan ninguna modificación. El aná-

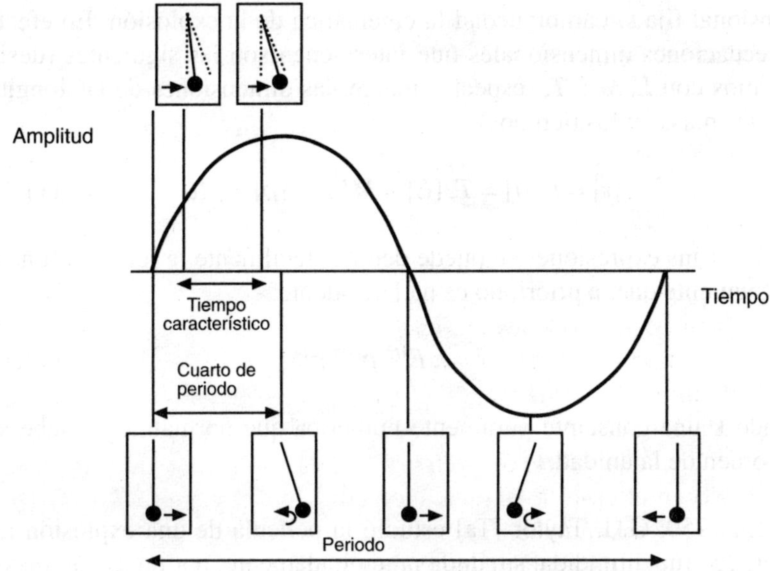

Figura XI.10 El péndulo y el «tiempo característico»

lisis dimensional se basa en lo intuitivo, en el sentido de que sólo expresa el aspecto cualitativo de las nociones físicas, y en lo riguroso, en el sentido de que exige una comprensión precisa de estas nociones y sus relaciones mutuas.

No hay que creer que el análisis dimensional sólo sirve para presentar de forma simplificada y *a posteriori* fenómenos ya conocidos. A veces tiene una capacidad explicativa y predictiva sorprendente. Un ejemplo que sería una pena no divulgar es aquel episodio en el que se desveló un secreto militar, precisamente gracias al análisis dimensional. En efecto, la energía liberada por las primeras bombas atómicas era un secreto muy bien guardado, hasta que un especialista de la física de fluidos hizo el siguiente razonamiento.

↑La propia brutalidad de una explosión nuclear provoca que los detalles más sutiles del proceso inicial tengan poca importancia en el desarrollo del llamado «hongo atómico», una esfera de gas en expansión cuya frontera viene dada por la onda de choque que se propaga a partir del punto en que tiene lugar la explosión. En un instante t, el radio r de dicha esfera sólo depende, en primera aproximación, de la energía E liberada durante la explosión y de la densidad ρ del aire, cuya resistencia a la compresión se halla en el origen de la onda de choque. El análisis dimensional fija sin ambigüedad la cinemática de la explosión. En efecto, las ecuaciones dimensionales que intervienen son las siguientes (designaremos con L, M y T, respectivamente, las dimensiones de las longitudes, las masas y los tiempos):

$$[r] = L, \ [t] = T, \ [E] = MLT^{-2}, \ [\rho] = ML^{-3}. \tag{11.14}$$

De estas expresiones se puede deducir fácilmente la relación funcional siguiente que, a priori, no es nada evidente:

$$r = k \, E^{1/5} \, \rho^{-1/5} \, t^{2/5} \tag{11.15}$$

siendo k una constante puramente numérica que normalmente debe ser del orden de la unidad.$\downarrow$

En 1950, G. I. Taylor [Ta] estudió la película de una explosión nuclear, que fue difundida, sin duda precipitadamente, por un estado mayor que no sospechaba la potencia del análisis dimensional para evaluar la potencia, entonces secreta, de estas bombas. Comprobó que la esfera se dilataba siguiendo la curiosa ley en la que interviene el tiempo elevado a dos quintos (de ahí la velocidad de expansión decreciente y, por consiguiente, esa impresión de frenado que producen todas las películas, hoy tan numerosas, de ese horrible espectáculo). A partir de ahí, es un juego de niños invertir la relación (11.15) y, con una estimación de r y t, una vez conocida ρ, deducir E, la energía liberada por la bomba.

La heurística

Hay muchos otros procedimientos que permiten acercarse de forma cualitativa a la física. Está, por ejemplo, el estudio de los casos límite: cuando se desea determinar cómo varía una magnitud en función de otra, en general existen buenas razones para pensar que la variación es monótona (creciente o decreciente). En esta situación, resulta útil comparar dos casos particulares para saber en qué sentido tiene lugar la variación general; los casos límite, es decir, aquellos que corresponden a los límites del intervalo de variación, normalmente bastan para evaluar y aclarar la cuestión. Volvamos al ejemplo del péndulo simple. La fórmula establecida para el periodo de las oscilaciones sólo es válida para pequeñas oscilaciones, las de amplitud reducida, aquellas que se desvían de la vertical unos pocos grados; en esas condiciones, es cierto que el periodo

300

sólo depende de la amplitud —en una primera aproximación—.[9] Ahora bien, si la amplitud inicial es de unas decenas de grados, el periodo depende considerablemente de ella. Se plantea entonces la siguiente pregunta: ¿crece o disminuye el periodo cuando aumenta la amplitud del péndulo? Dicho de otro modo, al soltar un péndulo desde la horizontal, ¿oscila más o menos deprisa que un péndulo ligeramente desviado de su posición de equilibrio? Analizar con detalle esta situación es más difícil que en el caso de las pequeñas oscilaciones y da lugar a una fórmula integral del periodo bastante complicada, en la que es fácil leer de inmediato la respuesta a la cuestión planteada. El procedimiento cualitativo consiste entonces en interesarse por el caso límite, el de un péndulo con la amplitud máxima posible, 180°, es decir, en posición vertical. Enseguida se impone un argumento de simetría, que es la expresión de uno de los métodos cualitativos más potentes: la simetría bilateral de la situación basta para demostrar que, por un principio de razón suficiente (¿de qué lado caerá el péndulo?), éste no puede oscilar y permanece en equilibrio (aun cuando el equilibrio sea inestable, lo cual constituye un problema muy distinto). En otras palabras, su periodo es infinito —en cualquier caso, superior al de las pequeñas oscilaciones—. Como nada hace sospechar que el periodo no varía monótonamente con la amplitud, la conclusión es clara: el periodo de un péndulo es tanto mayor cuanto mayor es la amplitud inicial. En un marco más estrictamente matemático, este enfoque de la variación por el estudio de casos límites o particulares permite hacerse una idea de la variación de las funciones, a veces bastante complejas, sin necesidad de pasar por las horcas caudinas de los métodos canónicos formales, como el cálculo de derivadas, etc.

No podemos ampliar aquí las múltiples facetas de la práctica cualitativa de la física. Conviene precisar, sin embargo, que el calificativo «cualitativa» puede dar lugar a algún malentendido. Como se ha visto, el objeto de este enfoque también es el de proporcionar números. Se puede

---

9. Este «isocronismo de las pequeñas oscilaciones» (cuya observación se atribuye en general al joven Galileo, distraído de sus devociones en la catedral de Pisa por la contemplación de la oscilación de las lámparas) puede explicarse mediante otro argumento típico de la física cualitativa.

↑Sea $T(\alpha)$ el periodo considerado como función de la amplitud α de la oscilación. Por razones de simetría (independientemente de que el péndulo inicie su recorrido desde una posición distinta a la del equilibrio, ya sea a un lado u otro), se trata de una función par: $T(-\alpha) = T(\alpha)$. Si, como todo parece indicar, la función es lo bastante regular como para admitir un desarrollo limitado en un entorno del origen, el desarrollo sólo contiene términos pares y su primer término variable es de segundo orden: $T(\alpha) = T_0[1 + O(\alpha^2)]$ —lo cual pone de manifiesto el carácter estacionario de la función $T(\alpha)$ considerada y explica la lenta variación del periodo para amplitudes pequeñas.↓

afirmar que pone el acento sobre los aspectos cualitativos y conceptuales, mientras que la formalización convencional, sin negar la conceptualización (¿cómo podría hacerlo?), se esfuerza por saltársela lo más rápidamente posible recurriendo al signo y al número, y en este sentido podría llamarse «cuantitativa». En realidad, sería más justo contrastar una física «técnica» (la de las ecuaciones, por decirlo de forma rápida) y una «heurística» (la de las estimaciones). Después de todo, sería un homenaje natural al inmortal *(h)eureka* de Arquímedes, el primer físico. Sin embargo, el verdadero cuerpo doctrinal que constituye el conjunto de los métodos cualitativos de la física heurística es aún mayoritariamente implícito y, en definitiva, bastante reciente. La historia de su desarrollo está todavía por escribir. Evidentemente, los prolegómenos se encuentran en las fuentes mismas de la física moderna, por ejemplo, en las consideraciones pioneras de Galileo sobre los efectos del tamaño y la semejanza mecánica, cuando explica por qué un elefante necesita patas, proporcionales a su altura, más gruesas que las de un perro [Ga3]. Ya en el siglo XVIII se sintió la necesidad de añadir al nuevo rigor de los formalismos matemáticos newtonianos una argumentación que resultase más seductora para la intuición, y Grandjean de Fouchy, secretario de la Academia de las Ciencias escribía, en 1746, a raíz de un trabajo de Clairaut:

«A veces, tras una solución analítica un tanto complicada, se llega a una fórmula bastante fácil, que sólo requiere un cálculo sencillo, pero con un inconveniente considerable, el de no saber si hay que añadir o restar los números; si éstos crecen o decrecen; en pocas palabras, cómo y en qué sentido hay que aplicarlos, pues el cálculo algebraico, tan adecuado para la búsqueda de soluciones, lo es mucho menos para iluminar el espíritu sobre los pasos que debe efectuar. Para evitar ese inconveniente, el señor Clairaut finaliza su trabajo con una solución de la aberración que no requiere ningún cálculo algebraico: esta última solución presenta al ojo toda la sucesión de la operación, y por ello se ajusta mejor a los usos astronómicos a los que está principalmente destinada» [Gn].

Se trata de una presentación notable y precoz de la concepción heurística de la física. En el siglo XIX es cuando comienza realmente a desplegar todo su arsenal cualitativo, empezando por el análisis dimensional. En este hecho puede verse el efecto, por un lado, de las intensas discusiones acerca de los sistemas de unidades, que exigieron una reflexión profunda sobre la naturaleza de las magnitudes físicas y sus relaciones y, por otro, de la formalización creciente de disciplinas como la mecánica de fluidos, en las que la dificultad de la resolución de ecuaciones complejas y con muchos parámetros requería una aproximación más sintética. Pero en la primera mitad del siglo xx es cuando los métodos cualitativos se convierten en una verdadera cultura profesional, bajo el impulso de grandes maestros como Bridgman, Bohr, Fermi, Weisskopf y Feynman.

#Su alegato es muy convincente, pero creo que algo sesgado. Lo que usted defiende es la física tal como le gustaría verla.

—Sí, claro, pero es así como se *hace* la física, o por lo menos, es así como también se hace.

—Entonces, ¿por qué se presenta tan pocas veces así?

—Básicamente porque esta física *más sencilla* es también *más moderna*, y esta concepción aún no ha penetrado verdaderamente en la conciencia epistemológica y pedagógica.

—¡Vaya paradoja! Habría que explicar entonces por qué los físicos contemporáneos divulgan tan poco esa práctica que, en definitiva, les es propia.

—Cuando hablaba de «conciencia», también me refería a la de ellos, y no sólo a la de los filósofos, historiadores y divulgadores de la ciencia. Por otra parte, existen excepciones que pueden considerarse como indicios de un cambio del estado de ánimo general.

—¿Se está refiriendo a algunos aspectos de la obra de Bachelard?

—Sí, en concreto al *Essai sur la connaissance approchée* [Ba4]; pero aun siendo un intento afortunado en el que se pone de manifiesto una intuición justa, este trabajo se basa en un conocimiento muy insuficiente de la práctica real de la física en su propia época.

—¿Otros ejemplos?

—Sí, está todo el trabajo de Feynman, que ha renovado por completo la pedagogía de las ciencias físicas… [Fy1] [Fy2].

—Creía que Feynman detestaba la pedagogía.

—Precisamente por eso ha tenido tan poco respeto a las tradiciones académicas. Le supongo al corriente de que nuestros dos recientes premios Nobel de física han insistido sobre la importancia y el interés de hacer una física menos formal. Ese estado de ánimo es el que ha permitido a Gennes hacer destacadas aportaciones en la física de la «materia blanda» [Ge&B].

—Según lo que me explican mis jóvenes amigos, estudiantes de física en la enseñanza secundaria y en la universidad, estas voces no son todavía excesivamente escuchadas.

—Desgraciadamente, la situación no parece haber cambiado mucho con respecto a la época en que, recién finalizados mis estudios universitarios de segundo ciclo, iniciaba mi formación específicamente profesional de físico en el tercer ciclo. Siempre recordaré mi estupefacción al comprobar el enorme abismo que separaba la física que habíamos estudiado y la que se practicaba en la investigación. Se podía incluso pensar que la ciencia de los anfiteatros y la de los laboratorios no era la misma.

—Más que de una profesión a la vanguardia de la modernidad, parece como si hablara de una antigua corporación, con sus secretos gremiales que sólo se aprenden una vez has sido admitido en el cuerpo.

—Ésa es la paradoja fundamental. A pesar de su voluntad de compartir el saber, la ciencia contemporánea es, en muchos aspectos, más esotérica que muchas tradiciones místicas, y muchos de sus aspectos esenciales siguen siendo desconocidos por los profanos, pero también por los futuros profesionales de la ciencia.

—¿No cree usted que una de las responsabilidades cruciales de los científicos consiste en explicitar sus prácticas en la misma medida en que son capaces de divulgar sus teorías?

—¿Y qué estoy intentando, si no?#

XII
Real / ficticio

—¿Sabes, Dave —le dijo ella—, lo que hay al final del arco
iris? Un hombre horrible, ni más ni menos. Tengo la sensación
de que nos está esperando, por poco que nos lancemos. —¿Hay
alguna forma de ir hasta el final de este arco iris? —¿Entiendes
lo que quiero decir? —No, en absoluto.

James Cain [Ca]

*Desde mi terraza de Niza, en esos días de invierno en que el aire frío
es especialmente seco y el cielo puro, a veces puede verse la isla de Córcega. No se ve una línea imprecisa sobre el horizonte, sino una forma
tan grande como una mano abierta cuando estiro el brazo, una silueta
clara y recortada en la que todo aquel que ha recorrido la isla reconoce
sin dificultad los picos del Monte Cinto, la Punta Minuta, la Paglia Orba
(no, no se distingue el famoso agujero que atraviesa el Tafonato). Sin
embargo, la distancia entre Niza y la cumbre del Monte Cinto es tal que
la isla, habida cuenta de la curvatura de la Tierra, debería permanecer
por completo escondida detrás del horizonte.*

*Esta aparición, por frecuente que sea, incomoda a no poca gente y
es un tema recurrente en las conversaciones de café o en el mercado.
«Entonces, ¿la ha visto esta mañana? —Sí, pero no es realmente Córcega [sic], es más bien una ilusión. —Sin duda, puesto que no debería
verse… Es algo sí como un espejismo. —Etc.» Cuando se le pregunta, el
físico puede intentar explicar que sí, que se trata de la verdadera isla de
Córcega, pero que no, que no se ve en el sitio que le corresponde. Que se
trata de una ilusión real…*

El pie del arco iris

Los rayos luminosos no se propagan en línea recta cerca de la superficie terrestre (figura XII.1): las variaciones de temperatura y, por tanto,
de densidad de la atmósfera con la altitud hacen de la atmósfera baja un
medio no homogéneo que provoca una curvatura en los rayos luminosos.
Éstos rodean parcialmente la superficie de la Tierra y proporcionan una
imagen situada por encima del horizonte, bloqueando así la propagación
rectilínea. Es un efecto general, conocido desde hace tiempo por marinos

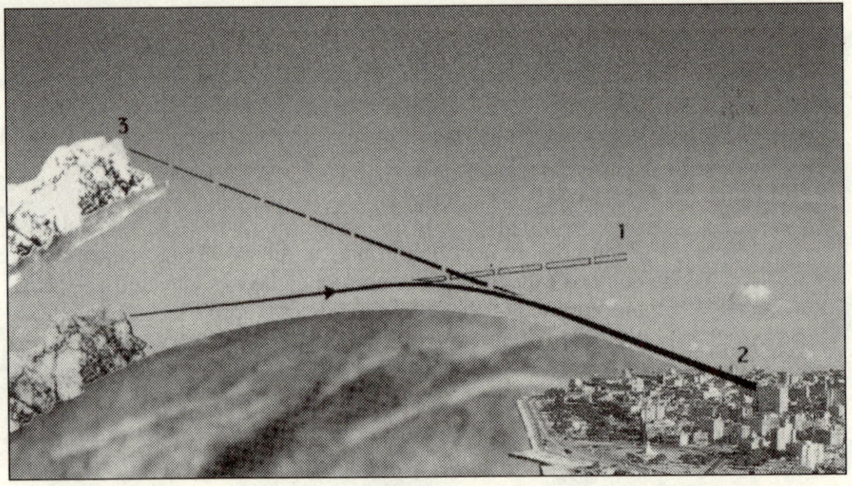

Figura XII.1 Ver detrás del horizonte

y astrónomos.[1] Sin embargo, esta sencilla explicación deja perplejos a la mayoría de los profanos, pues ven en ella un paralogismo, y preferirían una respuesta sin ambigüedad. Estarían más dispuestos a aceptar la idea de que se trata de una falsa Córcega, situada allí donde se ve realmente, antes que la de una verdadera Córcega, que no se encuentra *allí* donde se ve. Lo único que queda por hacer luego es señalar la trivialidad del fenómeno.

#Cuando usted se afeita (o se maquilla) por la mañana, lo que ve en el espejo es su verdadero rostro. ¿O no?

—Sí, sí, claro.

—Sin embargo, usted no está *realmente* detrás del espejo.

—No, pero veo mi imagen real.

—El problema es que según el vocabulario utilizado en óptica se trata de una «imagen virtual».

—Y ¿a qué llaman «imagen real»?

—A una imagen invisible...

1. ↑Para la astronomía, que observa objetos situados más allá de la atmósfera terrestre, el efecto prácticamente no depende de las condiciones físicas de las capas inferiores de la atmósfera. En este caso, el conjunto de la atmósfera actúa como un prisma que desvía los rayos luminosos horizontales según un ángulo de más de medio grado, o sea, aproximadamente el tamaño aparente de la Luna y el Sol. Cuando observamos estos astros sobre el horizonte, tanto en el orto como en el ocaso, en realidad ya (o aún) se encuentran por debajo del plano horizontal. La refracción atmosférica nos ofrece cada día unos minutos adicionales de claridad.↓

—¡Me está tomando el pelo!

—Algo de eso hay, pero muy poco.[2]#

La confusión, por lo menos desde el punto de vista terminológico, es máxima. Lo mejor es dejar que se aplaque la inquietud que ha suscitado este modesto ejemplo sobre ambigüedad de lo real y lo virtual. Más adelante veremos otros ejemplos algo más elaborados.

Existen pocos fenómenos naturales que provoquen tantas emociones como el arco iris, y menos aún a los que se haya atribuido significados míticos y simbólicos tan ricos, en todas las culturas [Bo]. La comprensión del fenómeno ha sido una de las piedras de toque de las primeras teorías científicas de la luz. Tras las consideraciones pioneras y, al parecer, independientes de Kamal al-Din al-Farisi y de Teodorico de Freiberg a principios del siglo XIII, hubo que esperar hasta la reorganización de la óptica geométrica llevada a cabo en el siglo XVII para que Descartes perfeccionase e impusiese la primera explicación que todavía hoy se considera científicamente válida [Bl2]. Sin embargo, tres siglos más tarde, y a pesar de la presencia continua de este fenómeno, dicha explicación no se ha incorporado todavía a la cultura general. ¿Tal vez porque, pese a su sencillez clásica, choca con algunas intuiciones evidentes? En efecto, ante cualquier fenómeno, y más si se trata de uno tan espectacular como el arco iris, las primeras preguntas que se nos ocurren son «¿dónde?» y «¿de qué?». ¿Dónde está el arco iris y de qué está hecho?

Como todo el mundo sabe, el arco iris tiene que ver con el Sol y la lluvia, si bien somos *nosotros* los únicos capaces de ver algo. Supongamos que es por la tarde, acaba de llover y las nubes, arrastradas por el viento, han dejado paso a un cielo azul en el que luce el Sol, cerca ya del horizonte. De espaldas al Sol, miramos cómo se aleja la tormenta y vemos que aparece un magnífico arco iris, tal vez dos. Nos acercamos mentalmente a una de las gotas de la nube y nos fijamos en un rayo de Sol que incide sobre ella. El rayo puede reflejarse sobre su superficie o penetrar en ella; en este último caso, la refracción modifica su dirección, de acuerdo con la ley de Snell-Descartes. Una vez atravesada la gota, ese rayo interior incide de nuevo sobre la superficie y puede atravesarla, ex-

2. De hecho, en el primer caso se habla de imagen virtual porque esa imagen se sitúa en un espacio que puede llamarse legítimamente virtual y que se encuentra detrás del espejo. Más concretamente, un punto de una imagen virtual se define como la intersección de rayos luminosos prolongados más allá o más acá de dos trayectorias efectivas, mientras que una imagen real se encuentra en la intersección de rayos luminosos efectivos. Los dispositivos ópticos más corrientes, espejos y lentes, proporcionan imágenes virtuales. Una imagen «real» puede materializarse sobre una pantalla colocada en el plano en que se sitúa.

perimentando una nueva refracción, o bien reflejarse de nuevo hacia el interior, etc. Consideremos ahora no sólo *un* rayo de Sol, sino *todos* aquellos que inciden sobre la gota. El conjunto de los rayos reflejados al principio y los que emergen después de atravesar la gota se difunden en todas direcciones y contribuyen simplemente a la iluminación general y difusa del paisaje. En cambio, los rayos que emergen de la gota después de experimentar una reflexión interna (después de atravesar dos veces la gota) presentan una distribución angular muy particular. El rayo axial regresa por donde ha venido, es decir, se desvía 180°, y los demás rayos se desvían en cantidades menores. Pero —y éste es el punto crucial— la desviación disminuye cada vez menos rápidamente a medida que los rayos se alejan del eje hasta estabilizarse, alcanzando un mínimo de 138° aproximadamente cuando el rayo luminoso dista del eje unos 0,86 R, siendo R el radio de la gota. En el caso de los rayos luminosos aún más alejados del eje, la desviación vuelve a aumentar (figura XII.2). Todo lo anterior se basa en la más pura óptica geométrica, aquella en la que sólo intervienen las leyes clásicas de la reflexión y refracción, así como la forma de la gota, que se supone esférica.[3]

La existencia de un mínimo para que se produzca una desviación tiene como consecuencia una fuerte acumulación de la luz difundida por la gota en la dirección extrema, o más concretamente en su entorno más inmediato. Como la desviación varía muy poco alrededor del radio crítico, una gran parte de los rayos incidentes volverá a salir de la gota en una dirección parecida a la dirección extrema (como muestra la figura XII.2, los rayos emergentes se acumulan alrededor de la dirección extrema, mientras que los rayos incidentes están espaciados uniformemente). Este fenómeno de acumulación alrededor de un máximo o un mínimo parece poco intuitivo, pero es muy corriente, y es necesario asimilarlo correctamente. Algunos ejemplos sencillos bastarán. Un péndulo que oscila de forma regular o un chiquillo en un columpio pasan la mayor parte del tiempo cerca de las posiciones extremas (las más alejadas de la posición de equilibrio), ya que en ellas la velocidad es menor (se anula cuando la desviación es máxima). Por tanto, para recorrer un trayecto dado necesitan más tiempo en estas zonas que cerca de la vertical, donde la velocidad es mayor. De hecho, en un surtidor vertical, como el famoso

3. En realidad, el excelente acuerdo entre la teoría geométrica simple y la observación inmediata *demuestra* que las gotas de lluvia poseen una forma muy parecida a la esférica, en absoluto alargada por un lado, como si fuese una lágrima (en realidad, al iniciar su caída, una gota de agua es algo achatada en la dirección vertical; la forma de lágrimas sólo la adquieren aquellas gotas que se deslizan sobre un plano, o una mejilla, y se debe a la fricción).

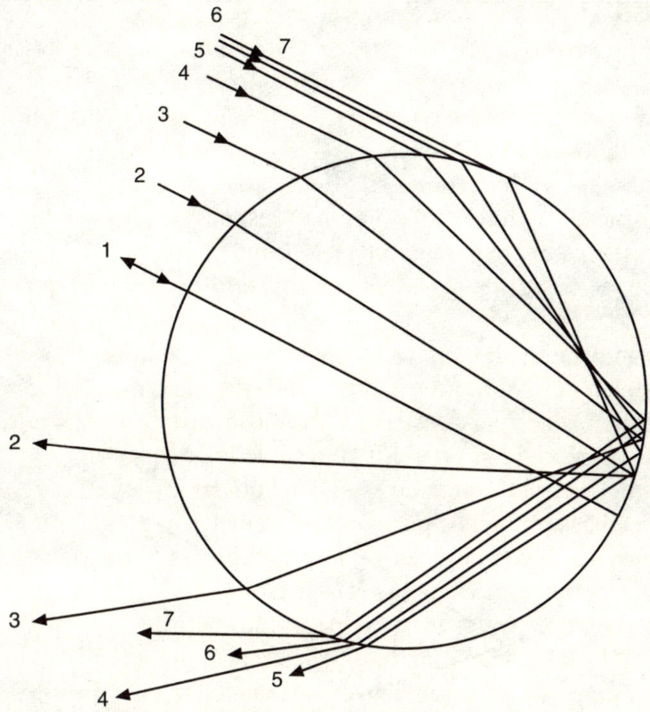

Figura XII.2 La luz en una gota

surtidor de Ginebra, en todo momento hay mucha más agua en la parte superior, donde se anula la velocidad y el agua se mantiene localmente, que en la base del surtidor, donde la velocidad es más elevada y el agua no puede permanecer quieta. En el caso de los fenómenos ópticos, son bien conocidos aquellos juegos de luz que crean extrañas figuras, por reflexión sobre las paredes de la taza de café o por refracción a través del vaso de vino. Estas curvas luminosas en las que se acumula gran parte de la energía se llaman «cáusticas» («que queman», ya que en ocasiones la intensidad puede ser tal que se queme el papel, como saben muy bien todos aquellos que han jugado con una lupa expuesta al Sol). El arco iris es un símbolo de frescura, pero también presenta un efecto cáustico.

Así pues, cada gota de agua vuelve a difundir la luz solar que recibe, concentrándola en una dirección que forma un ángulo de 42° con respecto a la dirección del Sol (figura XII.3) —o mejor, en *las* direcciones que forman un ángulo de 42° con respecto a la del Sol, pues hace falta salirse del esquema bidimensional y tener en cuenta la realidad tridimensional esférica de la gota—. La luz procedente de cada gota se concentra

311

Figura XII.3 El ángulo del arco iris

Figura XII.4 El «cono iris»

en un cono cuyo eje es la dirección del Sol. Entonces, el observador situado en tierra, cuando contempla el conjunto de la zona lluviosa, recibirá una intensidad luminosa especialmente fuerte procedente de las gotas cuyo cono luminoso emergente incide sobre sus ojos. Estas gotas son justamente las que ve el observador en una dirección que forma un ángulo de 138° con respecto al Sol, o de 42° con respecto a la dirección «antisolar», es decir, la dirección de la sombra que proyecta su cabeza. A su vez, todas estas direcciones forman un cono cuyo vértice es la cabeza del observador y cuyo eje es la dirección «antisolar» (figura XII.4). Desde el punto de vista del observador, se despliega un arco luminoso, que es la proyección de ese cono sobre el fondo del cielo, definido por el ángulo «mágico» de 42°. Salvo en casos muy excepcionales, la parte inferior del cono queda interceptada por el suelo y no puede verse en su totalidad (son las observaciones realizadas desde un avión, en las que las gotas de lluvia se encuentran en general por debajo de las nubes y son invisibles). En tierra, en una llanura, puede verse como máximo un semicírculo cerca de la puesta del Sol. A nuestras latitudes es imposible observar un arco iris a mediodía en la buena temporada; en cualquier caso, para que pueda verse un arco iris el Sol no debe encontrarse a una altura superior a 42°. En cuanto al segundo arco iris, puede decirse que está generado por los rayos dos veces reflejados en el interior de las gotas que emergen de ellas después de incidir una tercera vez sobre su superficie. Dan lugar asimismo a un fenómeno de desviación extrema, que es mínima para un ángulo de 231° con respecto a la dirección del Sol, y de ahí que se forme un arco iris aparentemente invertido (el rojo se sitúa en el interior del arco) a 51° = 231° - 180° de la dirección antisolar. Así pues, el arco iris primario representa el límite superior de la distribución de la luz debida a los rayos de orden 1, mientras que el arco iris secundario representa el límite inferior de la distribución debida a los rayos de orden 2. Entre ambos hay, por tanto, menos luz difundida; esta zona se llama «banda de Alejandro» y es más oscura, a veces bastante más, que el resto del cielo. En principio existe un tercer arco iris, y un cuarto, etc. Como la cantidad de luz disponible disminuye a medida que se producen las reflexiones internas (pues en cada una de ellas una parte de la intensidad se refracta hacia el exterior), estos arco iris de orden superior son prácticamente invisibles en condiciones normales —el segundo ya es claramente más débil que el primero— aunque son perfectamente observables en el laboratorio. Sin embargo, nuestra capacidad de admiración queda satisfecha con el esplendor de los múltiples fenómenos luminosos asociados al arco iris natural, siempre y cuando sepamos mirarlo *bien* [Gr], [Ly&L], [Mt], [Su&P].

La irisación del arco iris, su propiedad más espectacular, se explica fácilmente si se tiene en cuenta que la luz «blanca» del Sol está compuesta por múltiples colores puros, los mismos que es capaz de separar un prisma, o una gota de agua, y por las mismas razones: la capacidad de refracción del agua, al igual que la del vidrio, depende justamente del color de la luz. En los extremos del espectro visible, el rojo se refracta menos y el azul-violeta más, de ahí que se produzca una separación de los rayos en función de su color. La desviación mínima depende también del color y experimenta una variación del orden de un grado (alrededor del valor medio de 42°) cuando se pasa del rojo al violeta. Por consiguiente, lo que nos llega de cada gota es una serie (continua) de conos encajados entre sí, cada uno de un color. Es un fenómeno fácilmente observable; después de la lluvia o después de regar el jardín intente observar según un ángulo de 42° con respecto a la dirección antisolar una gota suspendida de una hoja o un tallo. La verá muy luminosa y con colores espléndidos, desde el rojo hasta el azul (con un verde esmeralda extraordinario), visibles al desplazar ligeramente la cabeza.[4]

#De acuerdo, pero ¿*dónde* está el arco iris?

—Acabo de decírselo, puede verlo a 42° en la dirección antisolar.

—Pero eso no me dice dónde se encuentra en el espacio, quiero decir, en qué lugar, a qué distancia… Ese «pie» del arco iris, en el que según la leyenda se encuentra un tesoro, ¿cómo puedo localizarlo?

—Siento decepcionarle, pero ¡no está en ningún sitio! De hecho, no hay ningún arco iris sino un «cono iris» (estoy de acuerdo en que es mucho menos poético). No se trata de una línea o de una franja, no es un arco delgado de colores en el espacio, un manto de Iris o un arco de YHVH. El fenómeno tiene que ver con una parte de la superficie cónica que usted, al estar situado en el vértice, sólo ve según una sección. El

4. Conviene señalar que, contrariamente a lo que afirman la práctica totalidad de los libros de enseñanza o de divulgación, los colores del arco iris *no* son los colores puros del espectro que salen de un prisma. Se pueden aducir, por lo menos, tres razones:

—Primero, para cada color puro el arco iris posee cierta anchura: estas bandas se solapan parcialmente y, por tanto, en cada dirección se observa un solapamiento de los colores adyacentes.

—Segundo, determinados efectos ondulatorios de interferencia y de difracción complican la representación geométrica simple y modifican los tintes en función del tamaño de las gotas (lo cual permite evaluar su radio); estos efectos explican asimismo los «arcos supernumerarios», unas delgadas franjas violetas que pueden observarse a veces en el límite interno del arco iris.

—Por último, el Sol no es una fuente puntual y su diámetro aparente finito contribuye asimismo al ensanchamiento y al solapamiento de las bandas de colores puros.

arco iris presenta cierta profundidad, justamente la de la zona nubosa que queda iluminada, digamos, entre unas decenas y unos centenares de metros por lo general.

—Así pues, en lugar de una mancha en el suelo que correspondería al pie, el arco, perdón, el cono determina más bien la franja sobre el suelo.

—Puede decirse así…

—Sin embargo, jamás la he visto. ¡Esa franja de colores corriendo por el suelo debe ser un espectáculo fantástico!

—Me parece que todavía no lo ha entendido. El vértice del cono se encuentra en su ojo, ¿de acuerdo?

—Sí, acaba usted de decírmelo.

—¿Qué ocurre si usted se desplaza?

—Vamos a ver… El vértice, así como la totalidad del cono que determina, se desplaza conmigo, ¿no es así? Entonces…

—¿Sí?

—… ¿los distintos conos no están generados por las mismas gotas?

—Exacto. A cada punto, su arco iris. Usted no ve el mismo arco iris que su vecino. Al desplazarse uno arrastra su «propio» arco iris hasta el instante en que deja de verse el cono de 42°, cuando éste no encuentra gotas de agua iluminadas (ya sea porque ha parado la lluvia o se ha ocultado de nuevo el Sol).

—Y al revés, las gotas de agua que constituyen «mi» arco iris no tienen nada de especial para cualquier otro observador, y pierden su coloración cuando cambio de punto de vista.

—Así es. De hecho, hablando con propiedad, los distintos colores de su arco iris no vienen dados por las mismas gotas.

—Me parecía que el arco iris estaba constituido por gotas de agua.

—¿Qué quiere decir?

—Bueno, pues, *¿de qué* está hecho el arco? ¿De qué sustancia? En definitiva, ¿qué veo?

—Luz, ¿qué otra cosa se puede ver?

—Sí, claro, pero usted juega con las palabras. Cuando miro una flor, por ejemplo, veo un objeto localizado, formado por celulosa y otras moléculas.

—Pero esas moléculas no son las que inciden sobre sus ojos.

—No, no, es la luz que procede de los pétalos y las hojas.

—Entonces, lo que quiere decir cuando afirma «ver un objeto» es que la luz que procede de ese objeto le proporciona cierta cantidad de información sobre el objeto en cuestión y, en concreto, sobre su localización espacial. Conviene precisar que esas informaciones son complejas, parciales, y están sometidas a un tratamiento muy elaborado en sus ojos y en su cerebro. Entre una flor, que se puede mirar a pleno sol y de cerca, allí donde uno cree verla, y un espejo o un vidrio, objetos también sólidos y localizados con precisión, pero que no se «ven» (excepto si están sucios…), hay muchos casos intermedios. Considere, por ejemplo, la extraña capacidad de nuestro cerebro para ver siempre el *mismo* color verde en el césped, independientemente de las condiciones de iluminación.

—No vayamos a perdernos ahora. En definitiva, ¿es real o no el arco iris?

—Si con eso quiere decir que es un fenómeno objetivo, la respuesta es afirmativa; se puede ver, fotografiar, medir, etc., pero si por «real» hay que entender un objeto definido, «algo» que ocupa un lugar propio y que tiene una sustancia específica, entonces la respuesta es no.#

Mehr Licht

Podría pensarse que el arco iris constituye un ejemplo demasiado particular. Sin embargo, son muchos los fenómenos luminosos que pueden analizarse de forma parecida [Gr], [Ly&L], [Mt], [Su&P]. Por ejemplo, el halo que se ve «alrededor de la Luna» en las noches frías de invierno no tiene ninguna existencia material en tanto que anillo alrededor de nuestro satélite; es el resultado de los fenómenos de difracción de la luz lunar por los cristales de hielo de la alta atmósfera y, como ocurre con el arco iris, cada uno ve «su propio» halo. Tal vez el caso más espectacular de esta frágil realidad de los fenómenos luminosos sea el de la «gloria». Supongamos que estamos en plena ascensión a una montaña y atravesamos la capa de nubes antes de alcanzar la cima. Desde allí podemos divisar un «mar de nubes» horizontal y homogéneo, a pocos metros por debajo de nosotros. Nos ponemos de espaldas al Sol y nos fijamos en la sombra que proyectamos sobre la pantalla nebulosa a nuestros pies. Alrededor de nuestra cabeza, mejor dicho, de la sombra de nuestra cabeza hay una espléndida aureola ligeramente irisada. Es la «gloria», nunca mejor dicho, ya que jamás la experiencia se parece tanto a una revelación mística.[5] También se puede observar cuando la niebla es espesa y una fuente de luz intensa proyecta nuestra sombra sobre la niebla, o bien en una situación más corriente en la que, desde el avión, vemos la

---

5. Bernard Palissy sostenía que la observación de esta aureola le había proporcionado el sentimiento de elección que le había permitido hacer frente a la adversidad.

sombra del aparato proyectada sobre una capa de nubes densa y compacta. Es curioso comprobar hasta qué punto, en condiciones bastante frecuentes, es poco observado, y hasta desconocido, este fenómeno, incluso por los profesionales de la aviación. Pasaremos por alto la explicación teórica de esa aureola, en la que intervienen consideraciones bastante más elaboradas que las del arco iris, y que la óptica geométrica es incapaz de suministrar.[6] Regresemos a la cima de la montaña (la aureola se conoce también con el nombre germánico de *Brockenspektrum*, por ser frecuente en la cima del Brocken, en el macizo del Harz, montaña por lo demás propicia a las apariciones extrañas —es el lugar de encuentro de las brujas, el escenario de la noche de Walpurgis—). Supongamos que no está usted solo (de hecho, en la montaña, sería una grave imprudencia). Observe las sombras de los compañeros sobre el banco de nubes: ¡la única cabeza con aureola es la suya! Evidentemente, lo mismo les ocurre a los demás, no vaya a creerse que es el único elegido… También puede compartir la aureola con su ser más querido, juntando las dos cabezas en un beso glorioso.

#Los colores de los arco iris, aureolas y halos no son los de objetos reales, pero se trata de fenómenos muy particulares. Cuando veo esta manzana, ¿está ahí?, ¿es efectivamente roja?

—Está ahí, sí. Vamos a admitir que sí.

—¿Por qué esa reticencia?

—Se lo explicaré más tarde. Por ahora consideremos que la manzana es un objeto concreto y localizado. Pero ¿es efectivamente roja? ¡Es bastante arriesgado referirse al color como un elemento de realidad!

—Veamos, salvo en el caso de Eluard, las naranjas no son azules y la hierba siempre es verde.

—No me gustaría utilizar un argumento de autoridad, pero ya Galileo y Locke dudaban de que el color pudiese considerarse como una «cualidad primera» de los cuerpos.

—Preferiría una refutación concreta de lo que usted parece considerar cierta ingenuidad por mi parte.

—Es muy fácil. Consideremos la observación trivial consistente en atravesar un túnel de autopista iluminado con luces amarillas de vapor de sodio. Nos fijamos en nuestra ropa. ¿De qué color es? Mejor dicho, no observe su ropa, pues conoce su color y la observación tendría una com-

6. ↑Se trata, según la expresión acuñada por Michael Berry, que los especialistas seguramente apreciarán, de un fenómeno de interferencias constructivas en una cáustica de ondas evanescentes…↓

ponente subjetiva. Pídale a otro pasajero (¡es preferible que no sea el conductor el que realice la experiencia!) que le muestre un pañuelo o un juguete, de un color intenso y vivo, un color que no haya visto antes de entrar en el túnel.

—Sí, ya sé, lo veo todo amarillo, es verdad.

—En efecto, ese objeto sólo puede enviar la luz que recibe.

—Sin embargo, las luces de posición de los vehículos que van delante del mío son rojas. ¿O no?

—Lo que ocurre es que estas luces son luminosas por sí mismas y su color no se ve afectado por la luz amarilla ambiental.

—¿El color de un objeto depende de la luz que recibe?

—Y del ojo que mira. Piense en los daltónicos, que sólo disponen de dos de los pigmentos visuales retinianos que hacen posible la visión de los colores. Ven *otros* colores.

—Es difícil, sin embargo, no pensar simplemente que confunden los colores que nosotros distinguimos.

—Entonces intente imaginar la visión de los colores de las palomas, que poseen cuatro pigmentos y, por tanto, distinguen colores que nosotros confundimos. ¡Somos daltónicos para las palomas!#

En definitiva, el color de un objeto depende: 1) de la luz que lo ilumina, 2) de las propiedades de reflectividad o de absorción del objeto que regulan la luz que refleja, 3) del sistema de percepción y de tratamiento de la información que recibe esa luz. Entonces, ¿realidad en el color de las cosas? En cualquier caso, realidad más virtual, más rica en potencialidades que su actualización.

Unas ondas muy vagas...

La aporía de lo real y lo ficticio que estas consideraciones traen a la... luz, ¿no sería un tanto forzada? ¿Acaso no se ocupa la física, en lo esencial, de *cosas* muy reales, es decir, espaciales y sustanciales, como las gotas de agua o las moléculas que las constituyen y sus electrones? Más adelante nos ocuparemos de qué puede pensarse sobre la materialidad de estos objetos. De momento preguntémonos sobre la teorización de los fenómenos luminosos. Para comprender el arco iris hemos utilizado la más sencilla de las teorías científicas de la luz, la óptica geométrica. El campo de aplicación de esta teoría es inmenso y su eficacia considerable, tanto en el estudio de fenómenos naturales (las sombras, los reflejos, los eclipses... y el arco iris), como en la creación de objetos técnicos (espejos y lentes: retrovisores y periscopios, lentillas, telescopios, etc.). Sin embargo, la óptica geométrica se basa, como hemos comprobado antes, en la idea de los «rayos luminosos» mediante los cuales se propagaría la luz. A base de dibujar una y otra vez las reflexiones y las refracciones se acaba pensando que estos rayos son objetos físicos reales, unos tubos rígidos que transportan por el espacio la sustancia luminosa, como si fuesen las tuberías de la luz. La imagen de los haces emitidos por los faros, ya sean náuticos o en automóviles, y más recientemente las imágenes de los delgados haces de los láseres o de las fibras de vidrio que conducen la luz imponen una sensación de realidad familiar. Sin embargo, los rayos luminosos de la teoría, entendidos como unas líneas sin grosor, ¿acaso son algo más que simples creaciones mentales, construcciones fecundas, sin duda alguna, pero puramente intelectuales? Cuando la luz solar incide sobre una gota de agua, nos solemos imaginar o representar la situación como un denso haz de flechas rectilíneas. Dejemos esa imagen a los lictores romanos o a los fascistas mussolinianos. Cuanto más conforme a nuestras ideas intuitivas de la realidad nos parece un fenómeno o un objeto, más acaba siendo, después de un examen detenido, un ser ficticio alejado de aquellos que no dudaremos entonces en calificar de reales.

En efecto, ciertos fenómenos quedan fuera del ámbito de la óptica geométrica. Los experimentos de interferencias y difracción sólo se explican, como demostraron Young y Fresnel en la primera mitad del siglo XIX, considerando la luz como una onda. En el marco de la teoría ondulatoria clásica, culminada por Maxwell, la onda, o el campo electromagnético, es el elemento portador del carácter de realidad de la luz. Los rayos luminosos se convierten entonces en ficciones, muy útiles en casos muy sencillos, pero cuya definición y propiedades no son nada evidentes a partir de la teoría de las ondas. Dicho con otras palabras, la óptica geométrica es una aproximación de la óptica ondulatoria, tan fácil de formular como difícil de justificar. No vayamos a creer que la óptica ondulatoria sólo sirve para el estudio de situaciones físicas complejas o elaboradas o que su producción requiere observaciones naturales muy sutiles o experimentos de laboratorio ingeniosos. Muchos de los espectáculos más corrientes no pueden explicarse a partir de la óptica geométrica, en el sentido de que ésta ofrece una descripción de la realidad demasiado pobre como para servir de explicación. Así ocurre con la aureola de la que hemos tratado antes. Un arco iris muy luminoso, en cambio, constituye un magnífico ejemplo de interferencias; en su parte interior, al lado de la franja violeta a veces pueden verse unas franjas delgadas en las que se alternan los colores malva y verde claro. Estos «arcos supernumerarios», expresión poco poética donde las haya, son tanto más visibles cuanto menor sea el tamaño de las gotas. La simple teoría cartesiana, con sus rayos refractados, no es capaz de dar una explicación de dichos arcos. Los colores tornasolados de algunos seres vivos, sobre todo mariposas, pero también colibríes de brillantes colores metalizados, requieren asimismo explicaciones en las que intervienen elementos específicamente ondulatorios, al igual que sucede con las comunes, pero espectaculares, franjas de colores de las manchas de aceite sobre el asfalto mojado de las calles después de la lluvia.[7]

Podríamos decir que la inquietud que hemos mostrado antes ante la realidad de los rayos luminosos se extiende también como una mancha de aceite: ¿son reales esas ondas electromagnéticas que toman el relevo de los rayos y pretenden explicar mejor nuestras percepciones? No queda más remedio que aceptar que se trata de una sospecha razonable: los campos de los físicos se ondulan en la misma medida en que ladran los perros del filósofo. Con eso queremos decir que los campos, ya sean electromagnéticos, gravitatorios o de cualquier otro tipo, también son conceptos, ideas. En el fondo, aquí se produce una curiosa inversión de la relación entre lo real y lo ficticio. La idea de rayo luminoso, debido a su espacialidad discreta y a las raíces que hunde en una geometría que se ha convertido en parte integrante de nuestra cultura, posee una capacidad de imponerse tal que las explicaciones de los fenómenos naturales a que dan lugar dejan prácticamente de sorprender; lo que hay que hacer entonces es poner cierta distancia con respecto a esta aparente naturalidad. Por el contrario, el carácter elaborado del concepto de campo y su distancia con respecto a las intuiciones inmediatas arrojan ciertas dudas sobre su adecuación a lo concreto; en este caso, lo que hay que hacer es convencerse de las afinidades entre esta noción y el mundo tangible. Los rayos no son tan reales como se piensa, pero a su vez las ondas no son tan ficticias como se cree. En cualquier caso, la noción de onda, aun cuando corresponde a la realidad, no se identifica con ella, y toda cosificación resultaría ingenua.

En cuanto a los cuantones...

Desde el punto de vista de la teoría cuántica, la noción de onda clásica se considera a su vez como una ficción capaz de representar correc-

7. ¿Comunes? Tal vez menos que antaño: los vehículos modernos no pierden tanto aceite como sus predecesores. Es la fecundidad poética de las imperfecciones técnicas...

tamente en ciertos casos, pero sólo en ciertos, ese objeto más intrincado y esotérico que es un campo cuántico. Sin embargo, no es posible volver atrás y otorgar algún tipo de realidad empírica a los bien conocidos rayos luminosos aduciendo el carácter corpuscular del campo cuántico. La naturaleza granular de la luz no es ni tan común ni tan trivial como para que se puedan considerar sus elementos, los fotones, como proyectiles puntuales cuyos movimientos pudieran describirse mediante trayectorias. En efecto, es imposible recuperar los fotones en el filtro de una concepción ingenua de la realidad. Su espacialidad posee una naturaleza más sutil que la de los corpúsculos ideales de la mecánica clásica y, en general, no es posible asignarles localizaciones más o menos puntuales, cuya evolución conformaría las trayectorias asimilables a los rayos luminosos de la óptica geométrica. Manifiestan una extensión espacial irreducible pero variable —su «pantopía»—, aun conservando un carácter discreto que tampoco permite asimilarlos a la noción clásica de campo.

En las posiciones más vanguardistas de la teoría cuántica se sitúa, de momento, esa tensión entre lo ficticio y lo real en la medida en que, por un lado, su conceptualización sólo se formula en un marco matemático bastante esotérico y, por otro, su eficacia es enorme a la hora de explicar observaciones muy precisas, y especialmente para permitir la aplicación de unos conocimientos técnicos impresionantes. Pero más allá de la reflexión epistemológica general sobre la dialéctica de lo real y lo ficticio en la conceptualización física, esta antinomia aparece de forma espontánea en la teoría cuántica. En efecto, en la jerga profesional habitual se suele hablar de cuantones ¿virtuales?, en oposición, claro está, a los cuantones reales. Nos veremos abocados a poner en duda dicha oposición, pero antes habrá que explicitarla. En teoría cuántica, la interacción entre objetos físicos, es decir, entre los cuantones que los constituyen en última instancia, se realiza gracias a la mediación... de otros cuantones. Así como la teoría clásica describe unos corpúsculos que interaccionan entre sí a través de campos que se propagan de uno a otro, la teoría cuántica, que sólo reconoce una categoría de objetos, trata de los intercambios entre cuantones. Los diagramas de Feynman, que han dado lugar a una disciplina fecunda, simbolizan dichas interacciones: los procesos elementales que se producen en los cuantones cuando emiten o absorben otros pueden simbolizarse mediante «vértices» a los que llegan o de los que salen unas líneas que representan la propagación de los cuantones entre esos acontecimientos (figura XII.5). Conviene precisar que no hay que atribuir ninguna interpretación espacial inmediata a estos diagramas, pues los vértices no son puntos y las líneas no son trayectorias, por la sencilla razón de que los cuantones no son objetos puntuales. Los diagra-

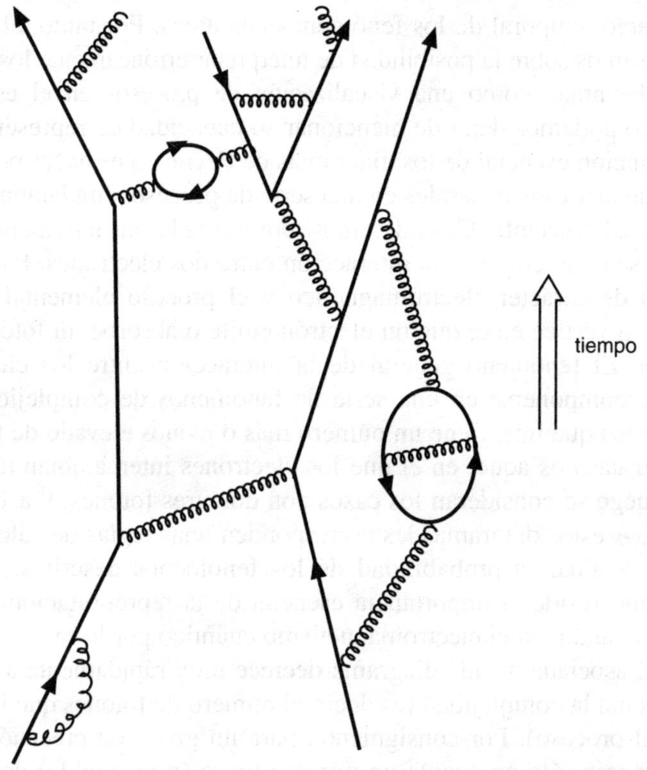

Figura XII.5 Un diagrama de Feynman

mas de Feynman poseen una dimensión temporal, pero no son modelizaciones espaciales. El plano sobre el que se dibujan no es en modo alguno una figuración del espacio geométrico en el que tienen lugar los procesos representados. Por otra parte, desde un punto de vista estrictamente operativo, no hay por qué asignar a los diagramas de Feynman ninguna visualización espacial de los procesos cuánticos. Su función estricta, dentro de la teoría cuántica de campos, consiste en proporcionar una especie de estenografía simbólica que permita aplicar unas reglas de cálculo muy precisas a las magnitudes que intervienen en el análisis cuántico de un fenómeno dado. Esta visión puramente calculatoria, si bien permite resolver los problemas de interpretación y de formulación que pueden plantear los diagramas de Feynman, no hace suficiente justicia a su fecundo papel capital, que tiene que ver con el carácter concreto que adquieren estos esquemas en las representaciones mentales de los físicos. Feynman elaboró su método trabajando justamente en una representación espacio-temporal de los fenómenos cuánticos. Por tanto, al tiempo que advertimos sobre la posibilidad de interpretar erróneamente los diagramas de Feynman como una visualización de procesos en el espacio / tiempo, no podemos dejar de mencionar su capacidad de representación.

La función esencial de los diagramas de Feynman es hacer posible el análisis de procesos generales en una serie de procesos fundamentales de complejidad creciente. Consideremos, por ejemplo, un fenómeno relativamente sencillo como es la interacción entre dos electrones. Es una interacción de carácter electromagnético y el proceso elemental corresponde a un vértice en el que un electrón emite o absorbe un fotón (figura XII.6). El fenómeno general de la interacción entre los electrones puede descomponerse en una serie de fenómenos de complejidad creciente en los que interviene un número más o menos elevado de fotones. El primer caso es aquel en el que los electrones intercambian un único fotón. Luego se consideran los casos con dos, tres fotones, y así sucesivamente. A estos diagramas les corresponden unas reglas de cálculo que permiten evaluar la probabilidad de los fenómenos descritos. En este simbolismo reside la importancia esencial de la representación gráfica, más aún cuando, en el electromagnetismo cuántico por lo menos, la probabilidad asociada a cada diagrama decrece muy rápidamente a medida que aumenta la complejidad (es decir, el número de fotones que intervienen en el proceso). Por consiguiente, para un grado de precisión dado, puede tenerse sólo en cuenta un número finito (y razonable) de diagramas.

Como es evidente, nuestro interés no está en mostrar las técnicas de cálculo sino en reflexionar sobre el carácter real o no de este tipo de representación en forma de diagramas. Está claro que plantea un primer problema serio al nivel más elemental, el de los vértices. En efecto, consideremos el proceso básico del electromagnetismo cuántico por el que un electrón emite o absorbe un fotón:

$$\textit{electrón} \leftrightarrow \textit{electrón} + \textit{fotón} \tag{12.1}$$

El fenómeno parece extraño a primera vista. ¿Cómo puede un objeto físico emitir o absorber otro y permanecer idéntico a sí mismo? Un cañón que lanza un proyectil o una vaca que engulle hierba quedan transformados, entre otras cosas porque se modifica su masa. Nada de eso ocurre aquí: un electrón es un electrón y su masa es fija, no se puede modificar. De hecho, el proceso elemental que describe el vértice parece ser incompatible con las leyes de conservación de la energía y la cantidad de movimiento, que son unas de las leyes físicas más universales. Esta in-

Figura XII.6 El vértice electromagnético

compatibilidad sólo podrá superarse si por lo menos uno de los cuantones no se ajusta exactamente a lo que esperamos. En realidad, el proceso que describe el vértice aislado no puede observarse jamás. Nunca se ha detectado un electrón en el instante mismo en el que se traga o escupe un fotón… Los fenómenos elementales corresponden únicamente a situaciones más complejas, como aquellas en que interaccionan dos electrones (por lo menos). En esas situaciones, y siempre y cuando sólo se considere el estado inicial (dos electrones) y el estado final (otra vez dos electrones), no hay contradicción alguna con las sacrosantas leyes de conservación —contrariamente a la transformación de un electrón en… sí mismo más un fotón—. Dicho de otro modo, las dificultades derivadas de considerar un vértice aislado se desvanecen cuando se consideran dos (o más). Ocurre que el aguafiestas, ese fotón emitido por uno de los electrones en franca violación (aparentemente) de las reglas establecidas, es absorbido por otro, reequilibrando así la contabilidad analítica, o sea, el balance energético. Podría incluso decirse que estos fotones intermedios gozan de un pase de favor provisional, en el sentido de que las violaciones de la ley de la conservación de la energía que cometen han sido autorizadas, o por lo menos toleradas, siempre que no duren demasiado tiempo y no puedan ser observadas. Estos cuantones «ilegales» y efímeros parecen tener un rango particular, y su realidad es más evanescente todavía que la de los cuantones presentes al inicio y al final del proceso. Ésa es la razón por la que estos cuantones se llaman ¿virtuales?; en el diagrama de Feynman corresponden a líneas que empiezan y finalizan en un vértice, o sea, no se cuentan entre los actores iniciales o finales del fenómeno.

Este punto de vista, hoy tradicional, se argumenta por regla general recurriendo a las desigualdades de Heisenberg, en su interpretación común en palabras de ¿incertidumbre? En efecto, se suele decir que el proceso intermedio, aquel en que el fotón ¿virtual? se propaga entre dos vértices, dura un tiempo finito y, por tanto, que la energía del fotón viene afectada por una ¿incertidumbre? inversamente proporcional a la duración de su existencia. Entonces, podría admitirse una violación de la ley de la conservación de la energía siempre que durante ese intervalo de tiempo no se pueda realizar un balance energético con la precisión suficiente.[8] Evidentemente, el carácter ¿incierto? atribuido a la energía del fotón es coherente con la ¿virtualidad? asignada a su existencia, pero no debemos rechazar ninguna de las dos formulaciones por considerarlas subterfugios que impiden apreciar plenamente la originalidad de la física cuántica. El tratamiento formal de los diagramas de Feynman exige, por el contrario, que se cumplan rigurosamente en cada etapa las leyes de conservación, tanto de la energía como de la cantidad de movimiento. Éste es un ejemplo especialmente claro de las contradicciones excesivamente frecuentes entre el contenido verdadero de una teoría y la exégesis habitual que de ella se hace. Es cierto que la ciencia no tolera, y menos aún justifica, discordancias entre la doctrina y su vulgata. En este caso, la solución del enigma aparente hay que buscarla en el significado de las desigualdades de Heisenberg. El carácter temporal del fenómeno de intercambio en el que interviene un cuantón intermedio impide atribuirle una energía bien definida numéricamente y exige que se le atribuya cierta dispersión energética objetiva (que poco tiene que ver con una ¿incertidumbre?). La amplitud de ese espectro de energía, es decir de masa, permite al cuantón superar la limitación que parecería prohibir el proceso físico en el vértice. Con otras palabras, la energía y la cantidad de movimiento se conservan, pero su relación no es tan rígida como la que se impone a un cuantón permanente. La virtualidad es a todas luces una vicisitud, tal vez un tanto hipócrita, de lo ficticio. Pero sería pusilánime preferir un debilitamiento de los criterios de realidad antes que su transformación.

La distinción entre cuantones ¿virtuales? y cuantones reales es, en el fondo, el exponente de una problemática más antigua, aquella que, en la teoría clásica, se ocupa de la realidad de los campos, considerados primero como mediadores abstractos de las acciones a distancia, antes de alcanzar el espesor ontológico que los convierte finalmente en «reales».

<hr>

8. Se apreciará la analogía con ciertos procesos especulativos en los que la fluctuación de las tasas de cambio y la incertidumbre sobre el valor de las cantidades intercambiadas permiten que algunos personajes actúen impunemente al margen de las leyes del equilibrio financiero. En el caso cuántico, la moralidad y la legalidad se imponen al final.

Y es que tenemos muchas dificultades en renunciar a un criterio implícito de realidad como es la permanencia. Todo ser físico intermedio y efímero (especialmente cuando su temporalidad es ínfima a nuestra escala) enseguida se considera virtual, ficticio. Los diagramas de Feynman, que ponen de manifiesto la temporalidad de los intercambios (emisiones, absorciones), acentúan aún más nuestra percepción de la evanescencia de los mediadores —como son los cuantones intercambiados, aquellos que corresponden a las líneas interiores de los diagramas—. La permanencia aparente de los cuantones «exteriores», aquellos cuyas líneas proceden o apuntan hacia el infinito y no tienen extremos limitados por vértices, es decir, los cuantones que intervienen en la reacción, parecen ser merecedores de un reconocimiento existencial mayor: los cuantones están ahí, antes y/o después del proceso, independientemente de los episodios temporales. Sin embargo, ésta es una visión muy miope pues, en definitiva, ¿cómo podemos asegurarnos de la realidad precisamente de esos cuantones «exteriores» si no es a través de las interacciones a las que los sometemos para definir su estado inicial primero y medir su estado final después? Así pues, el fenómeno particular sobre el que nos interesamos no es, en realidad, sino un subfenómeno. Los diagramas de Feynman que utilizamos en su análisis no son sino subdiagramas (figura XII.7). Las líneas exteriores, en lugar de prolongarse indefinidamente, también acaban en un vértice, simbolizando esas interacciones iniciales (de preparación) o finales (de medida). Podría incluso decirse que precisamente en el caso en que un cuantón emitido, por ejemplo, en una reacción determinada no interaccionase más y, por tanto, su línea correspondiente se prolongase indefinidamente sin alcanzar ningún otro vértice, su existencia, al no ponerse a prueba, ¡podría considerarse virtual! De hecho, incluso al margen de toda intervención deliberada con fines experimentales, es imposible concebir que un cuantón del que se examina alguna interacción *hic et nunc* no haya experimentado en el pasado o no vaya a experimentar en el futuro otras interacciones. Por consiguiente, lo que nos hace pensar en una diferencia esencial entre los cuantones que serían «reales» u otros que sólo serían ¿virtuales? no es más que una ilusión de óptica mental, debida a nuestra focalización sobre un proceso parcial y aislado de su contexto.

Para acabar de diluir esa pretendida distinción, consideremos la forma que utiliza la mecánica cuántica para describir la existencia de los cuantones. Empezaremos por *un* electrón, considerado aislado y, por tanto, de modo que no interacciona con otros cuantones. Lo único que puede hacer es persistir en su ser; parece ser el ejemplo mismo de la permanencia que se requiere para su reconocimiento en tanto que ente. Pero

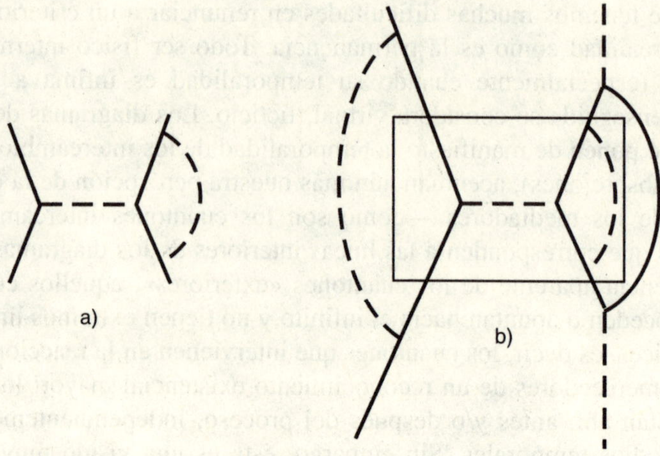

Figura XII.7 Subdiagramas de Feynman y cuantones ¿virtuales?

según la visión clásica, la carga eléctrica del electrón da lugar a un campo electromagnético que nunca se separa de él y que es una parte integrante de su naturaleza. Se suele decir que el campo electromagnético del electrón es su «vestido», pero esa imagen es bastante engañosa, porque es imposible quitárselo. Tal vez sería preferible, si es que de eso se trata, reforzar la metáfora y considerar el campo como una «piel», una envoltura exterior, un órgano esencial en cualquier caso. Desde el punto de vista cuántico, la creación de ese campo se entiende de forma más dinámica, asociada a los fenómenos permanentes de emisión y reabsorción de fotones. La simple existencia del electrón no es precisamente nada simple, pues debe entenderse como la superposición de un gran número de procesos según los cuales el electrón emite y reabsorbe fotones (figura XII.8).

El asunto se complica todavía más si se tiene en cuenta el vértice equivalente (según la relatividad einsteiniana) al vértice fundamental (12.1) que describe la transformación recíproca de un fotón en un par electrón-positrón:

$$\text{fotón} \leftrightarrow \text{electrón} + \text{positrón}. \tag{12.2}$$

En este caso el fotón no sólo está «vestido» con fotones, sino también con otros electrones y positrones —por tanto, no está tan solo como pensábamos—. Y si, en lugar de considerar un electrón, hubiésemos examinado un fotón, habríamos visto que no es posible mantener su

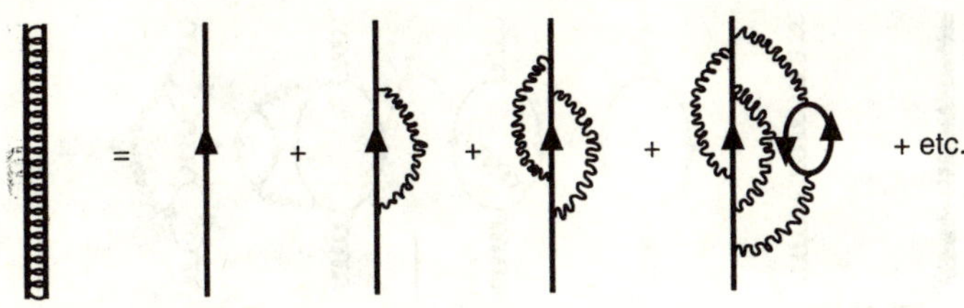

Figura XII.8 El propagador del electrón

permanencia, en el sentido de que, en ciertos diagramas de Feynman que describen las condiciones de existencia del fotón (figura XII.9), ¡existen periodos de tiempo (ciertamente efímeros) en los que no hay ningún fotón!

Conviene insistir en el hecho de que los procesos que ilustran los diagramas de Feynman asociados a *un* cuantón (una única línea de entrada y una única de salida) no describen fenómenos episódicos y accidentales, sino que ponen de manifiesto la naturaleza misma del cuantón que se describe, su ser físico, y resultan esenciales a la hora de tener en cuenta y comprender sus propiedades permanentes como la masa, en primer lugar.

\#Veo que finalmente se adhiere a la concepción de «realidad velada» a que parece dar lugar la física cuántica [Es].

—¿Se sorprenderá si, por el contrario, expreso algunas reticencias con respecto a dicha formulación?

—Sí, me sorprenderé. Creía haber comprendido que no defendía la tesis del realismo ingenuo. Entonces, ¿a qué viene ese malestar?

—Hay dos razones. La primera no tiene que ver con la esencia, sino con la forma. No me gusta demasiado la idea de «velo».

—Supongo que no hay ahí ninguna alusión político-religiosa.

—Por descontado. La imagen que esta formulación sugiere me parece inadecuada para lo que intenta expresar. Un objeto «velado» está tapado en la práctica, pero es visible en principio.

—¿Quiere decir que el velo se extiende *sobre* el objeto velado, pero no es una parte de él?

—Exactamente. Esta forma de hablar suscita inevitablemente la idea de desvelar, descubrir, y no permite pensar en la imposibilidad de acceder a la cosa en sí.

—¿Cómo podría decirse entonces?

—No estoy seguro de que en este caso exista una imagen concreta que ofrezca una metáfora lo bastante pertinente y que al mismo tiempo no dé pie a malentendidos. En definitiva, si se desea recurrir a la imagen

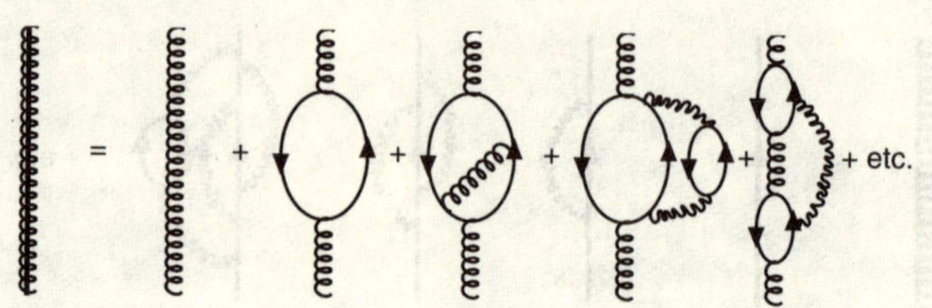

Figura XII.9 El propagador del fotón

del velo para designar esta opacidad (relativa) que nos impide ver con claridad, me decantaría más bien por decir que el velo está delante de nuestros ojos y no tanto sobre las cosas.

—¿Y la segunda crítica?

—Ésta tiene que ver con el fondo de la cuestión. Desde hace mucho tiempo hemos tenido que renunciar a la idea de que lo real nos es directamente accesible, absolutamente transparente y totalmente conocible. Si bien para los físicos esta «filosofía espontánea» resulta físicamente necesaria y útil desde el punto de vista práctico en el seno de su actividad, para pocos de ellos resultaría defendible fuera de los laboratorios. Tampoco se requiere una cultura muy amplia para saber que dos milenios y medio de filosofía han hecho caso omiso de una visión tan ingenua. Me da la impresión de que los resultados de la ciencia contemporánea no añaden nada nuevo a esa vieja conclusión, aunque confirman los argumentos.

—Y sin embargo, la física cuántica aporta novedades, por lo menos sobre dos puntos esenciales. Por un lado, la necesidad de tener en cuenta explícitamente la interacción de un objeto físico con el dispositivo de medida para poder atribuir valores muy determinados de las magnitudes que le caracterizan, plantea serias dudas sobre la noción de «propiedades físicas» como atributos intrínsecos del objeto. Por otro lado, el carácter esencialmente no-separable (en el sentido de «implexidad») del mundo cuántico supone un serio revés para la idea misma de objetos individualizados en el espacio.

—Estoy básicamente de acuerdo, mi única discrepancia es que se trate de una ruptura epistemológica radical. Por mi parte, sólo veo en eso la continuación y profundización de un movimiento que se inició al mismo tiempo que la teorización científica. La dialéctica de lo real y lo ficticio se ha venido desarrollando desde las primeras conceptualizaciones y formalizaciones del mundo físico. Las nuevas nociones de cualquier época han dado lugar a debates que, *mutatis mutandis*, pueden considerarse retroactivamente como lo que François Le Lionnais denominaba

330

«plagios por anticipación»; la cuestión de las cualidades primeras y segundas en el siglo XVII, la controversia sobre la atracción y las cualidades ocultas en el XVIII, el problema del éter en el XIX, son algunos ejemplos de esta permanencia.

—¿Por qué se repite siempre este debate epistemológico, como si jamás se hubiese producido antes?

—¡Sencillamente porque las ficciones de una época se convierten en las realidades de la siguiente! Estos conceptos, que han sido construidos con muchas penalidades en el seno de una teoría emergente y que han exigido críticas muy duras hacia las nociones anteriores, hasta demostrar su carácter parcial e ideal, estos conceptos nuevos, gracias a su propio éxito, acaban a su vez por adquirir carta de naturaleza. Se olvida que los corpúsculos de la mecánica newtoniana no tenían nada de natural, que los rayos luminosos fueron en su origen construcciones geométricas, que la noción de campo ha logrado desplazar con mucha dificultad la noción de fuerza, y se empieza a «creer en ello». Entonces hay que empezar de nuevo. Más ingenuos que Don Quijote, nosotros mismos construimos molinos de viento que confundimos más tarde con temibles gigantes.

—Así pues, *nihil novo sub sole;* ¿todo está dicho ya? Es una filosofía muy poco estimulante. ¿Tal vez utiliza el Eclesiastés como modelo para su epistemología?

—No. Simplemente no me creo que enunciados tan generales como la tesis de la «realidad velada» puedan hacer justicia a la singularidad y a la novedad que presenta la ciencia contemporánea. Dicho de otra manera, me parece que la ciencia se muestra bastante presuntuosa cuando pretende ayudar a la filosofía, que se enfrenta desde hace mucho tiempo a la dificultad que supone pensar y sobre lo cual ha adquirido una experiencia de gran magnitud.

—Entonces, ¿la física no tiene nada que decir sobre lo real?

—Claro que sí, puede aportar a la filosofía nuevas armas en forma de «descubrimientos filosóficos negativos».

—Cual hija respetuosa, su papel consistiría en amparar a sus mayores: ¡Cuidado a la izquierda! ¡Cuidado a la derecha!

—La responsabilidad de esta alegoría es sólo suya...#

*

Posiblemente la reflexión sobre las relaciones entre lo real y lo ficticio ganaría bastante si la representación casi siempre visual que conferimos a nuestros actos de conocimiento ganase a su vez en perspectiva. ¡Como si saber fuese igual a ver! Pero la ciencia se basa tanto en el hacer (y en el decir) como en el ver. Habida cuenta de la naturaleza manipuladora, más que especular, de los procedimientos de la producción de conocimientos, por lo menos se podría cambiar el juego de metáforas y renovar el planteamiento epistemológico. Comprenderíamos mejor el juego de lo real y lo ficticio en el pensamiento científico otorgando a la palabra «ficción» su verdadero significado concreto, el que nos proporciona la etimología. El verbo *fingere* en latín antiguo, antes de adquirir un sentido abstracto (fingir, simular, imaginar), entronca directamente con la actividad manual del alfarero y del escultor, esos artesanos que modelan *efigies* y *figuras* de barro con sus dedos *(fingers)*. En este sentido, la ciencia, esa eficaz actividad de modelización, *es* ficción.

XIII
… / después

De dos cosas, una; la otra es el Sol.

Jacques Prévert [Pr]

La mayoría de los ensayos sobre la ciencia se esfuerzan por proponer un análisis positivo, una interpretación epistemológica que se integre armoniosamente en un marco filosófico más general y, a ser posible, le proporcione la autoridad que siguen confiriendo los conocimientos científicos. Ése no era desde luego el objetivo de estas páginas. Es más, bajo la apariencia de una gran reconstrucción, en muchas ocasiones la ciencia se utiliza a modo de revoque superficial. En una concepción más escéptica, la física nos sirve aquí de decapante intelectual y no tanto como barniz. Maurice Merleau-Ponty, ya citado al comienzo de esta obra, insistió sobre este modo de relación entre la ciencia y la filosofía:

«La ciencia sólo puede hacer "descubrimientos filosóficos negativos",[1] decirnos lo que el espacio y el tiempo no son, a condición de que se comprenda que estas negaciones no deben entenderse como afirmaciones disfrazadas. La ciencia no aporta una ontología, ni siquiera en forma negativa. Sólo tiene la capacidad de eliminar el pretendido carácter de evidencia de las pseudoevidencias» [MP].

Merleau-Ponty puntualizó asimismo:

«Al preguntar a la ciencia, la filosofía identificará más fácilmente ciertas articulaciones del ser que difícilmente podrían detectarse de otra manera. Hay empero una reserva que formular acerca del uso filosófico de la investigación científica: el filósofo, que no domina la técnica científica, no debería intervenir en el campo de la investigación inductiva intentando ganarle la partida a los científicos. Es cierto que en sus debates más generales no interviene la inducción, como ponen de manifiesto sus divergencias irreducibles. A este nivel, los científicos intentan expresarse en el orden del lenguaje y, en

1. Recordemos que Merleau-Ponty tomó la expresión «descubrimientos filosóficos negativos» de los físicos London y Bauer [Ln&B].

resumidas cuentas, se pasan a la filosofía, lo cual no autoriza a los filósofos a reservarse la interpretación última de los conceptos científicos. Ahora bien, tampoco la pueden exigir a los científicos, que carecen de ella, puesto que siguen discutiendo al respecto. Entre la suficiencia y la capitulación, los filósofos tienen que encontrar la actitud justa. Consistiría en preguntar a la ciencia, no tanto qué es el ser (la ciencia calcula *en el ser*, su enfoque consiste en suponer conocido lo desconocido), sino lo que sin duda no es, en proceder a la crítica científica de las nociones comunes, más allá de la cual la filosofía, en cualquier caso, no podría establecerse. La ciencia haría, como lo han afirmado algunos físicos, "descubrimientos filosóficos negativos"» [MP].

Ése era el objetivo de este libro: divulgar, como se decía en otro tiempo, comunicar, como se dice en la actualidad, compartir, como se dirá en el futuro, no tanto los descubrimientos científicos positivos de la física moderna sino sus «descubrimientos filosóficos negativos». Al margen de la diversidad de los temas que hemos abordado aquí, ya sea sobre la estructura del espacio / tiempo, la naturaleza de la materia, las formas de conceptualización, los principios de la argumentación o el papel de la convicción, uno de esos «descubrimientos» nos ha servido de hilo conductor: la limitada adecuación del lenguaje común, en su obligada referencia a las dicotomías conceptuales, al conocimiento científico de la naturaleza.

En efecto, la lengua es aquello que forma y sirve de vehículo a las «nociones comunes» sobre las que Merleau-Ponty sugiere preguntar críticamente a la ciencia. Existe sin embargo el riesgo de pasar de una constatación incuestionable («el lenguaje común no basta para el desarrollo de un conocimiento científico preciso») a un juicio de valor («en ciencia, la lengua común debe ceder el paso a los formalismos»). Los poetas ya advirtieron ese peligro y, en 1820, Leopardi escribía:

«Las palabras, como observó Beccaria en su *Tratado sobre el estilo*, no presentan sólo la idea del objeto significado, sino también un número más o menos grande de imágenes incidentes. El gran valor de la lengua es el de estar formada por *palabras*. Los vocablos de las ciencias sólo presentan la idea desnuda y limitada de los distintos objetos; son *términos*, pues determinan y definen la cosa en su totalidad. Cuanto más rica en palabras es una lengua, más se presta a la literatura y a la belleza y cuanto más abunda en términos, menos se presta (...). La adecuación de las palabras y la desnudez [de los términos] son cosas muy distintas, y si la primera confiere eficacia y evidencia al discurso, la segunda sólo le aporta aridez» [Le].

Laplace razonaba en el mismo sentido al publicar su *Essai philosophique sur la théorie des probabilités* (una obra decididamente inagotable) en el que realizaba el peligroso ejercicio de poner en palabras, mejor dicho, en términos, ciertas fórmulas de la teoría de probabilidades, con la esperanza vana de que de esa forma el lector comprendiese mejor su contenido que a través de su formulación mediante símbolos matemáticos. He aquí un ejemplo, uno de los más sencillos:

«La probabilidad de error que cada elemento hace temer es proporcional al número cuyo logaritmo hiperbólico es la unidad, elevado a una potencia igual al cuadrado del error, tomado negativamente, y multiplicado por un coeficiente constante que puede considerarse como el módulo de la probabilidad de los errores» [Lap].

No se entiende muy bien cómo alguien puede comprender este galimatías, si no se conoce previamente la fórmula en cuestión.[2] Un galimatías, por lo demás, bastante incorrecto (para empezar porque se trata de una densidad de probabilidad y no de una probabilidad), en el que se pierde el sentido mismo que se pretendía explicitar. Este ejemplo parece justificar la observación socarrona de Leopardi:

«El gran peligro que en la actualidad afronta la lengua francesa es el de convertirse en una lengua matemática y científica, por exceso de abundancia de términos para todas las cosas y por olvido de las palabras antiguas. De hecho, es lo que hace que sea fácil y trivial, pues se ha convertido en la lengua más artificial y geométrica que puede darse» [Le].

Pero así como la ingenuidad pedagógica de los párrafos técnicos de la obra de Laplace ha hecho que pronto cayesen en el olvido, es bien conocida la fortuna que ha tenido el discurso propiamente epistemológico, que constituye la verdadera esencia de dicha obra, cuyo contenido todavía suscita la reflexión, y su estilo, la admiración. Laplace fracasó por

---

2. La fórmula es la de la distribución de Gauss y se escribe: $p(t) = e^{-at^2}$. Hay cinco caracteres en el miembro derecho de la expresión en lugar de los más de trescientos del enunciado de Laplace. No se puede negar que la formalización presenta por lo menos una ventaja, la economía.

completo en su afán de sustituir el enunciado de las fórmulas, pero consiguió un gran éxito al explicarlas y comentarlas en lenguaje común. Está claro también que los miedos de Leopardi no se han cumplido, afortunadamente, pues eran infundados o por lo menos exagerados. Temer o, para algunos, esperar que las «palabras» cedan su sitio a los «términos» equivaldría a despreciar el hecho incontrovertible de que *la* lengua sigue siendo el vehículo esencial del conocimiento científico, no sólo en su transmisión de los científicos hacia los profanos, sino en primera instancia durante su elaboración por parte de los investigadores. El hecho de que los instrumentos especializados de un joyero o una modista sean indispensables para sus creaciones respectivas no hace más que engrandecer el papel de la mano humana que los maneja. Por muy formalizada que esté, la ciencia no puede prescindir del lenguaje común [LL12]. Es en el espacio, siempre entreabierto, que separa la palabra del cálculo donde se produce el pensamiento, a través de la narración, la metáfora, lo imaginario. Conviene añadir que, por no compartir las ideas todavía poco corrientes de la ciencia —y cómo podría hacerse si no es utilizando las palabras de la tribu, aún dándoles nuevos significados—, todo el esfuerzo del conocimiento podría venirse abajo. Pero sólo se comprende haciendo comprender: enseñar es aprender. Una de las funciones de la ciencia es la de hacer posible esa «crítica de las nociones comunes», y sólo lo conseguirá desde el interior de la comunidad científica, sin hacer alarde de ningún privilegio de excepción lingüística o conceptual: incluso el piloto del Concorde se desplaza a pie la mayor parte del tiempo.

Todavía nos falta por comprender la imposición de la dicotomía en nuestra conceptualización. Se podría pensar que es una manifestación de la «dialéctica de la naturaleza» y considerar que lo real es, por su propia esencia, sede de contradicciones objetivas. Pero por esa línea, muy pronto se pasa, a veces sin darse demasiada cuenta, de un pretendido materialismo (dialéctico) al idealismo absoluto. En definitiva, para poder afirmar que la contradicción es un constituyente de lo real, hay que empezar primero por plantearse la existencia efectiva de estos términos. Sin embargo, así como en general todas las cosas del mundo se pueden separar según un criterio de dicotomía (a mi izquierda, los objetos que flotan; a mi derecha, los que se hunden), no es posible convertir toda oposición en una contradicción. A este respecto, los ejemplos de dialéctica *en* la naturaleza que se encuentran en la literatura son de una ingenuidad pasmosa: algunos creyeron poder presentar el electrón y el positrón como el arquetipo de un par contradictorio, basándose en que sus cargas eléctricas eran opuestas, pero está claro que esta simple oposición numérica no supone en absoluto una antinomia conceptual. Los elementos que definen los pares de contrarios son más bien nociones abstractas, aunque sean próximas a la experiencia concreta: pesado y ligero, claro y oscuro, caliente y frío, etc. Pretender objetivar estas nociones lleva, se quiera o no, a convertirlas en Ideas platónicas. ¿Por qué no reconocer entonces que lo que rige la realidad no es la contradicción sino la confusión? Y que, con mucha dificultad, intentamos ordenar todo lo que podemos con el único instrumento realmente útil a tal fin, el lenguaje.

Habría que saber también por qué el lenguaje sólo nos ofrece la antinomia como modo de aprehensión fundamental. Ya hemos visto las limitaciones que conlleva la comprensión profunda del mundo. Ante la pregunta «¿uno u otro?», el universo en su conjunto y la menor de las partículas responden en general «ni uno ni otro» —cuando tienen a bien responder—. ¿Es verdaderamente tan difícil situarse más allá del *dos?* En el terreno de lo cuantitativo, no hay ningún problema; se puede contar, calcular, e incluso construir toda una lógica, en base dos, tres, diez o doce… En el terreno de lo cualitativo todo es muy distinto. En él las oposiciones binarias parecen planear sobre cualquier conceptualización. ¿Acaso sólo se puede razonar en palabras de dicotomía? Podría pensarse que no. Al final de su monumental obra *De l'explication dans les sciences*, Émile Meyerson, escribió:

> «Sin duda la razón es, en su esencia, antinómica, dividida contra sí misma cuando pretende progresar, cuando nuestro razonamiento tiene un contenido real, aunque esta realidad sea la de los conceptos matemáticos» [Mr].

Y atribuyó acertadamente esa división irremediable a «la existencia de lo diverso». Tomamos buena nota. Pero ¿por qué siempre es necesario que esa división de la razón se haga a base de *dos?* Es cierto que no faltan las teorizaciones o las representaciones del mundo que basan su estabilidad en un trípode fundamental. Desde la Santísima Trinidad y su radical originalidad hasta los tripletes de Freud (ello / ego / superego) y de Lacan (real / simbólico / imaginario), pasando por el lema de la República Francesa, en muchas fórmulas se pretende sustituir una dualidad excesivamente convencional por un sistema ternario (¿trialidad?). Pero, evidentemente, no basta con relacionar tres términos con un único referente; también se necesita que se articulen según un modo realmente ternario que desplace la oposición binaria.[3] Además, todos estos esquemas

3. Un buen modelo de una verdadera relación ternaria viene dado por lo anillos borromeos, muy acertadamente promovidos por Lacan. Su encadenamiento es *esencialmente* triple,

suponen un esfuerzo conceptual casi desesperado, en cualquier caso muy artificial, en la medida en que nunca se insertan en un sistema ternario natural que el lenguaje común sea capaz de expresar espontáneamente.[4] En estas ternas de seres de fe o de razón salta a la vista la contingencia y la arbitrariedad del vocabulario. La lengua proporciona muchos ejemplos de pares de opuestos, como los que aparecen en los títulos de los capítulos de este libro, y muchos más. Por lo demás, existen procedimientos canónicos para construir pares de ese tipo mediante prefijos de negación, lo que nos lleva a señalar que la terminología pocas veces respeta la simetría de principio de los pares antinómicos y no le hace justicia. Muy a menudo, uno de los términos se define por la negación del otro: finito / infinito, continuo / discontinuo, etc. Y cuando las dos palabras tienen etimologías independientes, un juicio de valor implícito desequilibra el par: verdadero[+] / falso[-], constante[+] / variable[-], etc., y la expresión de la dualidad queda sesgada. En cuanto a las ternas, ¿existe *un solo* ejemplo de terna natural de términos que haya sido incorporado espontáneamente al lenguaje natural?[5]

Tal vez haya que atribuir cierta naturalidad a esta dualidad: no se trataría tanto de una dialéctica de la naturaleza sino de una duplicidad, si puedo expresarme en estos términos, de *nuestra* naturaleza. En efecto, somos seres del dos: derecha / izquierda, delante / detrás, arriba / abajo, así como antes / después constituyen (después de todo / ante todo) nuestra relación más directa con el mundo. Y por descontado, por encima y por debajo de estas experiencias del espacio / tiempo, está también la dualidad masculino / femenino [HeA]. En un precioso cortometraje de ficción científica, *La brûlure de mille soleils*, Pierre Kast cuenta la aventura de un viajero espacial que en un planeta lejano encuentra unos seres de apariencia humana. Se enamora locamente de una habitante de ese

___

en el sentido de que no contiene ningún subencadenamiento doble. Un ejemplo más abstracto sería el de la teoría tricromática de la percepción visual de los colores. Sin embargo, el hecho de que la visión tricromática sea una realidad fisiológica, pero al mismo tiempo tan alejada de la conciencia que tenemos del color, no hace sino agravar el problema.

4. ¿Y las tres personas de la conjugación? —podría decirse—. Según los lingüistas, al parecer el ejemplo no sirve y el conjunto yo / tú / él es una falsa terna, compuesta en realidad por dos dicotomías: yo / el otro (presente: yo / ausente: él) o bien presente (yo / tú) / ausente (él). Sobre este tema Dany-Robert Dufour [Dr] presenta una interesante discusión de la que, por lo demás, discrepamos en algunos aspectos, cuando evoca y deplora lo que llama el triunfo 'moderno' de lo binario sobre lo ternario.

5. La lengua culta muestra en este caso cierta perversidad: cuando se quiere designar una división en tres mediante un término análogo a «dicotomía», que es el propio de una división en dos, se piensa en la palabra «tricotomía». Desgraciadamente, dicha palabra es ambigua desde el punto de vista etimológico y podría referirse también al hecho de cortar el pelo (θρίξ en griego), en cuatro, naturalmente.

mundo y, pese a las extrañas dificultades de comunicación y comprensión, cree entender que es correspondido. Sin embargo, cada vez que está a punto de encontrarse cara a cara con ella —aunque nuestro viajero desearía que fuese cuerpo a cuerpo—, otros personajes se inmiscuyen, haciendo imposible su esperada intimidad. Se marcha del planeta sin haber consumado su amor y sin haber comprendido su fracaso. En el viaje de regreso, el ordenador de la nave, sin duda menos dependiente de la dualidad, le informa de que en la cultura de ese planeta, finalmente inhumana, la unidad amorosa no es la pareja sino el grupo (los dúos amorosos son sustituidos por octetos). En cualquier caso, si bien, después de Virgilio, la divinidad prefiere el número impar, la humanidad parece condenada a la paridad. Sin duda es ilusorio pretender escapar a la dualidad en la lengua. Sólo se consigue ir más allá del dos a través de experiencias estéticas (la música es capaz de utilizar tres tiempos y Verlaine nos induce a preferir lo impar en poesía) o místicas (la pitonisa oficiaba sobre un trípode y el dogma trinitario del cristianismo sigue siendo el mayor misterio). Sin embargo, no parece claro que la ciencia sea el resultado de una revelación o algo que pueda bailarse; el vals de los conceptos no está al orden del día.

Sólo queda aceptar las dicotomías, pero hay que vencer la tentación permanente de transformarlas en alternativas y, *nolens volens*, de privilegiar alguno de sus dos términos —a lo cual induce a menudo la lengua, al establecer una cierta disimetría entre los términos del par—. A fin de cuentas, la historia reciente se ha escrito obligando a la gente a escoger siempre alguno de los polos de algunas grandes oposiciones. Sería deseable que las cosas cambiasen y seguir a Imre Toth cuando escribe:

«Hoy podemos identificar en la época "moderna" la pretensión y la aspiración de interpretar y juzgar las obras del conocimiento, considerado en su totalidad, en la perspectiva de alternativas muy definidas: lo verdadero, la belleza y el bien se oponen a lo falso, la fealdad y el mal; lo absoluto a lo relativo, la certeza a la incertidumbre, lo exacto a lo aproximado, la demostración a la especulación, lo necesario a lo arbitrario, lo factual a lo ficticio, el orden al caos, la estabilidad a la descomposición, lo constructivo a lo decadente, lo progresivo a lo reaccionario, la argumentación al prejuicio, el saber a la fe. De la misma manera, la ciencia se opone a la teología, la metafísica y el arte —o, en términos sinónimos, lo razonable a la sinrazón, la racionalidad a lo irracional, la experiencia reproducible a la revelación mística—. En definitiva, la república de las luces al reino de las tinieblas. Pero en el espacio de lo científico, que se ha ido ampliando lentamente al absorber el mundo de la praxis política, estas oposiciones han adquirido rápidamente connotaciones éticas: la verdad siempre es bella o buena.»

«El "posmoderno" rechaza —y ha rechazado antaño, cuando se le conocía por otros nombres propios o impropios— todas las alternativas a lo moderno, por considerarlas ineficaces. Le parecen inadecuadas para captar los acontecimientos que genera el trabajo intelectual, y menos aptas todavía para comprenderlas. Esta nueva actitud hace que el rechazo del carácter absoluto de lo científico no se transforme en nihilismo epistemológico. El saber ya no parece incompatible con la fe, ni la demostración con la especulación. El rigor deductivo y la fantasía poética ya no se conciben como polos necesariamente irreconciliables. Arte y ciencia ya no son dos culturas antagónicas. Negarse a aceptar la tiranía de una verdad única ya no exige decantarse por el relativismo gnoseológico. Abolir el poder epistémico de la necesidad inmanente y de la certeza objetiva ya no conduce a la instauración de la subjetividad arbitraria» [To].

*

El hecho de que las dicotomías no puedan superarse o sustituirse fácilmente no debe implicar que se acepten con resignación las separaciones intelectuales inamovibles, sino, por el contrario, debe inducir a hacer progresar el pensamiento con y en la diversidad de las antinomias hasta desplazar el sentido de las oposiciones y superar las líneas de fractura. Si no podemos situarnos más allá del dos, esforcémonos en desmultiplicarlo. Si la epistemología necesita un dios, que sea un Jano policéfalo. Una vez aceptada la pluralidad de las contradicciones, cuando alguien nos repita que «la ciencia no piensa», podríamos responder: «¡por el contrario!» o mejor, «¡por los conceptos contrarios!».

Bibliografía

La bibliografía está organizada según el orden alfabético de los nombres de los autores. Puede utilizarse como índice de nombres propios. Los corchetes angulares <...> después de una referencia indican:

— antes de la flecha y según el caso, o bien el número de la o las páginas de la obra o del artículo citado, o bien el conjunto del texto, mediante el carácter □;

— después de la flecha, en negrita, el número de la página de esta obra en la que aparece la cita.

Ejemplos: en [Bal], la indicación final <48□**170**> significa que la página 48 del libro de Bachelard aparece citada en la página 170 del presente libro; en [Ba4], la indicación final <□□**303**> significa que la totalidad del libro de Bachelard es objeto de la referencia de la página 303.

El signo ° después del corchete (en [B&K]°, por ejemplo) se refiere a obras u artículos de cierto nivel técnico.

[Bal]   Gaston Bachelard, «Critique préliminaire du concept de frontière épistémologique», Actes du VIIIe Congrès International de Philosophie, Praga, 1934; reed. en Gaston Bachelard, *Études,* Vrin, París, 1970, págs. 77-85. <82□**170**>

[Ba2]   Gaston Bachelard, *L'expérience de l'espace dans la physique contemporaine,* Félix Alcan, París, 1937. <48□**161**>

[Ba3]   Gaston Bachelard, *Le rationalisme appliqué,* Presses universitaires de France, París, 1949. <86-97□**284**>

[Ba4]   Gaston Bachelard, *Essai sur la connaissance approchée,* Vrin, París, 1973. <□□**303**>

[Bak]   Thomas Baker, *Traité de l'incertitude des sciences,* traducido del inglés por Nicolas Berger, P. Miquelin y J. Piget, París, 1714, capítulo 7 («De la physique»). <102□**159**>

[Bar]   Stella Baruk, «Pythagore (théorème de)», artículo del *Dictionnaire de mathématiques élémentaires,* Le Seuil (Science ouverte), París, 1995. <953-963□**280**>

[Be]   Michel Beauvais (alias Céleste), *Jardinez avec la Lune,* Rustica, París, 1991. <7□**199**>

[B&K]° Brent Berlin y Paul Kay, *Basic Color Terms (Their Universality and Evolution),* University of California Press, Berkeley, 1991. <□□**85**>

[B&LL]° Col. dir. por Enrico Beltrametti y Jean-Marc Lévy-Leblond, *Advances in Quantum Phenomena,* Plenum Press, Nueva York, 1995. <□□**98,** 281-295□**220**>

[Bl1]   Michel Blay, *Les «Principia» de Newton,* Presses universitaires de France (Philosophies), París, 1995. <□□**17**□□>

[Bl2]   Michel Blay, *Les figures de l'arc-en-ciel,* Carré, París, 1995. <□□**309**>

[Bn]   B. Bourbon, *Critique et effondrement de la relativité d'Einstein,* Ambazac, por cuenta del autor, 1965. <□□**181**>

[Bo]   Carl B. Boyer, *The Rainbow from Myth to Mathematics,* Yoseloff, NuevaYork, 1959 (reedición Princeton University Press, Princeton, 1987). <□□**309**>

[B&P]° Claude Bouzitat y Gil Pagès, *Quadrature* n° 13, págs. 47-50, 1992. <□□**253**>

[Br]   Bertolt Brecht, «Histoires de monsieur Keuner», en *Histoires d'almanach,* L'Arche, París, 1983. < 147□**125**> [trad. esp.: *Historias de almanaque,* Alianza Editorial, Madrid, 1998.]

[Bri]   P.W. Bridgman, en *Harper's Magazine,* n° 158, págs. 443-451, 1929. <□□**159-160**>

[Bro]   Jacob Bronowski, *The Ascent of Man,* BBC. Londres, <300□**158**>

[Bu]   Benoît Bunico 3, *Le merveilleux dans sa banalité,* Z'Éditions, Niza, 1990. <99□**125**>

[Ca]   James Cain, *Au bout de l'arc-en-ciel,* Fayard (Fayard Noir), París, 1981. <7□**307**> [trad. esp.: *Al final del arco iris,* Noguer, Barcelona, 1976.]

[Co]   Italo Calvino, «Un maremoto nel Pacifico», *Corriere della Sera,* 29 de octubre de 1975; en «Italo Calvino», *Riga 9,* Marcos y Marcos, Milán, 1995. <52-55□**13**>

[Cr]°   Subrahmanyan Chandrasekhar, *Newton's Principia for the Common Reader,* Oxford University Press, Oxford, 1995. <□□**17**>

[Cy]°   Robert Connelly, «A Counterexample to the Rigidity Conjecture for Polyhedra», *Public. mat. IHES,* n° 47, págs. 333-338; «Flexible surfaces», en *The Mathematical Gardener,* David A. Klarner ed., Prindle, Weber & Schmidt, Boston. <□□**286**>. Véase también Marcel Berger, *Géométrie* (t. 3, Convexes et polytopes), CEDIC/Nathan, París,. <133-134□**286**>

[Cz]   Michel Crozon, *La matière première,* Le Seuil (Science ouverte), París, 1987. <□□**234**>

[Da]   Salvador Dalí, *Journal d'un génie,* Gallimard (L 'imaginaire), París, 1994. <59□**158**> [trad. esp.: *Diario de un genio,* Tusquets Editores (Fábula 51), Barcelona, 1996.]

[DG]   François De Gandt, «Mathématiques et réalité physique au XVIIe siècle», págs. 167-194, en *Penser les mathématiques* (colectivo), Le Seuil (Points-Sciences), París, 1982. <□□**278**>

[Dr]   Dany-Robert Dufour, *Les mystères de la trinité,* Gallimard, París, 1990. <□□**340**>

[Du]   Marguerite Duras, *La pluie d'été,* POL, París, 1990. <□□**19**> [trad. esp.: *La lluvia de verano,* Alianza Editorial, Madrid, 1990.]

[Ec]   Umberto Eco, *L'île du jour d'avant,* Grasset, París, 1996. <□□**64**> [trad. esp.: *La isla del día antes,* Lumen, Barcelona, 1995.]

[Ek]   Ivar Ekeland, *Le calcul, l'imprévu,* Le Seuil (Science ouverte), París, 1984; *Le chaos,* Flammarion (Dominos), París, 1995. <□□**264**>

[Es]   Bernard d'Espagnat, *Le réel voilé,* Fayard, París, 1994. <□□**329**>

[Eu]   Leonhard Euler, *Lettres à une princesse d'Allemagne* (Tercera parte, carta III), Charpentier, París, 1843. <346□85> [trad. esp.: *Cartas a una princesa de Alemania sobre diversos temas de física y filosofía*, Prensas Universitarias de Zaragoza, Zaragoza, 1990.]

[Fe]   Lewis Feuer, *Einstein and the Generations of Science*, Basic Books, Nueva York, 1974; trad. fr.: *Einstein et le conflit des générations*, Complexe, Bruselas, 1979. <□□110>

[Frl]   Paul Feyerabend, *Against Method;* trad. fr. de Baudouin Jurdant, *Contre la Méthode*, Le Seuil (Science ouverte), París, 1979. <□□14, 205> [trad. esp.: *Contra el método*, Ariel, Barcelona, 1989.]

[Fr2]   Paul Feyerabend, *Farewell to Reason;* trad. fr. de Baudouin Jurdant, *Adieu la raison*, Le Seuil (Science ouverte), París, 1989. <□□205> [trad. esp.: *Adiós a la razón*, Tecnos, 1987.]

[Fyl]°   Feynman / Leighton / Sand, *Cours de physique de Feynman*, versión francesa de Goéry Delacôte, Interéditions, París, 1979. <28-30 (t. 1.2)□208, 29 (t. 1.1)□227, □□303>

[Fy2]   Richard Feynman, *The Character of Physical Law*, BBC/MIT, 1965; trad. fr. de Françoise Balibar, Hélène Isaac y Jean-Marc Lévy-Leblond, en *La nature de la physique*, Le Seuil (Points-Sciences), París, 1980. <153□96, 42-44□206, □□303> [trad. esp.: *El carácter de la ley física*, Tusquets Editores (Metatemas 65), Barcelona, 2000.]

[Fou]   Jean Fourastié, *Les conditions de l'esprit scientifique*, Gallimard-Idées, París, 1966. <189□157> [trad. esp.: Las condiciones del espíritu científico, Cid, Madrid, 1966.]

[Gal]   Galileo Galilei, *Sidereus nuncius*, 1610. [trad. esp. de Víctor Navarro, *El mensajero sidéreo*, Barcelona, Península, 1991. <52-53□88>]

[Ga2]   Galileo Galilei, *Dialogo sulle due massimi sistemi del mondo*, Florencia, 1632; trad. esp. de Víctor Navarro, *Diálogo sobre los dos máximos sistemas del mundo*, Barcelona, Península, 1991. <□□26, 177□101, 177-178□105>

[Ga3]   Galileo Galilei, *Discorsi e dimostrazioni matematiche intorno a due nuove scienze attenenti alla meccanica & i movimenti locali,*

Leyde, 1638; trad. esp. de Víctor Navarro, *Discursos y demostraciones matemáticas sobre dos nuevas ciencias,* Barcelona, Península, 1991. <□□**302**>

[Ge&B]   Pierre-Gilles de Gennes y Jacques Badoz, *Les objets fragiles,* Plon, París, 1994. <□□**303**>

[GE]   Valéry Giscard d'Estaing, discurso en La Sorbona, 24 de septiembre de 1974. <□□**159**>

[G&G]   David L. Goodstein y Judith L. Goodstein, *Feynmants Lost Lecture (The Motion of Planets around the Sun),* Norton, Nueva York, 1996. <□□**17**> [trad. esp.: La conferencia perdida de Feynman, Tusquets Editores (Metatemas 56), Barcelona, 1999.]

[Gn]   Grandjean de Fouchy, *Mémoires de l'Académie de Paris,* 1746. <103□**302**>

[Gr]   Robert Greenler, *Rainbows, Halos and Glories,* Cambridge University Press, Cambridge, 1980. <□□**314, 317**>

[Gu]   Étienne Guyon, *Du sac de billes au tas de sable,* Odile Jacob, París, 1994. <□□**230**>

[Ha]   Sydney Harris, *Quoi, c'est ça le Big Bang?,* Le Seuil (Points-Sciences), París, 1992. <118□**137**>

[He]   S. K. Heninger, *The Cosmographical Glass (Renaissance Diagrams of the Universe),* The Huntington Library, San Marino, 1977. <□□**26**>

[HeA]   Françoise Héritier-Augé, *Masculin/féminin,* Odile Jacob, París, 1996. <□□**340**>

[Ho]   Max Horkheimer, epílogo a *Porträts zur deutsch juden, Geistgeschichte,* col. bajo la dir. de Thilo Koch, Verlag M. Dumont Schanberg, Colonia, 1961; trad. fr. de Jean-Louis Schlegel, «Esprit juif et esprit allemand», *Esprit* n° 5, págs. 19-27, 1978. <23-24□**25**>

[Hu]   Edmund Husserl, «L'arche-originaire Terre ne se meut pas», en *La Terre ne se meut pas,* Minuit, París, 1989, págs. 7-29. <□□**25**> [trad. esp.: *La tierra no se mueve,* Universidad Complutense de Madrid, 1995.]

[Hy]   Thomas Huxley, *Traité sur l'écrevisse,* citado por Aldous Huxley, «T.H. Huxley, homme de lettres», en *L'olivier et autres essais,* Desclée de Brouwer, s.f. <76-77□**145**>

[I&al]   Y. Ikebe, H. Ezawa, Y. Fukazawa, M. Hirayama, Y. Ishisaki, K. Kikuchi, H. Kubo, K. Makishima, K. Matsushita, T. Ohashi, T. Takahashi, y T. Tamura, «Discovery of a hierarchical distribution of dark matter in the Fornax cluster of galaxies», *Nature* n° 379, págs. 427-429, 1996. <428□**151**>

[Je]   James Jeans, *The Mysterious Universe,* Cambridge University Press, Cambridge, 1930. <26-29□**157**>

[Jo]   Philippe Jodidio, «Jasper Johns, la tradition repensée», *Connaissance des arts,* n° 314, págs. 66-73, abril de 1978. <73□**158**>

[Ka]   Emmanuel Kant, *Critique de la raison pure,* véase, por ejemplo, la edición Garnier-Flammarion, París, 1976. <359-456□**22,180**> [trad. esp.: *Crítica de la razón pura*, Alfaguara, Madrid, 2001.]

[Ke]   John Maynard Keynes, «Newton, le dernier des magiciens», *Alliage,* n° 22, págs. 14-23, 1995. <□□**273**>

[Ki]   Richard Kipling, «Le chat qui s'en va tout seul», en *Histoires comme ça,* págs. 126-142, Gallimard (Folio-Junior), París, 1987. <□□**109**> [trad. esp.: *Los cuentos de así fue,* Akal, Madrid, 1987.]

[Kl]   Étienne Klein, *Sous l'atome les particules,* París, Flammarion (Dominos), 1993. <□□**234**>

[Kn]   E. Knobloch (citando a Ch. Thiel), en *Mathématiques et philosophie,* col. bajo la dir. de Roshdi Rashed, Éditions du CNRS, París, 1991. <217□**173**>

[Ko]   Arthur Koestler, en *Impact,* n° 24, 1974. <300□**157**>

[Ku]   Milan Kundera, *La lenteur,* Gallimard, París, 1995. <10□**18**> [trad. esp.: *La lentitud,* Tusquets Editores (Andanzas 231), Barcelona, 1995.]

[Kut]   Georges Kutukdjian, en *Artaud (Colloque de Cerisy, 1972),* col. bajo la dir. de Philippe Sollers, UGE (10-18), París, 1973. <203□**157**>

[Lac&L]°   Marc Lachièze-Rey y Jean-Pierre Luminet, «Cosmic Topology», *Physics Reports*, n° 254, págs. 136-214, 1995. <□□**61**>

[Lak]°   Imre Lakatos, *Proofs and Refutations (The Logic of Mathematical Discovery)*, Cambridge University Press, Cambridge, 1976; trad. fr. de N. Balacheff, *Preuves et réfutations*, Hermann, París, 1984. <3□**286**> [trad. esp.: *Pruebas y refutaciones: la lógica del descubrimiento matemático*, Alianza Editorial, Madrid, 1994.]

[Lanl]   Paul Langevin, *La notion de corpuscule et d'atome*, Hermann (Actualités scientifiques), París, 1934; parcialmente reproducido en *Paul Langevin, la pensée et l'action* (recopilación de P. Labérenne), Éditeurs français réunis, París, 1955. <115-116□**291**>

[Lan2]   Paul Langevin, «Le problème de la culture générale», *Pour l'ère nouvelle*, n° 81, octubre de 1932; parcialmente reproducido en *Paul Langevin, La pensée et l'action* (recopilación de P. Labérenne), Éditeurs français réunis, París, 1955. <241□**260**>

[Lap]   Pierre-Simon de Laplace, *Essai philosophique sur les probabilités*, 1825; reed. de Gauthier-Villars, París, 1921. <I.3□**255**, I.71□**337**>

[Lc]°   Jean-Pierre Lecardonnel, «Variations sur le principe de relativité», tesis de tercer ciclo, Université Pierre et Marie Curie (Paris VI), 1977. <□□**113**>

[Le]   Giacomo Leopardi, *Zibaldone* [vol. 1, section 221, 1 (30 de abril de 1820)], en *Opere scelte*, Rizzoli, Milán, 1937. <vol. 3, 102-103□**336-337**> [trad. esp.: *Zibaldone de pensamientos*, Tusquets Editores (Marginales 107), Barcelona, 1990.]

[LL1]°   Jean-Marc Lévy-Leblond, «Les Inégalités de Heisenberg», *Bull. Union des Phys.*, n° 558, pág. 1 y sigs., 1973. <□□**168**>

[LL2]°   Jean-Marc Lévy-Leblond, «Towards a Proper Quantum Theory», en *Quantum Mechanics Half a Century Later*, J. Leite Lopes & M. Paty ed., Dordrecht, Reidel, 1977. <□□**262**>

[LL3]°   Jean-Marc Lévy-Leblond, «On the Conceptual Nature of the Physical Constants», *Riv. Nuovo Cimento*, n° 7, p. 187 y sigs., 1977. <263□**94**, □□**136, 141**>

[LL4]   Jean-Marc Lévy-Leblond, «La Relativité aujourd'hui», *La Recherche*, n° 96, enero de 1979, pág. 23. <□□**47**, □□**113**>

[LL5]°   Jean-Marc Lévy-Leblond, «Possible Kinematics» (con H. Bacry), *J. Math. Phys.*, n° 9, 1968, pág. 1605; «One More Derivation of the Lorentz Transformation», *Am. J. Phys.*, n°44, 1976, págs. 217, 271; «Les Relativités», *Les Cahiers de Fontenay,* n° 8, septembre de 1977; «Additivity, Rapidity, Relativity» (con J.-P. Provost), *Am. J. Phys.*, n° 47, 1979, págs. 1045 y sigs.; «Speed(s)», *Am. J. Phys.*, n° 48, 1980, págs. 354 y sigs. <□□**47, 113, 185**>

[LL6]°   Jean-Marc Lévy-Leblond, «Did the Big Bang begin?», *Am. J. Phys.,* n° 58, p. 156 y sigs., 1990; «The unbegun Big Bang» *Nature,* n° 342, 1988, pág. 6177. <□□**186**>

[LL7]°   Jean-Marc Lévy-Leblond, «Archimède et la sphère à N dimensions, ou le double saut de *pi*», *Quadrature,* n° 19, 1994, págs. 7-11. <□□**76**>

[LL8]   Jean-Marc Lévy-Leblond, «La quantique à grande échelle», in *Le monde quantique,* col. dirig. por Stéphane Deligeorges, Le Seuil (Points-Sciences), París, 1994, págs. 159-171. <□□**243, 244**>

[LL9]   Jean-Marc Lévy-Leblond, «Une matière sans qualités? (Grandeur et limites du réductionnisme physique)», conferencia en el Collège de France, Fondation «Pour la science» 1990. <□□**231**>

[LL10]   Jean-Marc Lévy-Leblond, «L'infini en pratique», Congreso sobre El infinito, Barcelona, 1988; en *La pierre de touche (La science à l'épreuve),* Gallimard, París, 1996. <□□**195**>

[LL11]   Jean-Marc Lévy-Leblond, «L'origine des temps», Congreso «Le temps dans les sciences», Instituto Francés de Bucarest, 1993; en *La pierre de touche (La science à l'épreuve),* Gallimard, París, 1996. <□□**186**>

[LL 12]   Jean-Marc Lévy-Leblond, «Parler science», Congreso «Langue, sciences, culture», GERSULP, Universidad Louis Pasteur, Estrasburgo, diciembre de 1988; en *La pierre de touche (La science à l'épreuve),* Gallimard, París, 1996. <□□**338**>

[LL&B]°   Jean-Marc Lévy-Leblond y Françoise Balibar, *Quantique (Rudiments),* Interéditions/CNRS, París, 1984. <76-80□**72**, 101-140□**168**, 389-487□**244**, □□**292**>

[Ln&B]°   Fritz London y Edmond Baner, *La théorie de l'observation en mécanique quantique,* Hermann, París, 1939. <□□**16, 335**>

[Lo]   Edward N. Lorenz, en *The Essence of Chaos,* University of Washington Press, Seattle, 1993; trad. fr. «Un battement d'ailes de papillon peu-il déclencher une tornade au *Texas?*», *Alliage,* n° 22, primavera de 1993, págs.42-45. <□□**269**>

[Lr]   Lucrecio, *De rerum natura;* [trad. esp. de Eduard Valentí Fiol, *De la naturaleza,* Barcelona, Planeta, 1987. <22-23□**89**>]

[Lt]   Jean-Pierre Luminet, *Les trous noirs,* Le Seuil (Points-Sciences), París, 1990. <□□**191**>

[Ly&L]°   David K. Lynch y William Livingston, *Color and Light in Nature,* Cambridge University Press, Cambridge, 1995. <□□**314, 317**>

[M&M]°   Gaël Meigniez y Rached Mneimné, *Géométrie et pavages,* Diderot, París, 1996. <□□**289**>

[MP]   Maurice Merleau-Ponty, *La nature,* Le Seuil (Traces écrites), París, 1995. <138□**16-17**, 144, 368□**335-336**>

[Mr]   Émile Meyerson, *De l'explication dans les sciences,* Payot, París, 1927; reed. en Fayard (Corpus des œuvres de philosophie en langue française), París, 1995. <180□**281**, 865□**339**>

[Mt]   Marcel J.G. Minnaert, *Light and Color in the Outdoors,* Springer-Verlag, Nueva York, 1993. <□□**314, 317**>

[Ne]   Isaac Newton, *Opticks* (1704); trad. fr. de Jean-Paul Marat (1787), *Optique,* Christian Bourgois (Épistémè), París, 1989. <□□**84**> [trad. esp.: *Óptica,* Alfaguara, Madrid, 1977.]

[Pa]   Blaise Pascal, *Pensées,* en *Œuvres complètes,* Louis Lafuma éd., Le Seuil (L'intégrale), París, 1963. <981 (n° 981) y 584 (n° 599)□**249**> [trad. esp.: *Pensamientos,* Valdemar, Madrid, 2001.]

[Po]   Henri Poincaré, «La théorie de Lesage», en *Science et méthode,* Flammarion, París, 1947. Véase también S. Aronson, *Natural Philosopher,* n° 3, pág. 51 (1964). <□□**201**>

[Pr]   Jacques Prévert, «Le paysage changeur», *Paroles,* Gallimard (NRF/Le point du jour), París, 1949, págs. 105-108. <105□**335**>

[Pt]   Pierre Prévost, *Notice de la vie et des écrits de Georges-Louis Lesage de Genève,* Ginebra, 1805. <□□**202**>

[Ra]		Clémence Ramnoux, *Héraclite ou l'homme entre les mots et les choses,* Les Belles Lettres, París, 1959. <□□22>

[Re]		Pierre Reverdy, *Une aventure méthodique,* Fernand Mourlot, París, 1994. <□□**79**>

[Ry]		Col. bajo la dir. de Alain Rey, *Dictionnaire historique de la langue française,* Le Robert, París, 1992. <1014□**79**, 874-875□**83**, 610-611□**89**>

[S]		Émile Simard, *La nature et la portée de la méthode scientifique,* Vrin, París, 1966. <78-79□**157**>

[Su&P]		Françoise Suagher y Jean-Paul Parisot, *Jeux de lumière,* Cêtre, Besançon, 1995. <□□**314, 317**>

[Ta]°		G. I. Taylor, «The Formation of a Blast Wave by a Very Intense Explosion», *Proc. Roy. Soc.,* A 151, 1950, págs. 421-478. <□□**300**>

[TL]		Giuseppe Tomasi di Lampedusa, *Le guépard,* Le Seuil, París, 1963. <35□**125**> [trad. esp.: *El gatopardo*, Espasa Calpe, Madrid, 1999.]

[TO]		Imre Toth, «Scienza e scienziati nell'età postmoderna. Il valore scientifico e il suo rolo nella constituzione della scienza», *Intersezioni,* t. 8, n° 2, 1988, págs. 311-342. <□□**341-342**>

[Tv&K]°		A. Tversky y D. Kahnemann, «Judgment under Uncertainty: Heuristics and Biases», *Science,* n° 185, 1974, págs. 1124-1131; «The Framing of Decisions and the Psychology of Choice», *Science,* n° 211, 1981, págs. 453-458. <□□**252**>

[U]		Jean Ullmo, *Science et synthèse,* Gallimard-Idées, París, 1967. <204□**156**>

[Va]		J.H. Van Vleck, «Uncertainty Principle», *Encyclopœdia Britannica,* n° 22, Chicago, 1947, págs. 679-680. <680□**156**>

[Ve]		Jules Verne, *Le tour du monde en quatre-vingts jours,* Olivier Tableau/CD-Rom, Montsoult, 1995. <306-307□**53**> [trad. esp.: *La vuelta al mundo en ochenta días*, Alianza Editorial, Madrid, 2001.]

[Vi]		François Villon, «Ballade du concours de Blois», en *Poésies,* ed. de Jean Dufournet, Garnier-Flammarion, París, 1992 <316□**149**>

[W&al]   Paul J. Wallace, Alfred T. Anderson Jr. y Andrew M. Davis, «Quantification of pre-eruptive exsolved gas contents in silicic magmas», *Nature,* n° 377, págs. 612-616, 1995. <615□**152**>

[Wi]   Eugen P. Wigner, *Philosophical Reflections and Syntheses,* Springer-Verlag, Berlín, 1995. <□□**119, 216**>

[Wl]   Oscar Wilde, *Il importe d'être constant,* Pocket, París, 1992. <□□**145**> [trad. esp.: *La importancia de llamarse Ernesto,* Espasa Calpe, Madrid, 2001.]

[Wt]   Nicolas Witkowski, «La chasse à l'effet papillon», *Alliage,* n° 22, 1993, págs. 46-53. <□□**268**>

[Wy]°   B.W. Wybourne, *Nature,* n° 373, 26 enero de 1995, pág. 278. <□□**153**>

[Y&M]°   Wolfgang Yourgrau y Stanley Mandelstam, *Variational Principles in Dynamics and Quantum Theory,* Pitman & Sons, Londres, 1960. <□□**213**>

Últimos títulos